"十二五"江苏省高等学校重点教材

高职高专机电类专业规划教材

电气控制及可编程控制器应用

（第二版）

主　编　曹桂玲

参　编　甘艳平　朱方园　颜玮

西安电子科技大学出版社

内 容 简 介

　　全书除绪论外共分 8 章，第 1、2 章介绍了常用的低压电器、电气制图标准、基本电气控制线路和典型设备的电气线路分析，作为学习 PLC 的基础；第 3、4 章介绍了 PLC 的结构、特点和工作原理，为正确使用 PLC 做准备；第 5、6、7 章介绍了 PLC 的基本指令、步进指令和功能指令的编程及应用，第 8 章介绍了电子产品生产线典型案例。各章后附有习题、拓展题和实训项目。附录包括部分应用较多的电气标准的相关内容及文中关键词语的中英文对照表，并附有项目任务单和测试单。

　　本书可作为高职高专院校的机电一体化技术、数控技术、电气自动化技术和应用电子技术等专业的教材，也可作为相关技能鉴定机构的培训教材及相关工程技术人员的参考书。

　　书中所有章节的电子课件和演示视频，可通过扫描相应位置二维码获取，对读者学习掌握教材内容有极大的帮助，部分.swf 动画可扫描二维码获得下载地址。

图书在版编目(CIP)数据

电气控制及可编程控制器应用 / 曹桂玲主编. —2 版. —西安：西安电子科技大学出版社，2017.9
(高职高专机电类专业规划教材)
ISBN 978-7-5606-4664-0

Ⅰ. ① 电…　　Ⅱ.① 曹…　　Ⅲ. ① 电气控制器　　② 可编程序控制器
Ⅳ. ① TM571.2 ② TM571.6

中国版本图书馆 CIP 数据核字(2017)第 215219 号

策　　划　陈　婷
责任编辑　陈　婷
出版发行　西安电子科技大学出版社(西安市太白南路 2 号)
电　　话　(029)88242885　88201467　　邮　　编　710071
网　　址　www.xduph.com　　　　　电子邮箱　xdupfxb001@163.com
经　　销　新华书店
印刷单位　陕西华沐印刷科技有限责任公司
版　　次　2017 年 9 月第 2 版　　2017 年 9 月第 3 次印刷
开　　本　787 毫米×1092 毫米　1/16　印张　21.5
字　　数　458 千字
印　　数　6001～9000 册
定　　价　44.00 元(含测试单)
ISBN 978-7-5606-4664-0/TM
XDUP 4956002-3

＊＊＊ 如有印装问题可调换 ＊＊＊

前　言

根据全面推进素质教育的指导思想及高等职业教育的培养目标，建立具有高职特色的专业课程教学目标、课程模式和评价方式是培养学生综合职业素质的关键。"电气控制与PLC"作为机电一体化技术等专业的一门重点专业课，在整个专业课程体系中，起着承上启下的作用。加强该课程的建设，特别是加强该课程实践教学的改革对培养学生的专业技术应用能力有着非常重要的作用。

本书是笔者结合多年企业工作经历以及教学实践经验编写而成的，内容的选取和组织形式注重与其他专业知识体系的衔接，常用的专业术语用双语表达，涉及电气制图与设计的内容采用最新国家标准，突出技术的先进性和实用性。本书选用日本三菱公司生产的FX系列PLC产品为例进行讲述，该系列产品进入中国市场较早，目前在电子产品的生产制造设备中应用仍然较多。为提升学生的职业岗位能力，适应高职高专院校教学需求，本书的章节编排突出理论与实践相结合，注重实用性，每章后均有典型的实训项目，为实践技能的培养和训练提供指导。书后附的项目任务单和测试单为老师组织一体化教学提供了帮助。

本书以应用能力培养为目的，理论内容的讲解与实践应用紧密结合，内容浅显实用。书中内容从电气控制基础知识和低压配电系统的使用开始，通过每章的学习导入，引入课程教学内容。每部分内容都有应用实例和设计思路分析，便于读者自学。建议本课程四节课连排实施教学。

本书由南京信息职业技术学院的曹桂玲老师主编并编写了绪论以及第1、2、5、8章和附录，甘艳平老师编写了第3章，朱方园老师编写了第4、6章，颜玮老师编写了第7章。全书由曹桂玲老师统稿。

本书在编写过程中参阅了多位专家的教材、著作和厂家的编程手册，在此对相关作者一并表示感谢！

本书配有电子课件供读者和教师使用，可通过扫描各章名处的二维码获取，也可发电子邮件到 caogl@njcit.cn 进行联系，索取模拟试卷、习题集等教学文件。

由于编者水平有限，书中难免有疏漏与不足之处，恳请读者批评指正。

编　者

2017 年 5 月

目　　录

项目测试单 1——电气控制基础知识

1. 工厂、学校的低压配电系统，一般采用_____V 标准电压。

2. 用于交流_____Hz、额定电压为_____V 及以下，直流额定电压为_____V 及以下电路中的电器称为低压电器，反之则称为高压电器。在我们的工业现场绝大部分为低压电器，这和我国的配电系统有关。

3. 常用的控制电器有：_____、_____、_____等。

常用的有触点电器有：_____、_____、_____等。

常用的保护电器有：_____、_____、_____等

4. 电磁式低压电器的基本结构由三个主要部分组成，即_____、_____、_____。电磁系统的三个主要组成部分是：_____、_____、_____。

5. 由于热继电器中发热元件有热惯性，在电路中不能做_____保护，更不能做_____保护。

6. 停止按钮应选用____色，启动按钮应使用____色。

7. 热继电器的整定电流应为_____倍的电动机的额定电流。

8. 中间继电器与接触器的主要区别是什么？

9. 时间继电器按延时方式可以分为哪两种？

10. 刀开关安装时应注意什么？

11. 分别写出下列各低压电器的文字符号并画出对应的各部分图形符号。

(1) 接触器

(2) 热继电器

(3) 低压断路器

(4) 熔断器

(5) 刀开关

(6) 行程开关

(7) 中间继电器

(8) 按钮

(9) 指示灯

(10) 蜂鸣器

项目测试单 2——电气制图和电气控制线路

1. 常用的电气图有_____、_____、_____等。

2. 电气原理图一般分_____和_____两部分。主电路一般画在____侧，辅助电路一般画在_____侧，辅助电路包括_____、_____、_____、_____等。

3. 电气原理图一般采用_____表示法，但同一电气元件文字符号要相同，同类电气用加_____区别。

4. 电器元件布置图根据各电器元件的实际外形尺寸进行电气布置，并成_____绘制。绘制时各电器元件不画实形，采用正方形、矩形或圆形等简单外形表示。

5. 绘制电气安装接线图时，同一元件的各个部分必须_____，所有电器元件及其引线应标注与_____中相一致的文字符号及接线号。

6. 请解释"自锁"和"互锁"的概念。

7. 电动机启停控制电路中，如果主电路使用了熔断器，就可以起到过载保护作用，因此可以省略热继电器。这种说法正确吗？为什么？

8. 分析下面电路的功能，详细说明其工作原理。

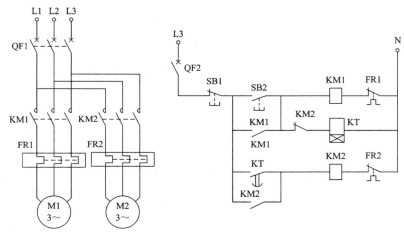

9. 设计一个带有点动和长动控制功能的三相异步电动机控制电路。要求：SB2 按下后，电动机运行；SB1 按下后，电动机停止；SB3 为点动按钮。请分析你设计的电路，如果同时按住 SB1 和 SB3，电动机会怎样？如果同时按住 SB2 和 SB3 呢？

10. 请叙述电气线路的装接原则和工艺要求，并总结你在电气线路安装调试过程中的经验和教训。

项目测试单3——PLC的基本结构和工作原理

1. PLC是_____的缩写，第一台诞生于____年。PLC作为通用工业控制计算机，是面向工矿企业的工控设备。现在，PLC在自动化控制领域应用非常广泛，与_____、_____并称为工业生产自动化的三大支柱。

2. PLC用_____代替_____，大大减少了控制设备外部的接线。_____是PLC最基本、最广泛的应用领域，它取代传统的继电器电路，实现逻辑控制、顺序控制，既可用于单台设备的控制，也可用于多机群控及自动化流水线。如注塑机、印刷机、组合机床、磨床、包装生产线、电镀流水线等。

3. 国内外的PLC主要生产商有：_____、_____、_____、_____等。各生产商生产的PLC的型号种类很多，我们可以按_____把PLC分为小型、中型、大型三类；也可以按照结构形式分为_____和_____两种。一般情况下，小型PLC采用_____的结构形式。

4. PLC的硬件结构主要包括_____、_____、_____、_____和_____五个部分。

5. FX 3GA-24MT型PLC由_____公司生产，它总共有____个输入和输出端口，输出类型是_____输出型，只能驱动直流负载。

6. 现在有SB、SQ、SA、KM、YV、HL、HA、KA、FR等几个器件。可以连接到PLC输入端口的输入元件有____、_____、_____、_____等。可以连接到PLC输出端口的输出元件有____、_____、_____、_____等。

7. PLC的工作模式分为STOP和RUN两种。当PLC处于RUN工作模式，它的工作过程包括以下五个阶段：____、_____、_____、_____、_____。

8. PLC外部的输入回路接通时，对应的输入映像寄存器为__状态，梯形图中对应的输入继电器的常开触点_____，常闭触点_____。

9. 若梯形图中输出继电器Y的线圈"通电"，对应的输出映像寄存器为__状态，在输出处理阶段后，继电器型输出模块中对应的硬件继电器的线圈_____，其常开触点_____，外部负载_____。

10. 影响PLC的工作周期长短的主要因素有：_____、_____、_____。

11. 请阅读下面的电气线路图。如改由PLC控制，请画出PLC的外部接线图，试着写出 PLC 的梯形图控制程序。

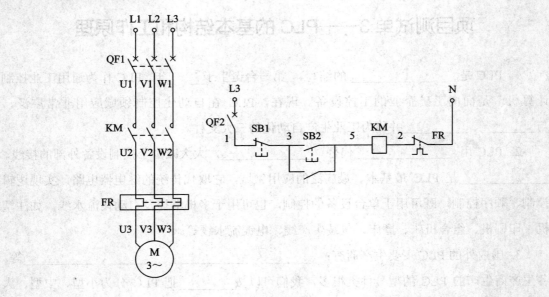

项目测试单4——FX系列PLC

1. FX$_{2N}$-48MR型PLC，其中输入点数为24个点，则输出点数为____个。PLC输出类型为_____(继电器输出、晶体管输出、晶闸管输出)，可以用来驱动_____(直流、交流)负载。

2. PLC中有大量的各种继电器，如_____、_____、_____、_____、_____、_____等。为了把它们与通常的硬继电器分开，我们常把PLC中的各种继电器称为软继电器，也称为软元件。其中需要硬接线的软元件是_____、_____，其余不需要接线。

3. FX系列PLC输入、输出继电器编号采用____进制，其余元件采用____进制编号。

4. _____与PLC的输入端子相连，是PLC接收外部信号的接口，用于根据输入端子上连接的外部的输入信号，如按钮开关、行程开关、光电开关、接近开关等的ON/OFF状态，决定X的ON/OFF状态。

5. _____与PLC的输出端相连，是PLC向外部负载发送信号的窗口。

6. 下列说法正确的是(有一个或多个正确答案)：_____。

A. 输入继电器X的常开、常闭触点，在PLC内部编程时，可以无限制的自由使用。

B. 辅助继电器M可以用来直接驱动外部负载。

C. 外部负载必须由输出继电器Y来驱动。

D. 辅助继电器的编号采用十六进制。

7. FX系列PLC的特殊辅助继电器M8000在PLC程序运算时其常开触点一直处于_____(接通、断开)状态；M8002常开触点在_____时接通一个扫描周期；产生周期为10ms脉冲的特殊辅助继电器是_____，产生周期为1s脉冲的特殊辅助继电器是_____。

8. FX系列PLC的定时器T的设定值范围为_____～_____；FX系列PLC的内部计数器的设定值范围为_____～_____；

　　FX系列PLC的高速计数器的设定值范围为_____～_____。

9. 两个按钮通过PLC来控制一盏灯。SB1为启动按钮，接在X0上；SB2为停止按钮，接在X1上；指示灯HL由Y1端口驱动。请用线条联接下图，完成硬件接线图。(提示：注意输出端电流方向。)

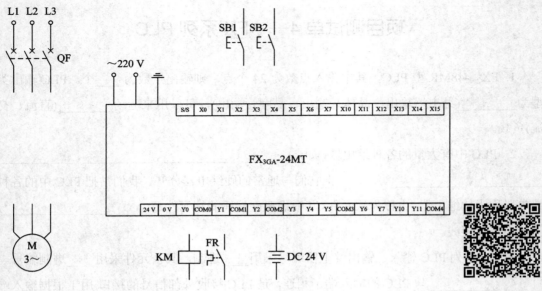

接线参考

10. 两个按钮通过 PLC 来控制电动机的启停。SB1 为启动按钮，按下后电动机启动；SB2 为停止按钮，按下后电动机停止；电动机由接触器直接控制(选用接触器线圈电压为直流 24V，线圈功率 4W)，并且有热继电器做过载保护。请完成硬件接线图。

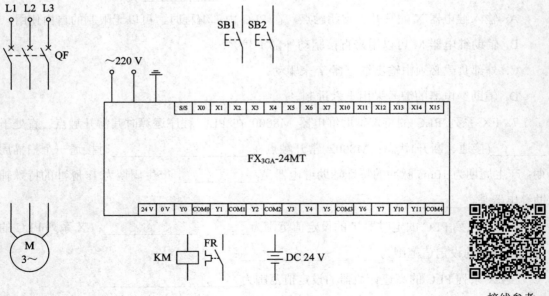

接线参考

项目测试单 5——基本指令与编程

1. 三菱 FX 系列 PLC 中，SET 指令功能是_____，RST 指令功能是_____，PLF 指令的作用是_____。

2. 下列指令使用正确的是_____。

A. OUT X0   B. MC M100   C. SET Y0   D. OUT T0

3. 根据下面的梯形图程序分析，下列说法哪个是正确的(   )。

A. 输出 Y0 在输入信号 X0 的上升沿被置位，当 X0 为 OFF 时被复位

B. 只要 X0 为逻辑 1，输出 Y0 就为 1

C. 输出 Y0 不能被置位，其值总是逻辑 0

D. 输出 Y0 在输入信号 X0 的上升沿被置位，在 X0 的下降沿被复位

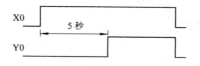

4. 根据波形图编程。

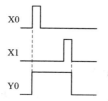

5. 根据波形图编程。

6. 根据波形图编程。

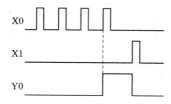

7. 根据波形图编程。

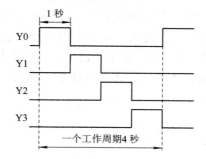

8. 某职业技术学院门口装饰的三组节日彩灯工作时序图如下图所示。请设计梯形图程序，并绘制 PLC 外部接线图。

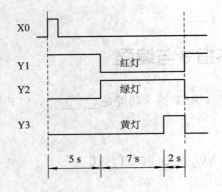

(以下两题选做)

9. 按下起动按钮后，数码管显示 1，延时 3 秒显示 2，再延时 4 秒显示 3，并且一直显示不变化。按下停止按钮，停止显示。请设计梯形图程序。

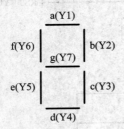

10. 《非诚勿扰》女生权利示意灯系统设计。江苏卫视《非诚勿扰》是近几年来比较火爆的一个电视节目。节目开始时主持人孟非会发出指令"请亮灯"，然后后台工作人员将 24 位女嘉宾前的灯全部点亮。在女生权利这一环节中，女嘉宾若看不中男嘉宾，则可以按下自己面前的按钮，将自己的灯灭掉。一旦灯被灭掉，则在本轮相亲中再无机会亮起(亮灯操作只能由后台工作人员完成)。另外，节目中还有一条规则，若女嘉宾十分看好男嘉宾，则可以按下"爆灯"按钮，将自己的灯一直保持点亮状态，在本轮相亲中此灯无法被熄灭。请你设计一个电气系统来完成相应的控制功能。具体要求如下：(1) 每位女嘉宾面前有一盏灯和两个按钮，这两个按钮用来控制自己面前的灯，一个用来灭灯，一个用来"爆灯"。(2) 后台有一个按钮，这个按钮用来点亮所有的灯。(3) 控制器使用 PLC。(4) 为简化程序，假设现场只有 4 位女嘉宾，而非 24 位。任务：请画出该系统的电气原理图并写出 PLC 梯形图程序。

项目任务单 1——控制电器的认识

一、请列出今天你用到的控制电器和电工工具。

1. 控制电器有：_____。

2. 电工工具有：_____。

二、请与小组成员一起，讨论确定检查控制电器质量的步骤是什么？并检查各控制电器，说明它们的情况怎样？

1. 检查控制电器的步骤：_____

_____

_____。

2. 请在你已检查过的控制电器上打√：

低压断路器、交流接触器、热继电器、按钮、指示灯、行程开关、刀开关、熔断器、中间继电器、时间继电器

请列出其中两个控制电器的主要技术参数：

名称：_____ 主要技术参数：_____。

名称：_____ 主要技术参数：_____。

4. 请列出不能正常使用的电器：_____，

_____并请主动找指导老师咨询解决问题。

如仍没有解决，请记录问题：_____

_____。

三、请你练习连接导线、压接冷压接头，并进行总结，掌握正确的方法，为下次课电气线路的安装和调试做好准备。

1. 我今天总共压接了_____个冷压接头，其中成功压接的个数是_____个。

我成功的主要原因是_____

_____。

我不成功的主要原因是_____

_____。

2. 我今天连接了_____根导线，其中有_____根连接的质量不错。

3. 主回路的导线应该选用_____、_____、_____色的硬导线，颜色顺序也不能错。控制回路选用_____色的软导线。

4. 为了检查和调试线路，导线上必须套上_____。

四、下次课前的预习任务。

请叙述电气线路连接的方法和工艺要求是什么？

项目任务单 2——电动机单向连续运行控制线路的连接与调试

一、请画出电动机单向连续控制线路原理图，并说明其中的自锁触点是哪个？它的作用是什么？

二、请在你需要用到的器材前面打√，并标出数量。准备好各控制电器，并逐一检查质量。

低压断路器　　　　　数量_____　　　　　规格_____

按钮　　　　　　　　数量_____　　　　　规格_____

交流接触器　　　　　数量_____　　　　　规格_____

行程开关　　　　　　数量_____　　　　　规格_____

热继电器　　　　　　数量_____　　　　　规格_____

指示灯　　　　　　　数量_____　　　　　规格_____

电动机一台　　　　　导线若干

电工工具一套　　　号码管一段　　　其他辅材_____

你已检查过的电器有：_____

_____

三、电气线路连接情况。

先连接_____电路，再连接_____电路。

连接过程中出现的问题：_____

_____

解决办法：_____

_____

四、电气线路调试过程。

第一步：连接好外部设备。通过接线端子板，先连接好电动机和电源线(五根)。

第二步：完成通电之前检查。请你先按要求，自主完成线路通电之前的检查，然后整理好工作台面。

第三步：完成通电调试。在通电之前的检查结果正确后，在老师指导下完成通电调试。通电调试时应先合上单极的空气开关，完成控制线路的调试，再合上三极的空气开关，完成主电路的调试。

调试过程中出现的问题：＿＿＿＿＿＿＿＿＿＿＿＿＿＿＿＿＿＿＿＿＿＿＿＿

解决办法：＿＿＿＿＿＿＿＿＿＿＿＿＿＿＿＿＿＿＿＿＿＿＿＿＿＿＿＿＿＿

五、你作为一名小组成员，在本次实训中所做的具体工作是什么？如果小组总分是 100 分，请为你自己和同伴的表现评分。

我自己主要做了＿＿＿＿＿＿＿＿＿＿＿＿＿＿＿＿＿＿＿＿＿＿＿＿＿＿

＿＿＿＿＿＿＿＿＿＿＿＿＿＿＿＿＿＿＿＿＿＿＿＿＿＿＿＿＿＿＿＿＿＿＿

＿＿＿＿＿＿＿＿＿＿＿＿＿＿＿＿＿＿＿＿＿＿＿＿＿＿＿＿＿＿＿＿＿。

自己＿＿＿＿＿＿＿分，同伴＿＿＿＿＿＿＿分。

六、请你把本次课的体会写下来。另外请你课后观察学院大门口的电动门是如何工作的？下次课上请同学介绍。

项目任务单 3——电动机正反转控制线路的连接与调试

一、电动机的正反转控制线路有哪两种？

_____互锁、_____互锁。本次实训我们小组选用_____互锁的控制线路来完成。

二、请画出已确定的电动机正反转控制线路原理图。并说明其中的互锁触点是哪几对？它的作用是什么？

三、请在你需要用到的器材前面打√，并标出数量。准备好各控制电器，并逐一检查质量。

低压断路器　　　　　数量_____　　　规格_____
按钮　　　　　　　　数量_____　　　规格_____
交流接触器　　　　　数量_____　　　规格_____
行程开关　　　　　　数量_____　　　规格_____
热继电器　　　　　　数量_____　　　规格_____
指示灯　　　　　　　数量_____　　　规格_____
电动机一台　　　　　导线若干
电工工具一套　　　　号码管一段　　　其它辅材_____
你已检查过的电器有：_____
_____

四、电气线路连接情况。

先连接_____电路，再连接_____电路。

连接过程中出现的问题：_____
_____

解决办法：_____
_____

五、电气线路调试过程。

第一步：连接好外部设备。通过接线端子板，先连接好电动机和电源线(五根)。

第二步：完成通电之前检查。请你先按要求，自主完成线路通电之前的检查，然后整理好工作台面。

第三步：完成通电调试。在通电之前的检查结果正确后，告知指导老师，在老师指导下完成通电调试。通电调试时应先合上_____极的空气开关，完成控制线路的调试，再合上_____极的空气开关，完成主电路的调试。

调试过程中出现的问题：_____

_____

解决办法：_____

_____

六、你做为小组成员，在本次实训中所做的具体工作是什么？如果小组总分是 100 分，请为你自己和同伴的表现评分。

我自己主要做了_____

_____

自己_____分，同伴_____分。

七、请你把本次课的收获写下来。另外请你利用课余时间，设计出学院大门口电动门的电气控制原理图。下次课上请同学为大家介绍。表现好的有加分噢。

项目任务单4——初步认识和使用PLC及实训设备

一、知识准备。

现在有两个按钮 SB1、SB2，分配的输入端口地址是 X1、X2，有两个指示灯 HL1、HL2，分配的输出端口地址是 Y1、Y2，请你画出 PLC 的外部接线图。

二、PLC 实训箱的认识和操作使用。

实训室中使用的 PLC 的型号是 _____。在 PLC 实训箱上的输入元件种类有_____、_____，输出元件种类有_____、_____、_____、_____、_____。

PLC 的输入端共有____个 COM 端口，**请注意**：在实际接线时，输入端的 COM 端接 **0V** 端子，另外需要把 **24V** 端子和 **S/S** 端子连接。PLC 的输出端共有____个 COM 端口，其中属于 COM0 端口的输出端有_____，属于 COM2 端口的的输出端有_____。如使用中有几个输出端分属于不同的 COM 端口，要把这几个 COM 端口连接起来。

三、PLC 中软继电器的功能。

PLC 内部的软继电器有_____X、_____Y、_____M、_____T、_____C、_____S 等。其中用来采集输入元件 SB 信号的软继电器是_____，用来驱动外部接触器 KM 的软继电器是_____。

四、编程操作。

今天使用的 PLC 的编程软件是_____。在编程时，应选择的 PLC 的类型是_____，选择的编程语言是_____。输入以下程序，并记录操作结果。

```
    X0      X1
├──┤ ├────┤ ├──────────────( Y0 )

    X2
├──┤ ├────────────────────( Y1 )

    X3
├──┤ ├──┘

    X4          T1
├──┤ ├──────────┤/├────────( T0 )K10

    T0
├──┤ ├────────────────────( T1 )K10

                        └──( Y2 )

    X5
├──┤ ├────────────────────[ RST  C0 ]

    X6
├──┤ ├────────────────────( C0 )K10

    C0
├──┤ ├────────────────────( Y3 )
```

输入程序时，要把 PLC 的 **STOP/RUN** 模式键拨置为_____模式，程序输入完成，检查无误后，按_____键转换，然后**写入程序**。

将 **STOP/RUN** 模式键拨为_____模式，运行程序。(此时已确保 PLC 的 I/O 端口已连接好输入和输出元件)

当 <u>X0=1 　且 X1=1</u> 时，Y0 输出；

当_____时，Y1 输出；

当_____ 时，Y2_____输出；

当_____ 时，Y3 输出；当_____时，Y3 不输出；

五、及时总结一下今天的实训活动吧

我遇到的问题是：_____

解决办法：_____

我今天还没有完全掌握的内容是：_____

_____。

六、做为小组成员，你在本次实训中所做的具体工作是什么？如果小组总分是 100 分，请为你自己和同伴的表现评分。

我自己主要做了_____。

自己_____分，同伴_____分。

在你认为同伴表现好的方面打√：

参与积极□、在今天的项目完成中作用大□、能良好协作□。

七、请你把本次课的体会写下来。老师也希望得到你的建议噢，好的建议一经采纳，有加分噢。

体会：_____

_____

_____

_____

建议：_____

_____

_____

_____

项目任务单 5——电动机循环正反转的 PLC 控制设计与调试

一、知识回顾。

请你绘制出电动机的正反转电气控制原理图(包括主电路),并说明是哪种互锁形式。

二、前导任务。

请按照以上的电气原理图,如采用 PLC 控制,请绘制完成 PLC 的外部接线图,编写 PLC 的控制程序并调试完成。(提示:四个输入信号——正反转启动、停止按钮、过载保护信号分别接 X1、X2、X3、X4,两个输出信号——正反接触器线圈分别接 Y1、Y2)

PLC 外部回路实际接线时,输入端的 COM 端接 **0V** 端子,另外需要把 **24V** 端子和 **S/S** 端子连接。输出端 Y1、Y2 的 COM 端口分别是____、____,实际连线时,要把这 2 个 COM 端口连接起来。接线时注意**电源正负极**的接法。

调试中出现的问题:_____

结果:_____

三、电动机循环正反转的 PLC 控制任务。

1. 控制要求:

(1) 按下起动按钮,电动机正转 3 s,停 2 s,反转 3 s,停 2 s,如此循环 5 个周期,然后自动停止。(2) 运行中,按停止按钮设备停止,热继电器动作也停止。

2. 设计方法:循环顺序控制。

3. 端口地址分配:

输入端口		输出端口	
停止按钮 SB1	X0	正转接触器 KM1	Y1
启动按钮 SB2	X1	反转接触器 KM2	Y2
过载保护 FR	X2		

4. 对照程序讲解，记录控制程序如下：

本程序中用到 PLC 内部的软继电器有_____、_____、_____等。用来实现时间控制的软继电器是_____，用来实现次数控制的软继电器是_____。

5. 程序输入和调试：.

输入程序时，要把 PLC 的 STOP/RUN 模式键拔置为_____模式，

程序输入完成，检查无误后，按_____键转换，然后写入程序。

将 STOP/RUN 模式键拔为_____模式，运行程序。(此时已确保 PLC 的 I/O 端口已连接好输入和输出元件)

当按下 X1 时，输出端口的情况是_____

_____。

如在运行过程中，当按下 X0 时，输出端口的情况是_____

_____。

如在运行过程中，当按下 X2 时，输出端口的情况是_____

_____。

四、及时总结一下今天的实训活动吧

我遇到的问题是：_____

解决办法：_____

我今天的收获是：_____

_____。

五、做为小组成员，你在本次实训中所做的具体工作是什么？如果小组总分是 100 分，请为你自己和同伴的表现评分。

我自己主要做了_____。

自己_____分，同伴_____分。

在你认为同伴表现好的方面打√：

参与积极□、在今天的项目完成中作用大□、能良好协作□ 。

项目任务单 6——GX Developer 编程软件的使用

一、本次任务完成后应达到的学习目标。

1. 熟悉 GX Developer 编程软件界面。

2. 掌握梯形图的基本输入操作。

3. 掌握利用编程软件进行程序的编辑和调试的操作方法。

4. 进一步掌握基本逻辑指令的使用方法。

二、编程软件介绍。

今天使用的 PLC 的编程软件是_____公司的_____软件。

该软件的基本界面包括_____、_____、_____、_____、_____，

具有_____、_____、_____、_____等主要功能。程序的输入方式可以

有_____、_____、_____等三种语言。

三、GX Developer 编程软件的基本使用。

程序输入方法：_____

程序编辑方法：_____

程序下载的方法：_____

程序读取的方法：_____

程序监视的方法：_____

四、请输入以下梯形图程序，通过实际操作，熟悉编程软件的程序输入和编辑方法，并在此基础上，理解各程序的功能和指令的功能。

程序 1：

```
      X4            T1
  ├───┤ ├──────────┤/├──────────( T0 )K10

      T0
  ├───┤ ├──────────────────────( T1 )K10
                                  │
                                  └──( Y2 )

      X5
  ├───┤ ├──────────────────────[ RST  C0 ]

      X6
  ├───┤ ├──────────────────────( C0 )K10

      C0
  ├───┤ ├──────────────────────( Y3 )
```

程序 2：参见图 5-19 程序。

程序 3：参见图 5-20 程序。

五、请输入以下指令语句表程序，通过实际操作，了解手持式编程器(HPP)的程序输入和编辑方法，并在此基础上，理解各程序的功能和指令的功能。

程序 4：参见图 5-10 程序。

程序 5：参见图 5-11 程序。

六、及时总结一下今天的实训活动吧。

我遇到的问题是：_____

解决办法：_____

我今天的主要收获是_____

_____。

我今天还没有完全掌握的内容是：_____

_____。

七、做为小组成员，你在本次实训中所做的具体工作是什么？如果小组总分是 100 分，请为你自己和同伴的表现评分。

我自己主要做了_____。

自己_____分，同伴_____分。

在你认为同伴表现好的方面打√：

参与积极☐、在今天的项目完成中作用大☐、能良好协作☐。

八、请你把本次课的体会写下来。老师也希望得到你的建议噢，好的建议一经采纳，有加分噢。

体会：_____

_____

建议：_____

_____

项目任务单 7——彩灯循环点亮的 PLC 控制设计与调试

一、前导任务。

四个彩灯的控制要求如下，请用循环顺序控制程序设计法，完成控制程序的设计，并画出 PLC 外部接线图。

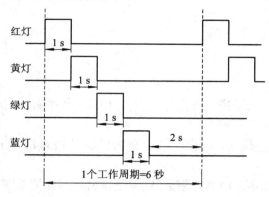

二、彩灯循环点亮的 PLC 控制任务。

1. 控制要求：

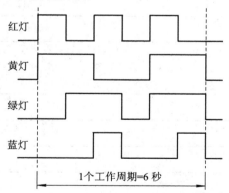

2. 设计方法：时序波形图法。

3. 端口地址分配：

输入端口		输出端口	
停止钮 SB1		红灯	
启动钮 SB2		黄灯	
		绿灯	
		兰灯	

4. 列出逻辑关系式：

5. 根据讲解过程，写出设计程序：

6. 程序输入和调试：

输入程序时，要把 PLC 的 STOP/RUN 模式键拔置为_____模式，程序输入完成，检查无误后，按_____键转换，然后写入程序。

将 STOP/RUN 模式键拔置为_____模式，运行程序。（此时已确保 PLC 的 I/O 端口已连接好输入和输出元件）

提示：PLC 外部回路实际接线时，输入端的 COM 端接 0V 端子，另外需要把 24V 端子和 S/S 端子短接。输出端的 COM 端口不同，实际连线时，先连好一个输出回路，然后再把几个不同的 COM 端口短接起来。接线时注意电源正负极的接法。

该项目调试中出现的问题：_____

解决办法：_____

_____。

三、及时总结一下今天的实训活动吧。

我今天的收获是：_____

_____。

我今天的不足是：_____

_____。

四、做为小组成员，你在本次实训中所做的具体工作是什么？

如果小组总分是 100 分，请为你自己和同伴的表现评分。

我自己主要做了_____。

自己_____分，同伴_____分。

在你认为同伴表现好的方面打√：

参与积极☐、在今天的项目完成中作用大☐、能良好协作☐。

项目任务单8——数码管循环点亮的 PLC 控制设计与调试

一、前导任务。

四个彩灯的控制要求如下。请用定时器连续输出累积计时法设计程序，并画出 PLC 外部接线图。请根据讲解过程，写出设计程序并调试完成。

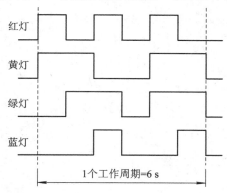

二、数码管循环点亮的 PLC 控制任务。

1. 控制要求：设计一个用基本指令来控制数码管循环显示数字0、1、2、…9 的控制程序，并完成程序的调试。

2. 数码管知识导入。

3. 设计方法：定时器连续输出累积计时法。

4. 端口地址分配。

5. 控制分析：

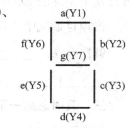

	0	1	2	3	4	5	6	7	8	9
a	1	0	1	1	0	1	0	1	1	1
b	1	1	1	1	1	0	0	1	1	1
c	1	1	0	1	1	1	1	1	1	1
d	1	0	1	1	0	1	1	0	1	0
e	1	0	1	0	0	0	1	0	1	0
f	1	0	0	0	1	1	1	0	1	1
g	0	0	1	1	1	1	1	0	1	1

6. 参照本任务的设计程序方法，写出 PLC 的程序。

7. 程序输入和调试：

输入程序时，要把 PLC 的 STOP/RUN 模式键拨置为_____模式，程序输入完成，检查无误后，按_____键转换，然后写入程序。将 STOP/RUN 模式键拨置为_____模式，运行程序。(此时已确保 PLC 的 I/O 端口已连接好输入和输出元件)

PLC 外部回路实际接线时，输入端的 COM 端接 0V 端子，另外需要把_____端子和_____端子短接。输出端的 COM 端口不同，实际连线时，先连好一个输出回路，然后再把几个不同的 COM 端口短接起来。接线时注意**电源正负极**的接法。

该项目调试中出现的问题：_____

解决办法：_____

_____。

三、及时总结一下今天的实训活动吧。

我今天的收获是：_____

_____。

我今天的不足是：_____

_____。

给老师的建议：_____

_____。

项目任务单9——单一顺序的SFC应用(彩灯控制/回转工作台控制)

一、前导任务。

四个彩灯的控制要求如下，请用已掌握的方法设计 PLC 控制程序，并画出 PLC 外部接线图。

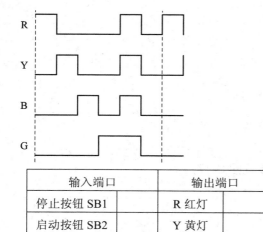

输入端口		输出端口	
停止按钮 SB1		R 红灯	
启动按钮 SB2		Y 黄灯	
		B 兰灯	
		G 绿灯	

二、请用 SFC 顺序功能图方法设计彩灯(控制要求同左)控制程序并写在下面，调试完成。

该项目调试中出现的问题：_____

解决办法：_____

PLC 外部回路实际接线时，输入端的 COM 端接_____端子，另外需要把_____端子和_____端子短接。输出端的 COM 端口不同，实际连线时，先连好一个输出回路，然后再把几个不同的 COM 端口短接起来。接线时注意**电源正负极**的接法。

三、按下起动按钮 SB，回转工作台顺时针正转，转到右限位开关 SQ2(X4)所在位置时暂停 5s，然后工作台逆时针反转，回到左限位开关 SQ1(X3)所在位置时停止转动。请完成回转工作台程序的设计与调试。

四、选做：设计并调试交通灯控制程序(参见图 6-17)。

五、总结一下吧。

我今天的收获是：_____

_____。

我今天的不足是：_____

_____。

六、做为小组成员，你在本次实训中所做的具体工作是什么？

如果小组总分是 100 分，请为你自己和同伴的表现评分。

我自己主要做了_____。

自己_____分，同伴_____分。

在你认为同伴表现好的方面打√：

参与积极□、在今天的项目完成中作用大□、能良好协作□。

项目任务单 10——选择顺序的 SFC 应用

(电动机正反转控制/分拣与分配线控制)

一、知识准备。

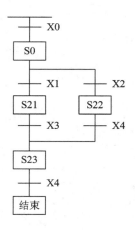

二、请设计电动机正反转控制程序。要求：按正转起动按钮，电机正转，按停止按钮电机停止；按反转起动按钮，电机反转，按停止按钮，电机停止；应对电机设置过载保护。绘制 PLC 的外部接线图，并调试程序。

I/O 地址分配表

输入端口		输出端口	
正转起动 SB1		正转接触器 KM1	
反转起动 SB2		反转接触器 KM2	
停止按钮 SB3			
过载保护 FR			

该项目调试中出现的问题：_____

解决办法：_____

PLC 外部回路实际接线时，输入端的 COM 端接_____端子，另外需要把_____端子和_____端子短接。输出端的 COM 端口不同，实际连线时，先连好一个输出回路，然后再把几个不同的 COM 端口短接起来。接线时注意电源正负极的接法。

三、选做：设计并调试分捡与分配线控制程序(参见图 6-40)。

四、总结一下吧。

我今天的收获是：_____

_____。

我今天的不足是：_____

_____。

五、做为小组成员，你在本次实训中所做的具体工作是什么？

如果小组总分是 100 分，请为你自己和同伴的表现评分。

我自己主要做了_____。

自己_____分，同伴_____分。

在你认为同伴表现好的方面打√：

参与积极▢、在今天的项目完成中作用大▢、能良好协作▢ 。

项目任务单 11——并行顺序的 SFC 应用（交通信号灯的控制）

一、前导任务。

十字路口简易交通灯控制要求：按下起动按钮，十字路口交通信号灯按如下时序图工作，一个工作周期为 30s，按下停止按钮，所有灯都熄灭。请设计控制程序并调试完成。

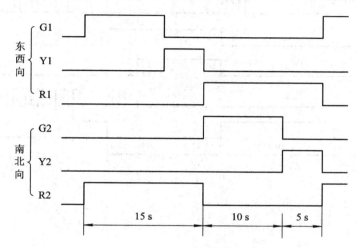

二、下图是具有手动和自动运行功能切换的交通信号灯的控制要求。总结老师的讲解，写下程序并调试完成。

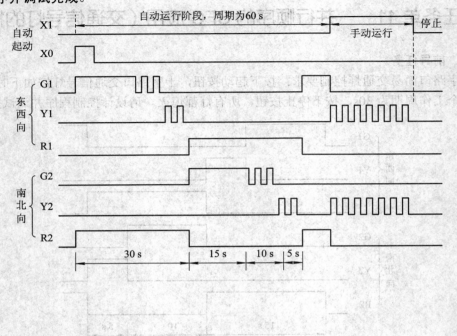

三、总结一下吧。

我今天的收获是：＿＿＿＿＿＿＿＿＿＿＿＿＿＿＿＿＿＿＿＿＿＿＿＿＿＿＿＿＿＿＿

＿＿。

我今天的不足是：＿＿＿＿＿＿＿＿＿＿＿＿＿＿＿＿＿＿＿＿＿＿＿＿＿＿＿＿＿＿＿。

绪　　论

【学习导入】

我们先从日常生活中的简单例子说起。请大家观察一下，家里照明用的日光灯是如何控制的？校园里的路灯是如何控制的？建筑物外墙装饰的各色霓虹灯或者是舞台上的艺术彩灯又是如何控制的呢？

0.1　电气控制技术的应用

电气控制技术在我们的日常生活和工业生产中无处不在。如控制电风扇的摇头和定时、行车的起吊和移动、电子产品总装生产线的运行、机械手搬运工件等。

随着科学技术的发展及生产工艺要求的提高，电气控制技术得到了不断发展。在控制方法上，从手动控制到自动控制；在控制功能上，从简单的控制单台设备到复杂的控制系统；在控制原理上，从有触点的继电接触器控制系统到以计算机为核心的"软件"控制系统。20 世纪 70 年代以来，随着微电子技术和计算机技术的飞速发展，电气控制技术发生了巨大的变化，新型控制技术如可编程逻辑控制器(PLC)、变频器等被广泛应用在工业生产和生活的诸多领域。现代的电气控制技术已经综合了计算机、自动控制、电子技术和精密测量等许多先进的科学技术成果，PLC、CAD/CAM(计算机辅助设计/计算机辅助制造)和Robot(机器人)已成为工业自动化领域的三大技术支柱。

我们知道，工业生产的各个领域，都有大量的数字量和模拟量信号。数字量又称为开关量，如电动机的启停、阀门的开闭、按钮或位置检测开关的通断状态等；模拟量又称为连续变化的量，如温度、速度、压力、流量等。对这些信号和对象的处理就要使用电气自动控制技术来完成。

20 世纪 70 年代以前，电气控制的任务基本上都是由继电接触器控制系统来完成的。该控制系统主要由继电器、接触器、按钮、指示灯等控制电器组成，它取代了原来的手动控制方式。由于这种控制系统具有结构简单、价格低廉和操作方便等优点，所以当时应用得十分广泛，至今仍在许多简单的机械设备中使用。但是这种控制系统的缺点也是非常明显的，它采用固定的硬接线方式来完成各种控制逻辑，实现系统的各种控制功能，因此灵活性差；另外，由于控制电器的机械式触点工作频率低，易损坏，因此可靠性不高。

随着大规模集成电路和微处理器的发展和应用，在 1969 年出现了世界上第一台以软件手段来实现各种控制功能的革命性控制装置——PLC，它综合了计算机功能强、通用性好、灵活性好的优点，以及继电接触器控制系统的操作使用方便、价格低廉等优点，并且特别针对于工业环境使用而设计，抗干扰能力强。现在，PLC 已经是一种广泛应用于工业现场的新型通用控制装置，除具有逻辑控制功能外，还具有完成算术运算、数据转换、过程控制、数据通信等大型而复杂的控制任务的能力。PLC 作为工业自动化的技术支柱之一，在工业生产的自动控制领域占有十分重要的地位。

0.2　课程的性质和学习目标

电气控制技术在生产过程、科学研究、日常生活等诸多领域应用十分广泛。为了能更好地适应企业生产一线的技术应用型或技能型相关工作岗位要求，对机电或电气类专业的高职院校学生，急需进行工程实践能力的训练和培养，以便尽快掌握电气自动控制的实用技术，以适应工厂企业现代化生产的需要。

本课程是一门实用性很强的专业课。课程的主要内容是以电动机或其他执行电器为控制对象，介绍继电接触器控制系统和 PLC 控制系统的工作原理、设计方法和实际应用。继电接触器控制是电气控制系统的基础，在简单的电气控制设备中仍然普遍使用。PLC 的强大功能使它成为实现工业自动化的主要手段之一，但并不意味着继电接触器控制系统就不重要了。尽管 PLC 可以取代继电器的逻辑控制，但对电气控制系统中的信号采集和驱动输出部分仍然要由控制电器及电气控制线路来完成，所以对继电接触器控制系统的学习非常必要。本课程通过系统、全面、浅显地内容讲解，让大家掌握一门非常实用的工业控制技术，以培养和提高大家的实际应用和动手能力。本课程的学习目标是：

(1) 知识目标。了解工厂低压配电系统和常用电气标准，掌握常用低压电器的基本结构、工作原理、电气符号；掌握电气控制基本线路的组成、工作过程、保护环节的分析；掌握设备的故障报警处理方法；掌握 PLC 的硬件结构组成和工作原理，掌握 PLC 的基本指令系统和典型电路的编程，掌握 PLC 程序的几种典型设计方法；掌握顺序功能图的编程方法；了解功能指令的使用；了解 PLC 的实际应用程序的设计步骤和方法。

(2) 技能目标。能识别、检查和正确使用常用低压电器，会正确操作常用电工工具；能识读典型设备的电气控制线路图，会熟练搭接继电接触器控制线路并完成通电调试，能自主分析和排除调试过程中出现的常见故障；会熟练使用三菱 FX 系列 PLC，能正确连接 PLC 外部的 I/O 设备，能完成一般顺序控制系统 PLC 程序的设计和调试。

(3) 素质养成目标。通过一体化的训练，培养大家实际搭接和调试一般电气控制系统的能力，使学生初步具备分析和解决电子产品自动生产线中实际电气控制问题的能力，并在教学实施过程中培养学生的安全文明生产意识和团结协作精神。

第 1 章　电气控制基础知识

[学习导入]

请大家思考：电器和电气这两个词语有何不同？什么是控制电器？什么是电气控制？周围工厂和学校的电压是多少？电能是如何输送到用户端的？

1.1　控制电器概述

简单地说，控制电器就是一种能控制电，使电按照人们的要求安全地为人们工作的工具。控制电器用于各种控制电路和控制系统中，按照功能要求进行组合以达到一定的控制目标，完成确定的控制功能。利用控制电器可以完成对设备的控制，如由时间继电器和开关组合完成对电风扇定时运行的控制，由按钮和交流接触器组合，完成对电动机转动的控制等。

1.1.1　控制电器的分类和应用特点

1. 标准电压等级

国家标准 GB/T 156—2007《标准电压》中规定，我国标准频率为 50 Hz 的三相交流输电、配电、用电系统的标准电压有 1000 kV、750 kV、500 kV、330 kV、220 kV、110 kV、66 kV、35 kV、20 kV、10 kV、6 kV、3 kV、660 V、380 V，这些数值均指线电压值。35 kV 以上者主要是用于输、变电，(6～10) kV 一般为中型工厂的电源进线配电电压，380 V 是主要的生产、生活用电。在特定行业如石化、采矿等，也采用其他电压，如矿井下的运输机用 660 V、采煤机用 1140 V 等。低于 1000 V 的三相交流系统的标准电压为 220/380 V、380/660 V，同一组数据中较低的数值是相电压，较高的数值是线电压。

单相交流电压等级最常见的为 220 V，机床、热工仪表和矿井照明等采用 127 V，6 V、12 V、24 V、36 V、42 V、48 V 等一般用于安全场所的照明、信号灯以及作为控制电压。

直流常用电压等级中，110 V、220 V 和 440 V 主要用于动力，6 V、12 V、24 V、36 V 主要用于控制；在电子线路中还有 5 V、9 V、15 V 等。

2. 控制电器的分类

1) 按工作电压分

电力系统电压高低的划分依据是：针对人身，《电业安全工作规程》中规定，设备对地电压小于等于 250 V 为低压，设备对地电压大于 250 V 为高压，36 V 以下为安全电压；针对设备，《电力系统设计制造规程》规定交流 1000 V 是划分高、低压的界限。

用于交流 50 Hz、额定电压为 1000 V 及以下，直流额定电压为 1500 V 及以下的电路中的电器称为低压电器，反之则称为高压电器。

在我们的工业现场，所用的控制电器绝大部分是低压电器，这和我国的配电系统有关。

2) 按电能的性质分

按电能的性质可分为直流电器和交流电器。由于交流电压升、降压较容易，因此大部分场合使用的都是交流电器。而在一些特殊场合使用直流电器，如控制领域(控制直流电机)、微电子领域。

1.1.2 工厂低压配电电压及中性点运行方式

发电厂往往离用电中心较远，因此必须用高压输电线路进行远距离输电。把电能从发电厂输送到用户的输变电模式概略图(Overview Diagram)如图 1-1 所示。

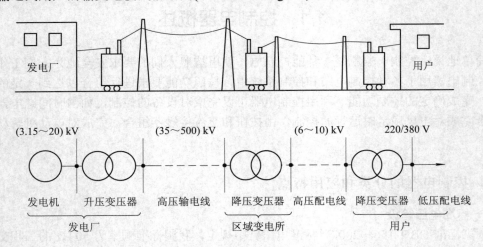

图 1-1 我国的输变电模式概略图

1. 工厂低压配电电压

工厂的低压配电系统一般采用 220/380 V 标准电压。其中线电压 380 V 接三相动力设备(如电动机)及 380 V 的单相设备(如大负载的接触器)，相电压 220 V 接一般照明灯具及其他 220 V 的单相设备。

在少数部门(如大型采矿、石油、化工等企业)采用 380/660 V 作为低压配电电压。例如矿井下，因负荷中心往往离变电所较远，所以为保证负荷端的电压水平而采用 660 V 电压配电。采用 660 V 电压配电，较之采用 380 V 配电，减少了线路的电压损耗，提高了负荷的电压水平，增大了配电半径。380/660 V 低压配电电压可供 660 V 三相用电设备、660 V 的单相用电设备以及 380 V 的单相用电设备使用。

由于我国一般采用的是 220/380 V 配电系统，电器制造部门制造的控制电器多以三相 380 V、单相 220 V 为额定电压，因此，在大部分电气控制场合均采用低压电器。

2. 220/380 V 配电系统的中性点运行方式

发电机或变压器三相绕组 A、B、C 按星形连接时，将三个末端连在一起，这个连接点 O 称为中性点，如图 1-2 所示。

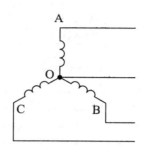

图 1-2 中性点

作为供电电源的发电机和变压器的中性点，有以下三种运行方式：一种是电源中性点不接地，一种是中性点经阻抗接地，再有一种是中性点直接接地。前两种合称为小接地电流系统，用于高压系统中。后一种中性点直接接地系统，称为大接地电流系统，工厂用电多数采用这种系统。

我国 220/380 V 低压配电系统，广泛采用中性点直接接地的运行方式，而且引出有中性线(Neutral Wire，代号 N)、保护线(Protective Wire，代号 PE)或保护中性线(PEN Wire，代号 PEN)。

N 线的功能，一是用来接额定电压为相电压的单相用电设备，二是用来传导三相系统中的不平衡电流和单相电流，三是减小负荷中性点的电位偏移。

PE 线的功能，是为保障人身安全、防止发生触电事故。系统中所有设备的外露可导电部分(指正常不带电压，但在故障情况下可能带电且易被触及的导电部分，如金属外壳、金属构架等)通过保护线(PE 线)接地，可在设备发生接地故障时减小触电危险。

PEN 线兼有 N 线和 PE 线的功能。这种保护中性线在我国通称为"零线"，俗称"地线"。

低压配电系统，按保护接地形式，分为 TN 系统、TT 系统和 IT 系统。

(1) TN 系统。TN 系统中所有设备的外露可导电部分均接公共的保护线(PE 线)或公共的保护中性线(PEN 线)，如图 1-3 所示。这种连接公共 PE 线或 PEN 线也称"接零"。如果系统中的 N 线与 PE 线全部合为 PEN 线，则称此系统为 TN-C 系统，如图 1-3(a)所示。如果系统中的 N 线与 PE 线全部分开，则称此系统为 TN-S 系统，如图 1-3(b)所示。如果系统的前一部分，其 N 线与 PE 线合为 PEN 线，而后一部分线路，N 线与 PE 线则全部或部分地分开，则称此系统为 TN-C-S 系统，如图 1-3(c)所示。

TN-C 系统属于三相四线制供电系统，在一般三相负载基本平衡以及有专职电工负责维护管理电气装备的工业厂房采用。

TN-S 系统属于三相五线制供电系统，用于单相试验负荷较大的科研试验单位，或者是电子计算机机房、生产和使用电子设备的厂房。

TN-C-S 系统用于由各单位自设变压器供电和管理的居住区民用建筑。

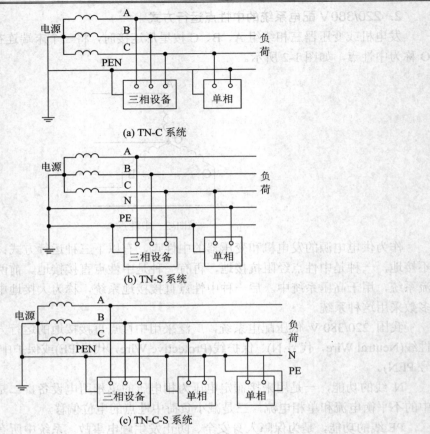

(a) TN-C 系统

(b) TN-S 系统

(c) TN-C-S 系统

图 1-3　低压配电的 TN 系统

(2) TT 系统。TT 系统中的所有设备的外露可导电部分均各自经 PE 线单独接地，如图 1-4 所示。系统中设备受到外界的干扰小，当单台设备发生故障时，对其他设备无影响。该系统属于三相四线制供电系统，适宜用在负荷小而分散的农村低压电网，以及由城市公用低压线路供电的民用建筑、工厂。

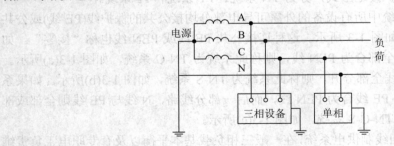

图 1-4　低压配电的 TT 系统

(3) IT 系统。IT 系统中的所有设备的外露可导电部分也都各自经 PE 线单独接地，如图 1-5 所示。它与 TT 系统不同的是，其电源中性点不接地或经阻抗接地，且通常不引出中性线。

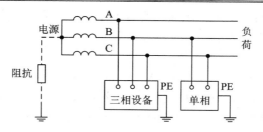

图 1-5　低压配电的 IT 系统

该系统属于三相三线制供电，用在三相平衡系统。

配电系统电源中性点的不同运行方式，对系统的运行特别是在系统发生单相接地故障时有明显的影响。

3. 电子设备接地

(1) 信号地。为了使电子设备在工作时有一个统一的公共参考电位(即基准电位)，不至于因浮动而引起信号量的误差，并防止其内外的有害电磁场的干扰，使电子设备稳定可靠地工作，实现其固有的功能，电子设备中的信号电路应接地，这种接地称为信号接地，简称信号地。属于电子设备的功能性接地。

这个"地"，可以是大地，也可以是接地母线、总接地端子等，总之只要是一个等电位点或等电位面即可。

(2) 安全地。当电子设备由 TN(或 TT)系统供电的交流线路引入时，为了保证人身和电子设备本身的安全，防止在发生接地故障时其外露导电部分上出现超过限值的危险的接触电压，电子设备的外露导电部分应接保护线或接大地，这种接地称为安全接地，简称安全地，即电子设备的保护性接地。

1.2　常用低压电器

低压电器是工厂设备电气控制系统的基本组成元件。电气控制系统的安全性、经济性与所选用的低压电器有着直接的关系，所以低压电器是电气控制技术的基础。从事机电一体化或电气自动化工作的技术人员，应该熟悉低压电器的结构、工作原理和正确使用方法。

1.2.1　低压电器的定义和分类

国家标准 GB/T 2900.18—2008《电工术语 低压电器》中规定：低压电器(Low-voltage Apparatus)是用于交流 50 Hz(或 60 Hz)、额定电压为 1000 V 及以下，直流额定电压为 1500 V 及以下的电路中起通断、保护、控制或调节作用的电器。

低压电器种类繁多、功能多样、用途广泛，分类方法各异。

1. 按用途划分

(1) 配电电器(Distributing Apparatus)。主要用于配电回(电)路，对电路及设备进行保护以及通断、转换电源或负载的电器。常用的配电电器有隔离开关、熔断器、低压断路器等。

(2) 控制电器(Control Apparatus)。主要用于控制用电设备，使其达至预期要求的工作状态的电器。常用的控制电器有接触器、继电器、主令电器、电磁铁、启动器等。

2．按动作方式划分

(1) 自动控制电器(Automatic Control Apparatus)。无人参与而依靠自身参数的变化或外来信号的作用，自动完成接通或分断等动作的电器，如接触器、继电器等。

(2) 人力控制电器(Manual Control Apparatus)。由人力参与操作来进行切换的电器，如按钮、刀开关、转换开关等。

3．按有、无触点划分

(1) 有触点电器。利用机械式触点的闭合或断开来实现电路的接通或分断控制的电器。如接触器、刀开关、按钮等。

(2) 无触点电器。无可分离的机械式触点，主要利用电子元件的开关效应，即导通和截止来实现电路的接通或分断控制的电器。如光电开关、接近开关、电子式时间继电器、固态继电器等。

4．按工作原理划分

(1) 电磁式电器。根据电磁感应原理动作的电器。如接触器、中间继电器等。

(2) 非电量控制电器。依靠外力或某种非电量信号(如速度、温度、压力等)的变化而动作的电器。如刀开关、行程开关、按钮、速度继电器、压力继电器、温度继电器等。

低压电器的多种分类方法相互交叉、覆盖。即某一低压电器按不同的分类方法，可分属于不同的种类。比如，线圈的额定电压为 220 V 的交流接触器，按用途属于控制电器，它是自动控制电器，也是有触点电器，也属于是电磁式电器。常用低压电器如图 1-6 所示。

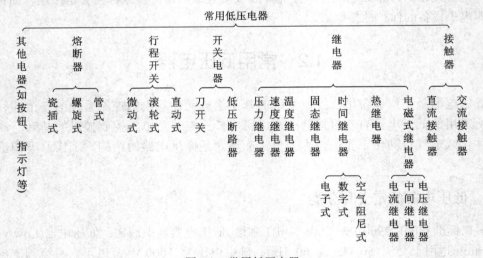

图 1-6　常用低压电器

低压电器在电气图中用电气符号表示。GB/T 4728—2008《电气简图用图形符号》、GB/T 5465.1—2007《电气设备用图形符号基本规则》等对电气符号的绘制方法作了规定。电气符号包括图形符号和文字符号两部分，其中文字符号用大写的拉丁字母表示。

我国 JB/T 2930—2007《低压电器产品型号编制方法》中，将低压电器共分为 12 大类(参见附录 B)。在实际选用低压电器时，常根据电器的型号进行选用。

1.2.2　电磁式低压电器的基本结构和工作原理

电磁式低压电器在电气控制线路中使用量最大，其类型也很多，各类电磁式低压电器在工作原理和构造上亦基本相同。电磁式低压电器的基本结构由三个主要部分组成，即电磁系统、触点系统和灭弧系统。

1. 电磁系统(Electromagnetic System)

电磁系统是电磁式电器的重要组成部分之一，它的作用是将电磁能转换成机械能，带动触点动作使之闭合或断开，从而实现电路的接通或分断。电磁系统的组成和常用结构形式如图 1-7 所示。

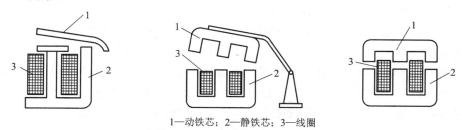

1—动铁芯；2—静铁芯；3—线圈

图 1-7　电磁系统的组成和常用结构形式

电磁系统主要由铁芯(Core)和线圈(Coil)组成。铁芯是有线圈套在其上的电器的磁性部件，包括静铁芯及动铁芯(衔铁)。线圈是以导电材料绕制而成，用来产生电磁势的电磁系统部件。电磁系统按照通过线圈的电流种类分为交流电磁系统和直流电磁系统。在交流电磁系统中还有短路环(Short-circuit Ring)，短路环是嵌在交流电磁系统铁芯端面上的金属环，使衔铁维持稳定吸合状态，减少电器在工作时的振动和噪声。

电磁系统的工作原理：当线圈中有工作电流通过时，通电线圈产生磁场，于是电磁吸力克服弹簧的反作用力带动衔铁动作，使之与静铁芯吸合，衔铁运动通过连接机构带动相应的触点动作，来完成控制线路的接通或断开。

特别注意的是，为保证电磁式电器在使用中正常、可靠地工作，需给电磁系统中的线圈施加额定工作电压，不能过高或过低。

2. 触点系统(Contact System)

触点是一切有触点电器的执行部件，起接通和分断电路的作用，要求触点的导电、导热性能良好。当触点闭合时，其接触形式如图 1-8 所示。

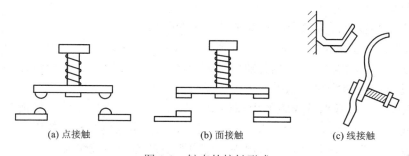

(a) 点接触　　　　　(b) 面接触　　　　　(c) 线接触

图 1-8　触点的接触形式

(1) 桥式触点。图 1-8 中(a)是两个点接触的桥式触点，图 1-8 中(b)是两个面接触的桥式触点，均为两个触点串接于同一条电路中，电路的接通与断开由两个触点共同完成。点接触形式的触点只能用于小电流的电器中，如接触器的辅助触点和继电器的触点；面接触形式的触点允许通过较大的电流，一般在接触表面上镶有合金，以减小触点接触电阻和提高耐磨性，多用于较大容量接触器的主触点。

(2) 指形触点。图 1-8 中(c)所示为指形触点，其接触区为一直线，触点接通或分断时产生滚动摩擦，可以清除触点表面的氧化膜。这种形式适用于通电次数多、中等容量的触点，如接触器的主触点。

为了使触点接触得更加紧密，以减小接触电阻，并消除开始接触时产生的振动，在触点上装有接触弹簧，在刚刚接触时产生初始压力，并且随着触点的闭合增大触点压力。

触点一般分为动合型、动断型、转换型三种。动合型触点也称作常开触点，线圈不通电时两触点是断开的，通电后两个触点就闭合。动断型触点也称作常闭触点，线圈不通电时两触点是闭合的，通电后两个触点就断开。转换型触点组共有三个触点，即中间是动触点，上下各一个静触点。线圈不通电时，动触点与其中一个静触点断开与另一个闭合，线圈通电后，动触点就移动，使原来断开的成闭合、原来闭合的成断开状态，达到转换的目的。

触点可水平或竖直状态绘制。水平状态绘制的触点如图 1-9 所示。当触点需要竖直绘制时，将图示符号按顺时针方向旋转 90°后绘制即可。

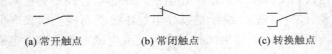

(a) 常开触点   (b) 常闭触点   (c) 转换触点

图 1-9 触点的绘制

在控制电器实物上，电器触点的接线端子一般都有代号。通常情况下，触点端子代号尾数为 3、4 表示是常开触点，尾数为 1、2 表示是常闭触点。

3．灭弧系统(Arc Control System)

当一个较大电流的电路突然断电时，如触点间的电压超过一定数值，触点间空气在强电场的作用下会产生电离放电现象，在触点间隙产生大量带电粒子，形成炽热的电子流，被称为电弧。电弧伴随高温、高热和强光，可能造成电路不能正常切断、烧毁触点、引起火灾或其他事故。因此，对切换较大电流的触点系统必须设置灭弧装置，用于熄灭触点在分断电流的瞬间动、静触点间产生的电弧，以防止电弧的高温烧坏触点或出现其他事故，保证整个电器安全可靠地工作。

常用的灭弧装置有：灭弧罩、灭弧栅片和吹弧线圈等。

(1) 灭弧罩。灭弧罩的结构如图 1-10 所示。灭弧罩通常用耐弧陶土、石棉水泥或耐弧塑料制成。灭弧罩的作用一是分隔各路电弧，以防止发生短路；二是使电弧与灭弧罩的绝缘壁接触，使电弧迅速冷却而熄灭。

(2) 灭弧栅片。灭弧栅片灭弧的原理如图 1-11 所示。灭弧栅是由许多镀铜薄钢片组成的，片间距离为(2~3) mm。一旦产生电弧，电弧周围产生磁场，导磁的钢片将电弧吸入栅片，电弧被栅片分割成许多串联的短电弧，使电弧迅速冷却而很快灭弧。

图 1-10　灭弧罩的结构

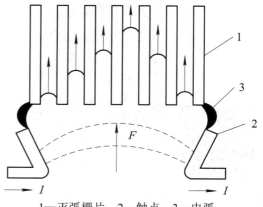

1—灭弧栅片；2—触点；3—电弧

图 1-11　灭弧栅片灭弧原理图

(3) 吹弧线圈。吹弧线圈灭弧的原理如图 1-12 所示。吹弧线圈产生磁场，使电弧处于磁场中，电磁场力"吹"长电弧使电弧弯曲，使其进入灭弧室等，促使电弧迅速熄灭。

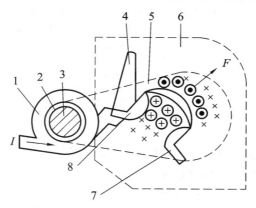

1—吹弧线圈；2—绝缘套；3—铁芯；4—引弧角；5—导磁夹板；6—灭弧罩；7—动触点；8—静触点

图 1-12　吹弧线圈灭弧原理图

1.2.3　接触器

接触器是一种能频繁地接通和分断远距离用电设备主回路及其他大容量用电回路的自动控制电器，主要用于控制电动机、电焊机等。接触器最主要的用途是控制电动机的启动、反转、制动等，因此它是电气控制系统中最重要也最常用的控制电器之一，即使在先进的可编程控制器应用系统中，它一般也不能被取代。

接触器分为交流接触器(Alternating Current Contactor)和直流接触器(Direct Current Contactor)两种。交流接触器用于交流电路，直流接触器用于直流电路。下面介绍交流接触器。

1. 交流接触器的结构组成和工作原理

图 1-13 为交流接触器的实物外形图和结构示意图。

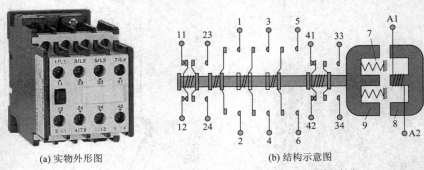

（a）实物外形图　　　　　　　　　　　（b）结构示意图

1/2、3/4、5/6—主触点；11/12、23/34、33/34、41/42—辅助触点；
7—弹簧；8—静铁芯；9—衔铁；A1、A2—线圈

接触器工作原理演示动画　　　　图 1-13　交流接触器的实物外形图和结构示意图

交流接触器是一种典型的电磁式电器，因此它的结构主要是由电磁系统、触点系统和灭弧装置等部分组成。

(1) 电磁系统。交流接触器的电磁系统主要由线圈、衔铁、静铁芯和短路环组成。

(2) 触点系统。交流接触器的触点分为主触点(Main Contact)和辅助触点(Auxiliary Contact)两种。主触点用于通、断主电路，一般是常开触点。辅助触点用于控制电路，起电气控制和联锁作用，有辅助常开触点和辅助常闭触点两种。通常情况下，一个交流接触器有 3 对或 4 对主触点、2 对辅助常开触点和 2 对辅助常闭触点。

(3) 灭弧装置。电流在 20 A 以上的交流接触器均装有灭弧罩，有的还带有灭弧栅片或吹弧线圈等。

(4) 其他部件。其他部件包括反作用弹簧、缓冲弹簧、触点压力弹簧、传动机构及外壳等。

接触器的工作原理是：交流接触器线圈通电后，在铁芯中产生磁通，由此在衔铁气隙处产生吸力，使衔铁产生闭合动作，主触点在衔铁的带动下闭合，于是接通了主电路。同时衔铁还带动辅助触点动作，使原来断开的辅助触点闭合，而原来闭合的辅助触点断开。当线圈断电或电压显著降低时，吸力消失或减弱，衔铁在释放弹簧作用下打开，主、辅触点又恢复到原来的状态。

2．接触器的主要技术参数

(1) 额定电压。接触器的额定电压是指主触点的额定工作电压，标注在接触器铭牌上。常见的额定电压等级如表 1-1 所示。

(2) 额定电流。接触器的额定电流是指主触点的额定工作电流，即在正常工作条件下主触点中允许通过的长期工作电流，标注在接触器铭牌上。常见的额定电流等级如表 1-1 所示。

(3) 线圈的额定电压。线圈的额定电压标注在线圈上。常见的额定电压等级如表 1-1 所示。使用时，接触器线圈的额定电压要与控制电路的电源电压相匹配。

(4) 接通与分断能力。接通与分断能力是指接触器的主触点在规定的条件下能可靠地接通和分断的电流值，而不应该发生熔焊、飞弧现象。

(5) 额定操作频率。额定操作频率是指每小时允许的操作次数。额定操作频率直接影

响到接触器的寿命，一般为 300 次/h、600 次/h、1200 次/h。

(6) 机械寿命和电气寿命。它们都是接触器产品质量的重要指标之一。一般情况下，机械寿命：1000 万次以上；电气寿命：100 万次以上。

表 1-1　接触器的额定电压和额定电流及线圈额定电压的等级表

名　　称	直流接触器	交流接触器
额定电压/V	110，220，440，660	127，220，380，500，660
额定电流/A	5，10，20，40，60，100，150，250，400，600	5，10，20，40，60，100，150，250，400，600
线圈电压/V	24，48，110，220，440	35，110，127，220，380

3．接触器的选用原则

接触器使用广泛，其额定电流或额定控制功率随使用条件不同而变化。要根据不同使用条件正确选用接触器，才能保证其可靠运行。接触器选用主要依据以下几方面：

(1) 根据接触器控制的电动机或负载性质选择接触器的类型。

(2) 接触器的额定电压应大于或等于主电路的工作电压。

(3) 接触器的额定电流应等于或稍大于实际负载额定电流。在实际使用中还应考虑环境因素的影响，如柜内安装或高温条件时应适当增大接触器额定电流。

(4) 接触器吸引线圈的电压与频率应与控制电路的电源电压和频率一致。一般从人身和设备安全角度考虑，该电压值可以选择低一些，但当控制电路比较简单，用电不多时，为了节省变压器，则选用 220 V 或 380 V。

(5) 接触器的触点数量、种类应满足控制电路的要求。

下面介绍一种实际工作中选择接触器的简单方法。接触器是电气控制系统中不可缺少的控制电器，而三相鼠笼式电机也是最常用的被控对象。表 1-2 给出了具有代表性的 CJ20 系列接触器的主要技术参数，以及它所能控制的电动机的最大功率。

表 1-2　CJ20 系列交流接触器主要技术参数及可控制电动机最大功率表

型　号	额定电压/V	额定电流/A	可控制电机最大功率/kW
CJ20-10	380	10	2.2
CJ20-25	380	25	11
CJ20-40	380	40	22
CJ20-63	380	63	30
CJ20-100	380	100	50
CJ20-160	380	160	85
CJ20-400	380	400	200
CJ20-630	380	630	300

从表 1-2 中的对应关系可以看出，对额定电压为 380 V 的接触器，如果知道了电动机的额定功率，则相应的接触器的额定电流数值约是电机功率数值的 2 倍。这个关系对在实际工作中迅速选择接触器非常有用。

例如，CJ20-63 型交流接触器在 380 V 时的额定工作电流为 63 A，故它在 380 V 时能控制的电动机的功率为 $P_N = 1.732 \times 380 \times 63 \times \cos \phi \times \eta \approx 33$ (kW)。

结论就是当实际选用时接触器的额定电流数值约为电机功率数值的 2 倍。

目前我国常用的交流接触器主要有 CJ10、CJ12、CJ20、CJX1、CJX2 等系列。引进产品应用较多的有：德国西门子(Siemens)公司的 3TF 、3TB、3TD 系列，德国 BBC 公司的 B 系列，德国穆勒(Moeller)公司的 DIL 系列、法国施耐德(TE)公司的 LC1 系列等。

4．接触器的电气符号

接触器的电气符号如图 1-14 所示。文字符号为 KM。

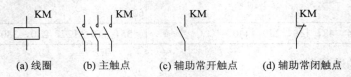

(a) 线圈　　　　(b) 主触点　　　(c) 辅助常开触点　　　(d) 辅助常闭触点

图 1-14　接触器的电气符号

接触器实物上标有端子标号，线圈为 A1、A2，主触点 1/L1、3/L2、5/L3、7/L4 为接电源侧，2/T1、4/T2、6/T3、8/T4 为接负载侧。辅助触点用两位数表示，前一位是辅助触点顺序号，后一位的 1、2 表示常闭触点，3、4 表示常开触点。例如，辅助触点端子标号为 11 和 12、41 和 42 是接触器的两对辅助常闭触点，23 和 24、33 和 34 是接触器的两对辅助常开触点。

1.2.4　继电器

继电器是一类通过检测各种电量(如电流、电压等)或非电量(如温度、速度和压力)的信号变化使触点动作，来接通或分断小电流控制电路的电器。广泛地用于电动机或线路的保护以及生产过程的自动化控制。

继电器与接触器的主要区别是：继电器用于控制电路，触点允许通过的电流小，没有灭弧装置，可在电量或非电量的作用下动作，不分主、辅触点。接触器用于主电路，触点允许通过的电流大，有灭弧装置，一般只能在电压作用下动作，有主、辅触点之分。

继电器的种类很多，常用的继电器有中间继电器、时间继电器、热继电器和固态继电器等。

1．中间继电器(Auxiliary Relay)

中间继电器是在电路中起信号传递、放大、翻转和分路等中继作用的继电器。中间继电器是一种典型的电磁式电器，本质上也是一种电压继电器。即给线圈施加额定电压通电工作，触点动作，线圈断电，触点释放。它的特点是触点的对数多，用于扩展触点数量，实现线路逻辑控制。

中间继电器在电气控制线路中使用最广泛。图 1-15 是常见的中间继电器的实物外形图。图 1-15(a)为螺钉式安装结构，图 1-15(b)为 DIN 导轨式安装结构。

中间继电器的主要技术参数有额定电压、额定电流、线圈额定电压、触点数量和形式。选用时要注意线圈的电流种类和电压等级应与控制电路一致。另外，要根据控制电路的需求来确定触点的形式和数量。当一个中间继电器的触点数量不够用时，也可以将两个中间继电器并联使用，以增加触点的数量。

(a) 螺钉式安装结构　　　　　　　　　　　　(b) DIN 导轨式安装结构

图 1-15　中间继电器的实物外形图

　　常用的中间继电器有 JZ7、JZ14 等系列。表 1-3 为 JZ7 系列中间继电器的主要技术参数。以 JZ7-62 为例，JZ 为中间继电器的代号，7 为设计序号，有 6 对常开触点，2 对常闭触点。

表 1-3　JZ7 系列中间继电器的主要技术参数

型号	触点额定电压/V	触点额定电流/A	触点对数		吸引线圈电压/V	额定操作频率(次/h)
			常开	常闭		
JZ7-44	500	5	4	4	交流 50 Hz系列为 12, 36,127, 220, 380	1200
JZ7-62			6	2		
JZ7-80			8	0		

　　中间继电器的电气符号如图 1-16 所示，文字符号为 KA。

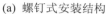

(a) 线圈　　　(b) 常开触点　　(c) 常闭触点　　(d) 一对常开常闭触点

图 1-16　中间继电器的电气符号

2. 时间继电器(Time-delay Relay)

　　在生产中经常需要按一定的时间间隔来对生产机械进行控制，例如，电动机的降压启动需要一定的时间，然后才能加上额定电压；在一条自动线中的多台电动机，常需要分批启动，在第一批电动机启动后，需经过一定时间，才能启动第二批等。这类自动控制称为时间控制，时间控制通常是利用时间继电器来实现的。

　　当吸引线圈通电或断电后其触点经过一定延时再动作的继电器称为时间继电器，用于将定时信号转换为开关信号，能够按设定时间接通、分断控制电路。

　　时间继电器的实物外形图如图 1-17 所示。

(a) 空气阻尼式　　　　　　　(b) 数字式　　　　　　　(c) 电子式

图1-17　时间继电器的实物外形图

　　时间继电器按延时方式分为通电延时和断电延时两种。通电延时是线圈通电时触点延迟一定的时间动作，即常开触点延时闭合，常闭触点延时断开；线圈断电时，触点瞬时复位。断电延时是线圈通电时触点瞬时动作；线圈断电时，触点延时复位，即常开触点延时断开，常闭触点延时闭合。

　　时间继电器按动作原理分为空气阻尼式、数字式和电子式等类型。下面就以空气阻尼式的通电延时型时间继电器为例，介绍时间继电器的工作原理。

　　空气阻尼式时间继电器结构示意图如图1-18所示。空气阻尼式的时间继电器是利用空气阻尼原理获得延时的，它由电磁机构、延时机构、触点系统三部分组成。

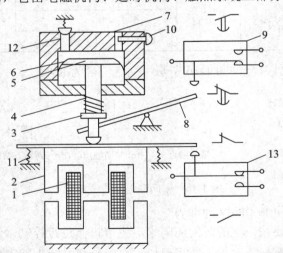

1—线圈；2—衔铁；3—活塞杆；4—弹簧；5—伞形活塞；6—橡皮膜；7—进气孔；
8—杠杆；9、13—微动开关；10—螺钉；11—恢复弹簧；12—出气孔

图1-18　空气阻尼式时间继电器的结构示意图

　　线圈1通电后，吸住衔铁2，活塞3因失去支撑，在释放弹簧4的作用下开始下降，带动伞形活塞5和固定在其上的橡皮膜6一起下移，在膜上面造成空气稀薄的空间，活塞由于受到下面空气的压力，只能缓慢下降。经过一定时间后，杠杆8才能碰触微动开关9，

使常闭触点断开，常开触点闭合。可见，从电磁线圈通电时开始到触点动作时为止，中间经过一定的延时，这就是时间继电器的延时作用。延时长短可以通过螺钉 10 调节进气孔的大小来改变。空气阻尼式时间继电器的延时范围较大，可达(0.4～180) s。当电磁线圈断电后，活塞在恢复弹簧 11 的作用下迅速复位，气室内的空气经由出气孔 12 及时排出，因此，断电不延时。

空气阻尼式时间继电器延时范围大，但延时精度不高，用于时间控制要求不太严格的场合。在使用空气阻尼式时间继电器时，应保持延时机构的清洁，防止因进气孔堵塞而失去延时作用。

时间继电器选用时应根据控制要求选择延时方式，根据延时范围和精度要求选择类型。常用的时间继电器有 JS7、JS14、JS20、JS23 等系列。表 1-4 给出 JS20 系列时间继电器的主要技术参数，它有通电延时型、带瞬动触点的通电延时型和断电延时型等三种类型。

表 1-4　JS20 系列时间继电器的主要技术参数

产品名称	额定工作电压/V		延时等级/s
	交　流	直　流	
通电延时继电器	26，110，127，220，380	24，48，110	1，5，10，30，60，120，180，240，300，600，900
瞬动延时继电器	36，110，127，220		1，5，10，30，60，120，180，240，300，600
断电延时继电器	36，110，127，220，380	—	1，5，10，30，60，120，180

时间继电器的电气符号如图 1-19 所示，文字符号为 KT。

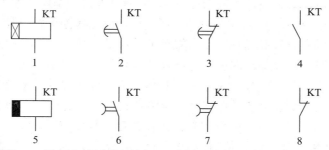

1—通电延时线圈；　2—通电延时闭合常开触点；　3—通电延时断开常闭触点；　4—瞬动常开触点；
5—断电延时线圈；　6—断电延时断开常开触点；　7—断电延时闭合常闭触点；　8—瞬动常闭触点

图 1-19　时间继电器的电气符号

3. 热继电器(Thermal Relay)

电动机在实际运行中，经常会遇到因电气或机械原因等引起的过电流(过载或断相)的情况。若过电流不严重且持续时间较短，电动机绕组温升不超过允许值，这种过电流是允许的。如果过电流情况严重且持续时间长，电动机绕组温升就会超过允许值，这将会加剧绕组绝缘层老化，缩短电动机的使用寿命，严重时会烧毁电动机。例如，当三相电机的一相接线松开或一相熔丝熔断后，造成电机断相运行，若外加负载不变，绕组中的电流就会增大，这是三相异步电机烧坏的主要原因。因此，在电动机回路中应设置电动机保护装置。

热继电器就是专门用来对电动机进行过载保护及电源断相保护的电器，防止电动机出现上述故障导致过热损坏。图 1-20 是热继电器的实物外形图。

(1) 热继电器的结构和工作原理。热继电器的结构主要由加热元件、动作机构和复位机构三部分组成，其示意图如图 1-21 所示。

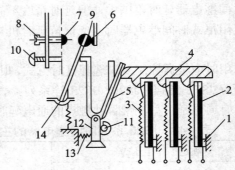

1—接线柱；
2—双金属片；
3—热元件；
4—导板；
5—补偿双金属片；
6、7—静触点；
8—H/A 调节螺钉；
9—动触点；
10—复位按钮；
11—调节旋钮；
12—支撑件；
13—弹簧；
14—推杆

图 1-20   热继电器的实物外形图   图 1-21   热继电器的结构示意图

在图 1-21 中，双金属片 2 是由两种不同线膨胀系数的金属用机械碾压方式碾压成一体形成的金属片。当双金属片 2 受热弯曲时，总是向线膨胀系数小的一侧弯曲。触点 6 和 9 是热继电器的一对常闭触点，触点 7 和 9 是热继电器的一对常开触点。热元件 3 串接在电动机定子绕组中，电动机绕组电流即为流过热元件的电流。当电动机正常运行时，热元件产生的热量会使双金属片 2 弯曲变形，但还不足以使热继电器的触点动作。当电动机过载时，流过热元件的电流增大，热元件 3 产生的热量增大，使双金属片 2 产生弯曲的位移增大，经过一定时间后，双金属片 2 推动导板 4，并通过补偿双金属片 5 与推杆 14 使热继电器的常闭触点 6 和 9 断开，切断控制电动机所用的接触器线圈电路，使电动机断电并停止运转，从而防止了因温升过高而使电动机绕组的绝缘被破坏。同时，热元件也因失电而逐步降温，经过一段时间的冷却，双金属片恢复到原来状态。图 1-21 中，调节旋钮 11 是一个偏心轮，它与支撑件 12 构成一个杠杆，通过转动偏心轮可以改变双金属片 5 与导板 4 之间的接触距离，从而达到调节热继电器动作电流值的目的。另外，靠调节复位螺钉 8 来改变常开触点的静触点 7 的位置使热继电器能工作在自动复位或手动复位两种状态。调成手动复位时，在排除故障后要按下复位按钮 10 才能使动触点 9 恢复与静触点 6 相接触的位置。

热继电器利用电流的热效应原理以及发热元件热膨胀原理设计，实现电动机的过载和电源断相保护。但须指出的是，由于热继电器中发热元件有热惯性，在电路中不能做瞬时过载保护，更不能做短路保护。

实际使用时，热继电器的常闭触点常串接入控制回路用于过载保护，常开触点常接入信号回路用于设备的故障指示。

(2) 热继电器的主要技术参数。热继电器的主要技术参数有：额定电压、额定电流、相数、热元件编号、整定电流及刻度电流调节范围等。

热继电器的额定电流是指可装入的热元件的最大额定电流值。一种额定电流的热继电器可装入几种不同额定电流等级的热元件。为了便于用户选择，某些型号中的不同额定电流的热元件是用不同编号表示的。

热继电器的整定电流是指热元件能够长期通过而不致引起热继电器动作的电流值。手动调节整定电流的范围称为刻度电流调节范围，可用来使热继电器更好地实现过载保护。一般情况下，常根据电动机的额定电流 I_N 选取，使热继电器的整定电流值为 $(0.95\sim1.05)I_N$。

(3) 热继电器的选用。热继电器选用是否得当，直接影响到对电动机进行过载保护的可靠性。通常选用时应按电动机形式、工作环境、启动情况及负荷情况等几方面综合加以考虑。

① 原则上热继电器的额定电流应按电动机的额定电流选择。对于过载能力较差的电动机，其配用的热继电器(主要是发热元件)的额定电流可适当小些。通常，选取热继电器的额定电流为电动机额定电流的 60%～80%。

② 在不频繁启动场合，要保证热继电器在电动机的启动过程中不产生误动作。

通常，当电动机启动电流为其额定电流 6 倍以及启动时间不超过 6 s 且很少连续启动时，就可按电动机的额定电流选取热继电器。

③ 当电动机为重复且短时工作制时，要注意确定热继电器的允许操作频率。因为热继电器的操作频率是很有限的，如果用它保护操作频率较高的电动机，效果很不理想，有时甚至不能使用。

常用的热继电器有 JR 20、JR S1、JR 16 等系列，引进产品有德国西门子公司的 3UA、法国施耐德公司的 IR1-D 等系列。每一系列的热继电器一般只能和相适应系列的接触器配套使用，如 JR 20 系列热继电器与 CJ 20 系列接触器配套使用，3UA 系列热继电器与 3TB、3TF 等系列接触器配套使用。在安装方式上除保留传统的分立式结构外，还增加组合式结构，可以通过导电杆和挂钩直接插接并将热继电器连接在接触器上。

(4) 热继电器的电气符号。热继电器的电气符号如图 1-22 所示，文字符号为 FR。

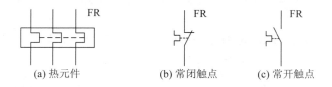

(a) 热元件　　　　　(b) 常闭触点　　　　　(c) 常开触点

图 1-22　热继电器的电气符号

热继电器实物上标有端子标号，热元件 1/L1、3/L2、5/L3 为接电源侧，2/T1、4/T2、6/T3 为接负载侧。端子标号 95、96 是热继电器的一对常闭触点，97、98 是一对常开触点。标注 T(Test)处是测试按钮，用于线路调试，标注 R(Reset)处是复位按钮，用于热继电器过载后的复位。

4. 固态继电器(Solid-state Relay)

固态继电器(简称 SSR)是采用固体半导体元件组装而成的一种新颖的无触点继电器，能实现强、弱电良好的隔离。由于固态继电器的接通和断开没有机械接触部件，因而具有开关频率高、使用寿命长等特点。目前，在许多自动控制装置中得到了广泛的应用。固态继电器的实物外形图和等效工作电路图如图 1-23 所示。

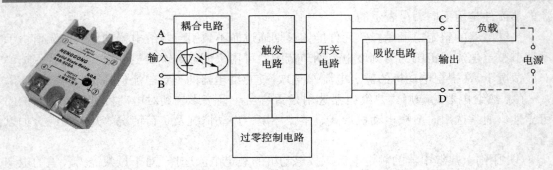

图 1-23　固态继电器的实物外形图和等效工作电路图

固态继电器是一种两个接线端为输入端，另两个接线端为输出端的四端器件，中间采用光电耦合器件实现输入与输出之间的隔离。固态继电器按负载电源类型可分为直流型和交流型两种。直流型采用晶体管输出，交流型采用晶闸管输出。等效工作电路图中的虚线部分由用户自接。固态继电器输入端仅需一定量的电压和电流就能切换几安培甚至几百安培的大电流，且与晶体管、TTL 和 CMOS 电路有较好的兼容性，可直接与弱电回路连接。

固态继电器的文字符号为 KS。

1.2.5　开关电器

开关电器广泛用于低压配电系统和电气传动系统中，用做电源的隔离、电气设备的保护和控制。

1. 隔离开关(Switch-disconnector)

隔离开关俗称刀开关(Knife Switch)，是一种结构最简单、应用最广泛的一种手动电器。主要用于电气线路中隔离电源，当隔离开关断开时有明显的断点，有利于检修人员的停电检修工作。隔离开关也可作为不频繁地接通和分断空载电路或小负载电路，按极数可分为单极、双极和三极。

(1) 刀开关的结构。图 1-24 是刀开关的典型结构和实物外形图。

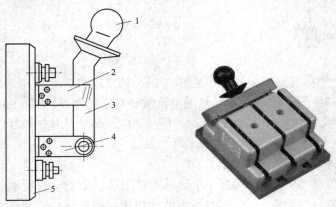

1—手柄；2—静插座；3—动触刀；4—铰链支座；5—绝缘底板

图 1-24　刀开关的典型结构和实物外形图

刀开关由静插座、手柄、动触刀、铰链支座和绝缘底板组成。静插座由导电材料和弹性材料制成，固定在绝缘材料制成的底板上。动触刀与下支座用铰链连接，连接处依靠弹簧保证必要的接触压力，绝缘手柄直接与触刀固定。能分断额定电流的隔离开关装有灭弧罩，保证分断电路时安全可靠。

(2) 刀开关的主要技术参数。

① 额定电压。刀开关在长期工作中能承受的最大电压。目前生产的刀开关的额定电压，一般为交流 500 V 以下，直流 440 V 以下。

② 额定电流。刀开关在合闸位置允许长期通过的最大工作电流。小电流刀开关的额定电流有 10 A、15 A、20 A、30 A、60 A 等。

③ 操作次数。刀开关的使用寿命分机械寿命和电寿命两种。机械寿命指刀开关在不带电的情况下所能达到的操作次数；电寿命指刀开关在额定电压下能可靠地分断额定电流的总次数。

(3) 刀开关的选用与安装。

① 选用时应注意：按刀开关的用途和安装位置选择合适的型号和操作方式；刀开关的额定电压和额定电流应等于或大于电路的额定电压和额定电流。

② 安装时应注意：刀开关在合闸状态下手柄应该向上，不能倒装和平装，以防止闸刀松动落下时误合闸；接线时，应将电源线接在上端(进线端)，负载线接在下端(出线端)，这样，当刀开关关断时，闸刀和熔丝均不带电、以保证更换熔丝时的安全。

(4) 刀开关的电气符号。刀开关的电气符号如图 1-25 所示，文字符号为 QS。

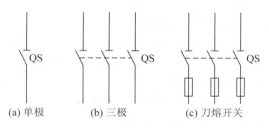

(a) 单极　　　　(b) 三极　　　　(c) 刀熔开关

图 1-25　刀开关的电气符号

2. 低压断路器(Circuit-breaker)

低压断路器用于不频繁地接通、分断线路的正常工作电流，也是能在电路中流过故障电流时(如短路、过载、欠电压等)，在一定时间内断开故障电路的开关电器。低压断路器又称为自动开关。

(1) 低压断路器的功能和分类。低压断路器的功能相当于闸刀开关、过电流继电器、欠电压继电器、热继电器及漏电保护开关等电器的部分或全部的功能总和，它是低压配电线路中的一种重要保护电器。

低压断路器有多种分类方法。按极数可分为单极、双极、三极和四极断路器；按灭弧介质可分为空气开关(空气断路器)和真空开关(真空断路器)；按结构形式可分为塑壳断路器和框架断路器。

(2) 低压断路器的结构和工作原理。低压断路器主要由三个基本部分组成：触点、灭弧系统和各种脱扣器。脱扣器包括过电流脱扣器、失压(欠电压)脱扣器、热脱扣器等。

图 l-26 是低压断路器的实物外形图和工作原理图。

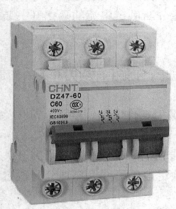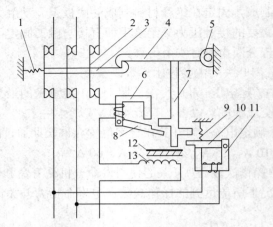

1、9—弹簧；2—触点；3—锁键；4—搭钩；5—轴；6—过电流脱扣器；
7—杠杆；8、10—衔铁；11—欠电压脱扣器；12—双金属片；13—发热元件

图 l-26　低压断路器实物外形图和工作原理图

图 1-26 中，触点 2 有三对，串联在被保护的三相主电路中。手动扳动开关为"合"位置，这时触点 2 由锁键 3 保持在闭合状态，锁键 3 由搭钩 4 支持着。要使开关分断时，扳动开关到"分"位置，搭钩 4 被杠杆 7 顶开(搭钩可绕轴 5 转动)，触点 2 就被弹簧 1 拉开，电路分断。

断路器的自动分断，是由过电流脱扣器 6、欠电压脱扣器 11 和热脱扣器使搭钩 4 被杠杆 7 顶开而完成的。过电流脱扣器 6 的线圈和主电路串联，当线路工作正常时，所产生的电磁吸力不能将衔铁 8 吸合，只有当电路发生短路或产生很大的过电流时，其电磁吸力才能将衔铁 8 吸合，撞击杠杆 7，顶开搭钩 4，使触点 2 断开，从而将电路分断。

欠电压脱扣器 11 的线圈并联在主电路上，当线路电压正常时，产生的电磁吸力能够克服弹簧 9 的拉力而将衔铁 10 吸合，如果线路电压降到某一值以下，电磁吸力小于弹簧 9 的拉力，衔铁 10 被弹簧 9 拉开，衔铁撞击杠杆 7 使搭钩顶开，则触点 2 分断电路。

当线路发生过载时，过载电流通过热脱扣器的发热元件 13 而使双金属片 12 受热弯曲。于是杠杆 7 顶开搭钩，使触点断开，从而起到过载保护的作用。断路器在使用上最大的好处是脱扣器可以重复使用，不需要更换。

有的断路器上还装有分励脱扣器，作为远距离控制用，在正常工作时其线圈是断电的，在需要距离控制时按下启动按钮，线圈通电衔铁动作，使搭钩 4 脱开，断开触点 2。

实际使用断路器时，根据保护的要求不同，可选择过电流脱扣器(分两段式保护、三段式保护和智能保护)、欠电压脱扣器、热脱扣器或分励脱扣器。根据具体使用在不同的电路，可选择单极、双极、三极或四极。

(3) 低压断路器的主要技术参数。

① 额定电压 U_N：指断路器在长期工作时的允许电压，通常它等于或大于电路的额定电压。

② 额定电流 I_N：指断路器在长期工作时的允许持续电流。

③ 额定短路分断电流 I_{CN}：指在规定条件下(电压、频率、功率因数及试验程序)下能够分断的最大短路电流值。

④ 保护特性包括过电流保护特性和欠电压保护特性。过电流保护特性主要是指断路器的动作时间 t 与过电流脱扣器的动作电流 I 的关系曲线。为了能起到良好的保护作用，断路器的保护特性应当位于保护对象的容许发热特性之下。只有这样，保护对象才能不因受到不能容许的短路电流而损坏。低压断路器的过电流保护特性，根据配电保护的需要，可以做成只有瞬时动作的一段式保护特性，也可做成两段式保护和三段式保护特性。欠电压保护特性是当主电路电压低于规定范围时，使断路器有延时或无延时地断开或闭合的保护性能。零电压保护特性是欠电压保护特性中一种特殊形式。

(4) 低压断路器的选用。

① 断路器的额定电压和额定电流应大于或等于线路、设备的正常工作电压和工作电流。选择额定电流时要考虑低压断路器分别用于配电线路、电动机保护或家用的不同。

② 断路器的短路分断电流应大于或等于电路最大短路电流。

③ 欠电压脱扣器的额定电压等于线路的额定电压。

④ 过电流脱扣器的额定电流大于或等于线路的最大负载电流。

目前常用的低压断路器主要有 DW 15、DW 17、DZ 15、DZX 10 和 DS 12 等系列产品。

(5) 低压断路器的电气符号。低压断路器的电气符号如图 1-27 所示，文字符号为 QF。

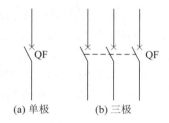

(a) 单极　　(b) 三极

图 1-27　低压断路器的电气符号

1.2.6　熔断器

熔断器是一种最简单有效的保护电器。它是利用金属导体为熔体串接在所保护的电路中，作为电路及用电设备的短路和严重过载保护。由于熔断器的结构简单，具有较高的分断能力、使用方便、价格便宜等优点，因而在生产中使用极为广泛。

1. 熔断器的结构和保护特性

熔断器主要由熔体(俗称保险丝)和熔管(或熔座)两部分组成。熔体串接于被保护的电路中，一般由易熔金属材料如铅、锌、锡、银、铜及其合金制成丝状或片状。熔管是安装熔体的外壳，由陶瓷玻璃纤维等绝缘材料制成，在熔体熔断时兼有灭弧作用。当电路正常工作时，熔断器允许通过一定大小的电流；当电路发生短路时，熔体中流过很大的故障电流，当电流产生的热量达到熔体的熔点时，熔体融化，自动切断电路，从而达到保护目的。

熔断器串接在被保护的电路中，电流通过熔体时产生的热量与电流平方和电流通过的时间成正比，电流越大，则熔体熔断的时间越短，这种特性称为熔断器的反时限保护特性。图 1-28 是熔断器的反时限保护特性，I_N 是熔断器的额定电流，熔体允许长期通过而不熔断。

当熔体流过 1.25 倍于 I_N 的额定电流时，熔体 1 h 以上熔断或长期不熔断；通过 1.6 倍于 I_N 的额定电流时，应在 1 h 内熔断；达 2 倍于 I_N 的额定电流时，(30～40) s 熔断；达 8 至 10 倍于 I_N 的额定电流时，熔体瞬间(1 s)熔断。

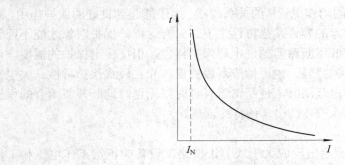

图 1-28　熔断器的反时限保护特性

2．常用熔断器类型

(1) 瓷插式熔断器。如图 1-29(a)所示，瓷插式熔断器是一种最常用、结构最简单的熔断器，常用于低压分支电路的短路保护。常见的瓷插式熔断器有 RC1A 系列。

(2) 无填料封闭管式熔断器，如图 1-29(b)所示。它常用于低压电力网或成套配电设备中。常见型号有 RM10 系列。

(3) 螺旋式熔断器。如图 1-29(c)所示，螺旋式熔断器的熔体上端盖有一熔断指示器，一旦熔体熔断，指示器马上弹出，可透过瓷帽上的玻璃孔观察到，它常用于机床电器控制设备中。目前常用的螺旋式熔断器有 RL6、RL7、RLS2 等系列。

(4) 有填料封闭管式熔断器，如图 1-29(d)所示，此熔断器的绝缘管内装有石英砂作填料，用来冷却和熄灭电弧。它常用于大容量的电力网或配电设备中。常见的型号有 RT12、RTl4、RT18、RT17 等系列。

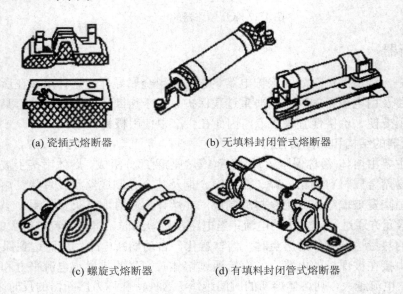

(a) 瓷插式熔断器　　　　　　　(b) 无填料封闭管式熔断器

(c) 螺旋式熔断器　　　　　　　(d) 有填料封闭管式熔断器

图 1-29　常用熔断器类型

3．熔断器的选择

在选择熔断器时，主要考虑如下几个技术参数：

(1) 熔断器类型选择：应根据线路的要求、使用场合和安装条件选择。

(2) 熔断器额定电压的选择：其额定电压应大于或等于线路的工作电压。

(3) 熔断器额定电流的选择：其额定电流必须大于或等于所装熔体的额定电流。

(4) 熔体额定电流的选择：

① 用于电炉、照明等电阻性负载的短路保护，熔体的额定电流等于或稍大于电路的工作电流。

② 保护单台电动机时，考虑到电动机受启动电流的冲击，熔断器的额定电流应按下式计算：$I_N \geq (1.5 \sim 2.5) I_{电机}$。式中，$I_N$ 为熔体的额定电流；$I_{电机}$ 为电动机的额定电流，轻载启动或启动时间短时系数可取近 1.5，当重载启动或启动时间较长时，系数可取 2.5。

③ 保护多台电动机，熔断器的额定电流可按下式计算：$I_N \geq (1.5 \sim 2.5)I_{max} + \sum I_{其余}$。式中，$I_{max}$ 为容量最大的一台电动机的额定电流；$\sum I_{其余}$ 为其余电动机额定电流之和。

(5) 熔体极限分断能力的选择：必须大于电路中可能出现的最大故障电流。

4．熔断器的电气符号

熔断器的电气符号如图 1-30 所示，文字符号为 FU。

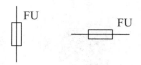

图 1-30　熔断器的电气符号

1.2.7　主令电器

主令电器是自动控制系统中用于发布控制命令的电器。主令电器用于控制电路，不能直接分合主电路。主令电器种类繁多，按其作用可分为：按钮、转换开关、行程开关、接近开关和光电开关等。

1．按钮(Push Button)

按钮又称作控制按钮，是一种用人力(一般为手指或手掌)操作，并具有储能复位的开关电器。它主要用于电气控制电路中，用于发布命令及电气联锁。

1) 按钮的一般结构和类型

按钮的实物外形图和结构示意图如图 1-31 所示。按钮主要由按钮帽、复位弹簧、桥式动触点、常开触点、常闭触点等组成。操作时，将按钮帽往下按，桥式动触点就向下运动，先与常闭触点分断，再与常开触点接通。一旦操作人员的手指离开按钮帽，在复位弹簧的作用下，动触点向上运动，恢复初始位置。在复位过程中，先是常开触点分断，然后是常闭触点闭合。按钮一般都是复合触点，即具有常开触点和常闭触点。接线时，可以只接常开或常闭触点。

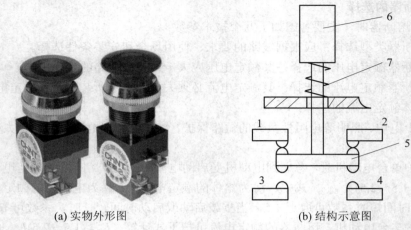

(a) 实物外形图　　　　　　　　　　　(b) 结构示意图

1、2—常闭触点；3、4—常开触点；5—桥式动触点；6—按钮帽；7—复位弹簧

图 1-31　按钮的实物外形图和结构示意图

　　按钮的使用场合非常广泛，规格品种很多。为满足不同场合的使用需求，按钮的外观形式也有多种，如旋转式、指示灯式、紧急式和带锁式等，如图 1-32 所示。

图 1-32　按钮的外观形式

　　按钮安装使用非常方便。按钮的装配关系示意图如图 1-33 所示。装配时请一定要注意槽口对应，以免损坏电器。

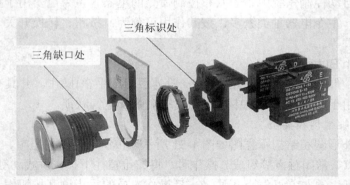

图 1-33　按钮的装配关系示意图

2) 按钮的颜色

　　GB/T 4025—2003《人-机界面标志标识的基本和安全规则指示器和操作器的编码规则》中对编码颜色的含义做了总体规定，如表 1-5 所示。

表 1-5　编码颜色的含义

颜　色	含　义		
	人身或环境的安全	过程状况	设备状态
红	危险	紧急	故障
黄	警告、注意	异常	异常
绿	安全	正常	正常
蓝	指令性含义		
白、灰、黑	未赋予具体含义		

为了便于识别各个按钮不同的控制作用，避免误操作，通常将按钮帽做成各种不同颜色。按钮的选色原则是依按钮被操作(按压)后所引起的功能来选色，单靠颜色不能表示操作功能时，可在器件上或器件近旁补加必要的文字符号。按钮的颜色及含义可参照表 1-6。

表 1-6　按钮的颜色及含义

颜色	含义	说　明	举　例
红	紧急情况；停止或断电	在危险状态或在紧急状况时操作，停机	紧急停机，用于停止/分断，切断一个开关
黄	不正常	在出现不正常状态时操作，干预，参与抑制反常的状态，避免不必要的变化(事故)	
绿	安全；启动或通电	在安全条件下操作或正常状态下准备	正常启动，接通一个开关装置，启动一台或多台设备
蓝	强制性	在需要进行强制性干预的状态下操作	复位动作
白	没有特殊含义	一般地引发一个除紧急分断以外的动作	启动/接通，停止/分断
灰、黑	启动/接通；停止/分断		

特别应注意的是，在使用过程中对于一钮双用的"启动"与"停止"或"通电"与"断电"，交替按压后改变功能的，既不能用红色，也不能用绿色，而应用黑、白或灰色按钮；对于点动或微动运动要求时应用黑、白、灰色或绿色按钮，最好使用黑色按钮；对于"复位"按钮，单一功能时用蓝、黑、白或灰色按钮，同时有停止、断电功能时用红色按钮。

3) 按钮的选用

目前常用的按钮产品有 LA10、LA18、LA20、LA25、LA30、LA38、LA39 等系列，引进产品有 LAY3、LAY4 等系列。按钮型号的选择要根据所需触点对数、外观形式、安装孔尺寸、按钮颜色来选用，详细情况可参照产品样本。例如想选用 LA39 系列的常开、常闭触点的红色带灯(灯电压为 AC 220 V)按钮，正确的型号是：LA39(B)-11D/r31。

4) 按钮的电气符号

按钮的电气符号如图 1-34 所示，文字符号为 SB。

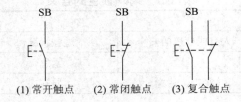

(1) 常开触点　　(2) 常闭触点　　(3) 复合触点

图 1-34　按钮的电气符号

2. 转换开关(Selector Switch)

转换开关是一种多挡式、控制多回路的主令电器。广泛应用于各种配电装置的电源隔离、电路转换、电动机远距离控制等，也常作为电压表、电流表的换相开关，还可用于控制小容量的电动机。

目前常用的转换开关主要有两大类，即万能转换开关和组合开关，两者的结构和工作原理基本相似，在某些应用场合可以相互替代。图 1-35(a)是转换开关的实物外形图。转换开关按结构可分为普通型、开启型和防护组合型等。按用途又分为主令控制和控制电动机两种。

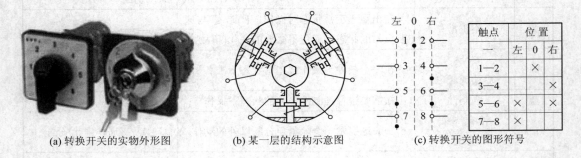

(a) 转换开关的实物外形图　　(b) 某一层的结构示意图　　(c) 转换开关的图形符号

图 1-35　转换开关的实物外形图、结构示意图和图形符号

转换开关一般采用组合式结构设计，由操作结构、定位系统、限位系统、接触系统、面板及手柄等组成。接触系统采用双断点桥式结构，并由各自的凸轮控制其通断；定位系统采用棘轮棘爪式结构，不同的棘轮和凸轮可组成不同的定位模式，从而得到不同的开关状态，即手柄在不同的转换角度时，触点的状态是不同的。

转换开关是由多组相同结构的触点组件叠装而成，图 1-35(b)为 LWl2 系列转换开关某一层的结构示意图。LW12 系列转换开关由操作结构、面板、手柄和数个触点等主要部件组成，用螺栓组成为一个整体。触点底座由 1～12 层组成，其中每层底座最多可装 4 对触点，并由底座中间的凸轮进行控制。由于每层凸轮可做成不同的形状，因此，当手柄转到不同位置时，通过凸轮的作用，可使各对触点按所需要的规律接通和分断。

转换开关手柄的操作位置是以角度来表示的，不同型号的转换开关，其手柄有不同的操作位置。操作位置可从电气设备产品样本中查找到。

转换开关的触点在电路图中的图形符号如图 1-35(c)所示，文字符号为 SA。由于其触点的分合状态是与操作手柄的位置有关，因此，在电路图中除画出触点圆形符号之外，还应有操作手柄位置与触点分合状态的表示方法。其表示方法有两种，一种是在电路图中画

"·"的方法，另一种是用接通表的表示方法。

转换开关的主要参数有形式、手柄类型、操作图形式、工作电压、触点数量及其电流容量等，在产品说明书中都有详细说明。常用的转换开关有 LW8、LW9、LW12、LW38、LW39、HZ5、HZ10、HZ15 等系列，另外还有许多品牌的进口产品也在国内得到广泛应用。

3. 行程开关(Trip Switch)

行程开关是一种利用生产机械某些运动部件的碰撞来发出控制命令，从而控制生产机械的运动方向、速度、行程大小或位置的一种主令电器。行程开关主要用于机床、自动生产线和其他生产机械的限位及流程控制。当生产机械运动到某一预定位置时，行程开关通过机械可动部分的动作，将机械信号转换为电信号，以实现对生产机械的控制，限制它们的动作和位置，借此对生产机械给以必要的保护。

行程开关按其结构可分为直动式、滚轮旋转式和微动式三种。

1) 直动式行程开关

图 1-36 为直动式行程开关实物外形图和结构简图。直动式行程开关的动作原理与控制按钮类似，只是它用运动部件上的撞块来碰撞行程开关的顶杆。直动式行程开关虽结构简单，但是触点的分合速度取决于撞块移动的速度。若撞块移动速度太慢，则触点就不能瞬时切断电路，使电弧在触点上停留时间过长，易于烧蚀触点。因此，这种开关不宜用在撞块移动速度小于 0.4 m/min 的场合。

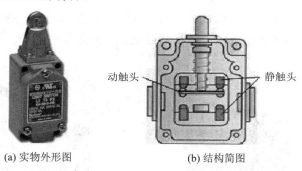

　　　　(a) 实物外形图　　　　　　　　(b) 结构简图

图 1-36　直动式行程开关实物外形图和结构简图

2) 滚轮旋转式行程开关

为克服直动式行程开关的缺点，可采用能瞬时动作的滚轮旋转式结构。滚轮旋转式行程开关的实物外形和内部结构如图 1-37 所示。当滚轮 1 受到向左的外力作用时，上转臂 2 向左下方转动，推杆 4 向右转动，并压缩左右弹簧 8，同时下面的小滚轮 5 也很快沿着擒纵件 6 向右转动，小滚轮滚动又压缩弹簧 7，当滚轮 5 走过擒纵件 6 的中点时，盘形弹簧 3 和压缩弹簧 7 都使擒纵件 6 迅速转动，因而使动触点迅速地与右边的静触点分开，并与左边的静触点闭合。这样就减少了电弧对触点的损坏，并保证了动作的可靠性。这类行程开关适用于低速运动的机械。

滚轮旋转式行程开关的复位方式有自动复位和非自动复位两种。自动复位式是依靠本身的恢复弹簧来复原；非自动复位式在 U 形的结构摆杆上装有两个滚轮，当撞块推动其一个滚轮时，摆杆转过一定的角度，使开关动作。撞块离开滚轮后，摆杆并不自动复位，直到撞块在返回行程中再反向推动另一滚轮时，摆杆才回到原始位置，使开关复位。这种开关由于具有"记忆"曾被压动过的特性，因此在某些情况下可使控制电路简化。

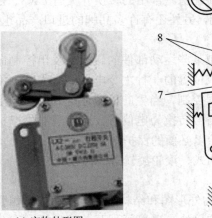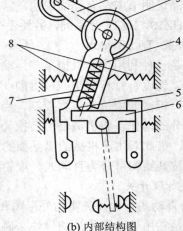

(a) 实物外形图　　　　　　(b) 内部结构图

1—滚轮；2—上转臂；3—盘形弹簧；4—推杆；5—小滚轮；6—擒纵件；7—压缩弹簧；8—左右弹簧

图 1-37　滚轮旋转式行程开关的实物外形图和内部结构图

3) 微动式行程开关

微动开关是行程非常小的瞬时动作开关，其特点是操作力小，操作行程短，用于机械、纺织、轻工、电子仪器等各种机械设备和家用电器中的限位保护和联锁等。图 1-38 是微动开关实物外形图。

图 1-38　微动开关的实物外形图

目前生产的行程开关产品有 LX 19、LX 22、LX 31、LX 32、LX 33、LXW2-11、LXW5-11 等系列，引进产品有 3SE3 等系列。行程开关的主要技术参数有动作行程、工作电压、结构形式、触点数量和触点的电流容量等，在产品说明书中都有详细说明。

行程开关的电气符号如图 1-39 所示，文字符号为 SQ。

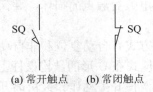

(a) 常开触点　　(b) 常闭触点

图 1-39　行程开关的电气符号

4. 接近开关（Proximity Switch）

接近开关又称为无触点行程开关。当某种物体与之接近到一定距离时就发出动作信号，它不像机械行程开关那样需要施加机械力，而是通过其感应头与被测物体间介质能量的变化来获取信号。接近开关的应用已远超出一般行程控制和限位保护的范畴，例如，用于高速计数、测速、液压控制、检测金属体的存在、零件尺寸以及无触点按钮等。即使用于一般行程控制，其定位精度、操作频率、使用寿命和对恶劣环境的适应能力也优于一般机械式行程开关，因此在机床、纺织、印刷等工业生产中应用广泛。

接近开关分为有源型和无源型两种，多数接近开关为有源型，主要包括检测元件、放大电路、输出驱动电路三部分。一般采用(5～24) V 的直流电源。如图 1-40 所示为三线式有源接近开关的结构框图。

图 1-40　三线式有源接近开关结构框图

接近开关按检测元件的原理可分为电感式、电容式、霍尔式等几种。不同类型的接近开关所能检测的被测物体不同。

(1) 电感式接近开关用于检测各种金属，其电路主要由振荡器、放大器和输出电路三部分构成。其基本工作原理是当有金属物体进入高频振荡器的线圈磁场(称为感应头)时，金属物体内部要产生涡流损耗，它吸收了振荡器的能量，使振荡减弱直至停振。振荡和停振这两个信号，经整形放大后转换成开关信号输出。

(2) 电容式接近开关可以检测各种固体、液体或粉状物体，其电路主要由电容式振荡器及电子电路组成。它的电容位于传感器表面，当物体接近时，因改变了其耦合电容值，从而产生振荡和停振，使输出信号发生跳变。

(3) 霍尔式接近开关用于检测磁场，一般用磁钢作为被检测体。其内部的磁敏元件仅对垂直于传感器端面的磁场敏感，当磁极 S 正对接近开关时，接近开关的输出产生正跳变，输出为高电平；将磁极 N 正对接近开关时，输出产生负跳变，输出为低电平。

接近开关的输出形式有两线、三线、四线式几种，晶体管输出类型有 NPN 和 PNP 两种，外形有圆形、方形等多种。图 1-41 是接近开关的实物外形图。

图 1-41　接近开关的实物外形图

接近开关的产品种类十分丰富，常用的国产接近开关有 LJ2、LJ6、LXJ18、3SG 等多种系列。某三线式接近开关的实际接线方式如图 1-42 所示。

接近开关的主要参数有输出形式、动作距离范围、动作频率、响应时间、重复精度、工作电压及输出触点的容量等。实际选用时，应根据以上参数适当选择。

接近开关的电气符号如图 1-43 所示，文字符号为 SQ。

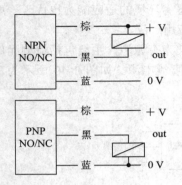

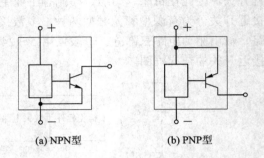

(a) NPN型　　　　(b) PNP型

图 1-42　接近开关的实际接线方式　　　　图 1-43　接近开关的电气符号

5. 光电开关（Photoelectric Switch）

光电开关是接近开关的一种，它除克服了接触式行程开关存在的诸多不足外，还克服了接近开关的检测距离短的缺点。它具有体积小、功能多、寿命长、精度高、响应速度快、检测距离远以及抗电磁干扰能力强等优点，还可以非接触、无损伤地检测和控制各种固体、液体、透明体、黑体、柔软体和烟雾等物质的状态和动作。目前，光电开关已被用做物位检测、液位控制、产品计数、宽度判别、速度检测、定长剪切、孔洞识别、信号延时、自动门传感、色标检出以及安全防护等诸多领域。

光电开关按检测方式可分为反射式、对射式和镜面反射式三种类型。

光电开关外形有圆形、方形和槽形等几种，主要参数有动作距离、工作电压、输出形式等，在产品说明书中有详细说明。光电开关的产品种类十分丰富，应用也非常广泛。

图 1-44 是各类光电开关的实物外形图。

光电开关的电气符号如图 1-45 所示，文字符号为 SQ。

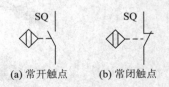

(a) 常开触点　　　　(b) 常闭触点

图 1-44　各类光电开关的实物外形图　　　　图 1-45　光电开关的电气符号

1.2.8 其他电器

1. 指示灯(Indicator Lamp)

指示灯(又称为信号灯)在各类电器设备及电气线路中用做电源指示、运行指示、事故信号及其他指示用信号。指示灯的颜色有红、黄、绿、蓝、白五种,选用原则是按指示灯被接通(发光)或所反映的信息来选色,单靠颜色不能表示运行状态时,可在器件上或器件近旁,补加必要的文字符号。GB/T 4025—2003《人-机界面标志标识的基本和安全规则指示器和操作器的编码规则》中对此做了相关规定。指示灯的颜色及含义如表 1-7 所示。

表 1-7 指示灯的颜色及含义

颜色	含义	说　明	举　例
红	紧急情况	危险状态或 须立即采取行动	压力/温度超越安全状态;因保护器件动作而停机;有触及带电或运动的部件的危险
黄	不正常情况	不正常状态; 临近临界状态	压力/温度超过正常范围;保护装置释放;当仅能承受允许的短时过载
绿	安全	正常状态允许进行	压力/温度在正常状态; 自动控制系统运行正常
蓝	强制性	表示需要操作人员采取行动	输入指令
白	没有 特殊意义	其他状态,如对红、黄、绿或蓝存在不确定时,允许使用白色	一般信息;不能确切地使用红、黄、绿时;用作"执行"确认指令时;指示测量值

在一般工作运用中常将红色信号灯作为电源指示,绿色信号灯作为合闸指示。根据标准化的要求,应该使用白色信号灯作为电源状态指示,绿色信号灯作为正常运行指示,红色信号灯作为故障指示;对于只有合闸的指示要求,应采用绿色信号灯。

指示灯的使用场合非常广泛,规格品种很多。为满足不同场合的使用需求,指示灯的结构形式也有多种,如图 1-46 所示。

图 1-46 指示灯的结构形式

指示灯实际选用时主要参数有安装孔尺寸、工作电压及发光颜色等。目前常用的指示灯产品有 AD11、AD16、AD30、ADJ1 和 CJK22 等系列。指示灯的电气符号如图 1-47 所示,文字符号为 HL。

图 1-47 指示灯的电气符号

2. 蜂鸣器(Acoustical Indicator)

用于正常的操作信号(如设备启动前的警示)和设备异常现象(如过载、漏油等故障)的声音提示。图 1-48 是蜂鸣器的实物外形图。

图 1-48 蜂鸣器的实物外形图

蜂鸣器的电气符号如图 1-49 所示，文字符号为 HA。

图 1-49 蜂鸣器的电气符号

3. 电磁阀（Electromagnetically Operated Valve）

电磁阀用于液压、气动控制系统中，采用电磁控制操作方式，对回路进行通断、换向等控制。电磁阀的种类很多，按阀的通路数分，可分为二通、三通、四通、五通及五通以上。按阀的工作位数分，有二位、三位及三位以上。图 1-50 所示的是电磁阀的实物外形图及液压控制线路图。图 1-50 中，用一只二位四通单电控阀控制油缸进行上下方向的往复运动，当电磁阀线圈通电时，油缸向下运动，电磁阀线圈断电时，油缸向上运动。

(a) 实物外形图　　　　　　　　　　　(b) 液压控制线路图

图 1-50 电磁阀的实物外形图及液压控制线路图

电磁阀线圈的电气符号如图 1-51 所示，文字符号为 YV。

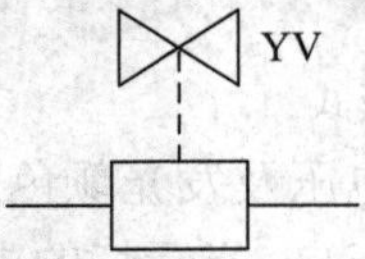

图 1-51 电磁阀线圈的电气符号　　　　两位五通双电控阀工作演示动画

习 题

1-1 请说明你所在实训室的低压配电系统供电方式，并叙述中线、保护线和保护中性线的功能。

1-2 什么是低压电器？低压电器是如何分类的？请列举出几种相应的低压电器。

1-3   电磁式低压电器的结构主要包括哪几部分？各部分的作用是什么？

1-4   两个线圈额定电压为 110 V 的交流接触器同时工作时，能否将两个线圈串联接到 220 V 的控制电路上？

1-5   说明电弧产生的原因及其危害。

1-6   简述继电器和接触器的主要异同点。

1-7   简述中间继电器和接触器的主要异同点。

1-8   交流接触器的主要结构包括哪些部分？它的主触点、辅助触点、线圈各接在什么电路中？

1-9   热继电器能否用作短路保护？为什么？

1-10   熔断器和热继电器的保护作用有什么不同？说明原因。

1-11   热继电器的整定电流应如何取值？热继电器动作后，其触点是如何复位的？

1-12   在电动机启动的过程中，热继电器会不会动作？为什么？

1-13   低压断路器有哪些保护功能？说明其工作原理。

1-14   时间继电器按照延时方式可分为哪两种类型？

1-15   画出通电延时型时间继电器的电气符号。

1-16   刀开关在安装时为什么不得倒装？如果将电源线接在闸刀下端，有什么问题？

1-17   试列出几种常用的主令电器，并说明其使用场合。

1-18   接近开关和行程开关有何异同？说明其使用场合。

1-19   按钮、指示灯的主要选用依据是什么？

1-20   请绘制出十种以上常用低压电器的电气符号。

拓　展　题

1-1   请说明在使用低压电器前，进行电器检查的内容主要包含哪几个方面？

1-2   交流接触器的铁芯端面上为什么要安装短路环？

1-3   空气阻尼式时间继电器的延时时间如何调节？

1-4   对于频繁启动的电动机能否用热继电器进行保护？为什么？

1-5   通过市场调研，熟悉常用接近开关、光电开关的型号及其实际用法。

1-6   通过市场调研，熟悉电气线路搭接常用的电工工具及其使用技巧。

实训项目   控制电器的认识

1. 实训目的

(1) 熟悉实训室里各常用低压电器的名称、用途、型号和主要技术参数，进一步理解其结构组成、工作原理。

(2) 学会正确使用各常用低压电器，并能熟练使用万用表检查交流接触器、热继电器、按钮、空气开关等电器的质量，判断控制电器是否可以正常使用。

(3) 熟悉实训室各常用电工工具的名称和正确使用方法，能可靠压接冷压接头。

2. 实训器材

(1) 电气控制实训台 1 个(含低压断路器、交流接触器、热继电器、按钮、指示灯、行程开关、刀开关、熔断器等常用低压电器)。

(2) 电工工具箱 1 只(含各常用电工工具，包括万用表、电笔、剥线钳、压线钳、尖嘴钳、斜口钳、一字螺丝刀和十字螺丝刀等)。

(3) 冷压接头、电线若干。

3. 实训内容和步骤

(1) 对照实物，将各控制电器分类，写出相应的名称、型号、生产厂家和主要技术参数。

(2) 对照各控制电器的电气符号，找到每一个控制电器各电气部件在电器实物上的位置，并做好记录。

(3) 使用万用表检查各控制电器的质量。

(4) 观察并在教师指导下操作和使用剥线钳、压线钳等电工工具，练习压接冷压接头。

4. 实训报告要求

(1) 按照电器分类，写出实训室各控制电器的名称、型号、生产厂家和主要技术参数，叙述各控制电器的功能，绘制电气符号并标注出各电气部分在控制电器实物上对应的接线端子的符号。

(2) 列出实训过程中使用过的各电工工具。

第 2 章　电气制图和电气控制线路

[学习导入]

请大家思考：学习了低压电器后，如何用这些低压电器去控制生产设备呢？如何用技术图纸去表达生产设备系统的结构、工作原理以及设备的安装和检修技术要求？当生产设备或电气线路出现故障时，如何保证生产设备操作者的人身安全呢？实际生产中是如何实现对生产设备的安全控制的？

在学习了各种低压电器之后，就可以利用它们对生产机械进行控制了。现代各种生产机械都广泛应用电动机来驱动，也就是说生产机械的各种运动都是通过电动机的各种运动实现的。因此，控制电动机就间接地实现了对生产机械的控制。通过分析研究基本的电气控制线路，进而掌握生产机械电气线路设计和分析的一般规律和方法。

2.1　电气图的类型及相关标准

电气图作为一种工程语言，主要作用是用来阐述电气系统或设备中电的工作原理，描述系统或设备的构成和功能，是提供装接和使用信息的重要工具和手段，因而电气图的种类很多，包括概略图、功能图、电路图、接线图、等效电路图、逻辑功能图、程序图、布置图、接线图、顺序图和时序图等，但不是每一种电气设备或电气工程都必须具备这些图，因表达的目的和用途不同，图的数量和种类也会不同。电气图主要是用简图来表示设备电气控制系统中的元件及其相互连接关系，它涉及元件的图形符号、文字符号、序号、线号或端子代号等，电气图的设计和绘制规范应遵循 GB/T 6988—2008《电气技术用文件的编制》标准的相关规定。

生产机械的电气控制系统是由许多控制电器按一定功能要求连接而成的。为了表达生产机械电气控制系统的结构、原理等设计意图，同时也为了便于控制电器的安装、接线、运行和维护，将电气控制系统中各控制电器的连接用规定的图形符号表示出来，这种图就是电气工程图，常用的有电气原理图、电器元件布置图、电气安装接线图等。

2.1.1　电气图的一般特点

电气图与机械图、建筑图及其他专业技术图相比，具有如下一些明显的特点。

1. 主要表达形式是简图(Diagram)形式

电气系统中的元件和导线用图形符号表示，而不用具体的外形结构表示；各元件图形符号旁标注了代表这种元件的文字符号；按功能和电流流向表示各元件的连接关系和相互位置；没有标注尺寸。

这里应当指出的是，简图并不是简略的图，而是一种术语，采用这一术语是为了把这种图与其他的图加以区别。

2．主要表达内容是电气元件和连接线

一个电气线路通常由电源、开关设备、用电设备和连接线四个部分组成，如果将电源设备、开关设备和用电设备看成电气元件，则电路由电气元件与连接线组成。或者说各种电气元件按照一定的次序用连接线连接起来就构成了一个电气线路。因此，电气元件和连接线是电气图所要表达的主要内容。

实际上，由于采用不同的方式和手段对电气元件和连接线进行描述，从而显示出了电气图的多样性。例如，在电气原理图中，控制电器通常用一般符号表示，而在电器元件布置图和电气安装接线图中通常用简化外形符号(如圆、正方形和长方形)表示。

一般而言，电气元件和连接线有以下一些表示方法：

电气元件用于电气原理图中时有集中表示法、半集中表示法和分开表示法。

连接线用于电气原理图中时有单线表示法和多线表示法，用于接线图中时有连续表示法和中断表示法。

3．主要组成部分是图形符号和文字符号

在主要以简图形式表达的电气图中，无论是表示工作原理，还是表示电气接线等，都没有必要也不可能一一画出各种电气元件的外形结构，通常是用一种简单的图形符号表示一种电气元件的。如熔断器，用"—□—"表示。但熔断器的种类是很多的，例如有管式、螺旋式和瓷插式等。很显然，在一个图中用一个符号来表示还是不严格的，还必须在图形符号旁标注不同的文字符号加以区别。这样，图形符号和文字符号的结合，能使人们知道它是不同的熔断器。图形符号和文字符号是电气图的主要组成部分，在制图和读图过程中都必须很好地运用。GB/T 6988—2008《电气技术用文件的编制》中对文字的方向和符号的取向作了如下规定：

(1) 文字的方向：电气图中的文字应水平或竖直方向，视图方向从下向上或从右向左阅读。

(2) 符号的取向：符号应与简图中所选择的主要流程方向一致。文字、图形或符号的输入/输出标志应水平或垂直，并从图或页的下部或右边读起。

2.1.2 电气图中的图形符号和文字符号

在电气图中，图形符号和文字符号的选用应遵循相关标准。图形符号遵循 GB/T 4728—2008《电气简图用图形符号》、GB/T 5465—2009《电气设备用图形符号》标准的规定，文字符号遵循 GB 7159—87《电气技术中的文字符号制定通则》、GB/T 5094—2005《工业系统、装置与设备以及工业产品结构原则与参照代号》、GB/T 2626—2004《电力系统继电器、保护及自动化装置常用电气技术的文字符号》标准的规定。文字符号可用于电气技术文件的编制，也可标注在电气元件旁边说明电气元件的名称、功能、状态及特征。旧版本的标准与现有标准会有所不同，在制图时应采用新标准，但要求能看懂采用老标准绘制的图。

1. 图形符号(Graphical Symbol)

GB/T 4728—2008《电气简图用图形符号》给出了大量常用电器的图形符号，表示产品特征。标准中提供了大量的一般符号用作比较简单电器的图形符号，另外还提供了大量的限定符号和符号要素，限定符号和符号要素不能单独使用，它相当于一般符号的配件。但是由符号要素、限定符号、一般符号以及常用的非电操作控制的动作符号(如机械控制符号等)根据不同的具体器件情况进行组合就可构成各种电器的图形符号。

图 2-1 所示的断路器的图形符号就是由多种符号要素、限定符号和一般符号组合而成的，用以表示其内部细节。

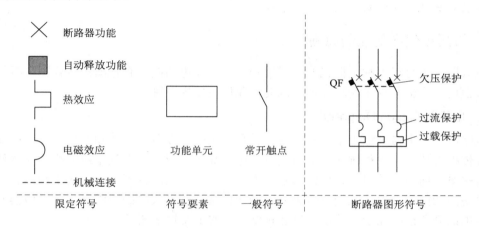

图 2-1 断路器图形符号的组成

2. 文字符号

GB 7159—87《电气技术中的文字符号制定通则》规定，文字符号分为基本文字符号(单字母或双字母)和辅助文字符号。

单字母符号是按拉丁字母将各种电气设备、装置和元器件划分为 23 大类，每大类用一个专用单字母符号表示。如"F"表示保护器件类，"H"表示信号器件类，"K"表示继电器、接触器类，"M"表示电动机类，"T"表示变压器类，"X"表示端子插头插座类，"E"表示其他元器件类等。单字母符号应优先采用。GB 7159—87《电气技术中的文字符号制定通则》列出的单字母符号与 GB/T 5094—2005《工业系统、装置与设备以及工业产品 结构原则与参照代号》中的规定相一致。

双字母符号由一个表示大类的单字母符号与另一字母组成，其组合形式是以单字母符号在前、另一字母在后的次序列出。后一个字母表示对某大类的进一步划分，以便较详细和具体地表述电气设备、装置和元器件的名称、功能、状态和特征。如"F"类元件中的"FU"表示熔断器，"FR"表示具有延时动作的限流保护器件——热继电器；"K"类元件中的"KA"表示中间继电器，"KM"表示控制电动机的接触器，"KT"表示具有延时功能的时间继电器；"H"类元件中的"HL"表示指示灯，"HA"表示声响指示器即蜂鸣器；"E"类元件中的"EL"表示照明灯;"T"类元件中的"TC"表示控制电路电源用变压器;"X"类元件中的"XB"表示连接片,"XT"表示端子板,等等。另外,GB 7159—87 标准还规定,各专业可以根据需要补充该标准中未及列出的双字母符号中的后一位。

辅助文字符号表示电气设备、装置和元器件以及线路的功能、状态和特征,由 1～3 位英文名称缩写的大写字母表示,例如辅助文字符号"AC"(Alternating Current)表示交流,"BW"(Backward)表示向后,"P"(Pressure)表示压力,"SYN"表示同步等。辅助文字符号可以放在表示大类的单字母符号后边组成双字母符号,如"SP"表示压力传感器等。若辅助文字符号由两个以上字母组成时,允许只采用其第一位字母进行组合,如"MS"表示同步电动机等。辅助文字符号还可以单独使用,例如"ON"表示接通,"PE"表示保护接地,"RD 表示红色等。

附录 C 列出了电气设备常用的文字符号。

2.1.3　常用电气图的绘制原则

电气图分类有很多种,但我们一般用到三种,即电路图、布置图和接线图,再加上在 PLC 控制时,我们需要采用程序图,因此,我们主要用四种。

1.　电路图(Circuit Diagram)

电路图习惯上常被称为电气原理图,它是为了表达设备的功能和工作原理,用规定的符号并依据电器元件动作顺序原则所绘制的电气简图,反映了电气系统的构成元器件及相互连接关系,而不反映电器元件的形状、大小、安装方式或位置。为了便于阅读、分析和理解设备的功能,电气原理图一般采用电器元件展开的形式绘制而成,包括了电器元件所有的导电部分和接线端子,是设备设计和调试时的主要技术图纸。

图 2-2 所示是某设备的电气原理图,电气原理图的主要绘制原则简述如下。

(1) 电气原理图一般分主电路和辅助电路两部分。主电路是设备的驱动电路,在控制电路的控制下,按控制要求由电源向用电设备供电。主电路画在左侧,可竖直排列。辅助电路包括控制电路、照明电路、信号电路和保护电路等。辅助电路画在右侧,可水平或竖直排列。规定电路图中电流的方向按从左到右或从上到下设计。

(2) 图形符号、文字符号的使用应遵循相关国家标准的规定。所有图形符号的取向按规定的电流流向绘制。当图形符号竖直排列,文字符号应置于其左边,图形符号水平排列,文字符号应置于其上边。

(3) 采用易读原则,电气元件一般采用分开表示法,但同一电气元件文字符号要相同,同类电器用加数字序号区别。例如,图 2-2 中接触器 KM,它的线圈和辅助触点是在辅助电路中,主触点是在主电路中,但标注的文字符号都是 KM,表示是同一只电气元件。图中的启动按钮和停止按钮是两只按钮,但都属于自复位按钮,用 SB1、SB2 表示。

(4) 组成部分(如触点)可动的电器元件符号应按照以下规定的位置或状态绘制:单一稳定状态的手动或机电元器件,如按钮、继电器、接触器、制动器和离合器在没有外力或断电状态;断路器和隔离开关在断开(OFF)位置;标有断开(OFF)位置的多个稳定位置的手动控制开关在断开(OFF)位置;对于能在两个或多个位置或状态的任何一个静止的其他开关电器,必要时应在图中给出解释。

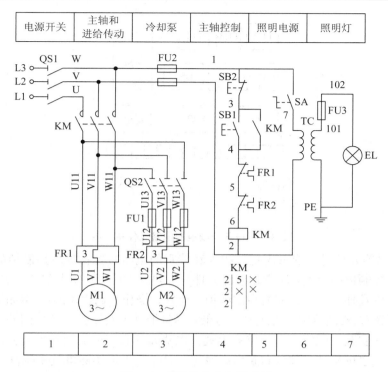

| 电源开关 | 主轴和进给传动 | 冷却泵 | 主轴控制 | 照明电源 | 照明灯 |

图 2-2　某设备的电气原理图

(5) 为了便于阅读、理解和指引元器件在简图中的位置，电气原理图进行了区域划分和触点位置检索，包括图区编号、图区功能表和触点检索图表等内容。如在图 2-2 中设置了图区编号 1、2、3、……，可位于上面或下面，文字如"冷却泵"表示对应区域下面元器件名称或电路功能，便于理解全电路的工作原理。触点检索图表位于相应继电器、接触器线圈的下面或右边位置，便于快速检索触点位置和使用对数。如在图 2-2 中，画出了接触器 KM 的触点检索图。KM 触点检索图的第一列表示主触点使用 3 对位于第 2 图区，第二列表示辅助常开触点使用 1 对位于第 5 图区，第三列表示辅助常闭触点没有使用。

(6) 图 2-2 中元器件的相关技术数据(如热继电器的整定电流、导线截面积和电动机主要参数等)也可用小号字体标注在元器件符号的旁边。

2．布置图(Arrangement Drawing)

布置图也常称为电器元件布置图，表示电气设备上所有电器元件的实际位置，是生产机械电气控制设备的制造、安装、维修时的重要技术文件。

图 2-3 所示是某设备控制柜电器元件布置图，电器元件布置图的主要绘制和设计原则简述如下。

(1) 根据各电器元件的安装位置不同进行划分。图 2-3 中的按钮 SB1、SB2、照明灯 EL 及电动机 M1、M2 等安装在电气控制柜外，其余各电器均安装在电气控制柜内。

(2) 根据各电器元件的实际外形尺寸进行电器布置，并成比例绘制。绘制时各电器元件不画实形，采用正方形、矩形或圆形等简单外形表示。如果采用线槽布线，还应画出线槽的位置。选择进出线方式，画出接线端子板位置。

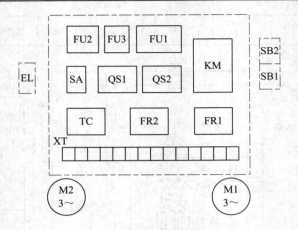

图 2-3　某设备控制柜的电器元件布置图

(3) 布置电器元件时，应考虑把体积大和较重的电器布置在靠近控制柜的下端；发热元件应布置在控制板的上端，注意使感温元件与发热元件隔开；弱电部分应加屏蔽和隔离，防止强电部分以及外界干扰；需要经常维护、检修、操作、调整用的电器(如插件部分、可调电阻和熔断器等)安装位置不宜过高或过低；尽量把外形及结构尺寸相同的电器元件布置在一排，以利于安装、配线，布置整齐美观；电器元件布置应适当考虑对称，可从整个控制柜考虑对称，也可从某一部分布置考虑对称，具体应根据实际电气系统特点而定。

(4) 各电器元件在控制板上的大体位置确定以后，就可着手具体确定各电器之间的距离，确定相互距离时应考虑的问题包括，一是电器之间的距离应便于操作和检修；二是应保证各电器的电气距离，如空气开关、接触器等在断开负载时形成电弧将使空气电离，因此在这些地方其电气距离应增加。

实际操作时，可将所有电器按上述原则排在一块板上，移动各个电器元件求出一个最佳排列方案，然后确定控制柜的尺寸。这种实物排列比用电器元件外形尺寸来考虑布置图更为方便、快捷。电气控制柜、操作台等有标准的结构设计，可根据要求进行选择，但要进行补充加工。如果标准设计不能满足要求，可另行设计。

3. 接线图(Connection Diagram)

接线图也称为电气安装接线图，是各电器元件用规定的图形符号并采用集中表示的方法，按照电器元件实际安装的相互位置关系绘制的实际接线图，它清楚地显示了设备电气系统各单元(或组件)的电器元件之间，以及各单元(或组件)之间的物理连接关系，并标示出了各连接点的端子代号和使用的导体或电缆，是设备电气系统安装接线、线路检修和故障处理的主要技术依据。

图 2-4 所示是某设备控制柜的电气安装接线图。电气安装接线图的主要绘制原则和方法简述如下。

(1) 电器元件、单元或组件的连接，用正方形、矩形或圆形等简单的外形或简化图形表示法表示，也可采用国标规定的图形符号表示，但对比例和尺寸没有严格要求。

(2) 各电器元件的位置，应按电器元件布置图上的相对位置绘制，偏差不要太大。

(3) 同一电器元件的各个部分(如触头、线圈等)必须画在一起，所有电器元件及其引线应标注与电气原理图中相一致的文字符号及接线号。

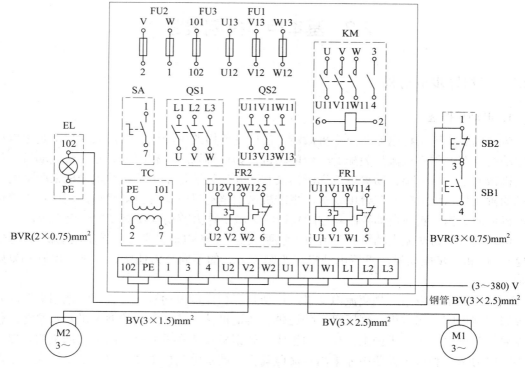

图 2-4　某设备控制柜的电气安装接线图

(4) 同一柜内各电器元件之间的连接采用直接连接，不同柜内的电器元件要通过端子板连接。控制板、控制柜的所有进、出线，也必须经过端子板连接。

(5) 要清楚地表示出接线关系和接线去向。目前接线图接线关系的画法有两种。第一种是直接接线法，即直接画出两个电器元件之间的连线。直接接线法在电气系统简单、电器元件少和接线关系不复杂的情况下采用。第二种是间接标注接线法，即接线关系采用符号标注，不直接画出两个电器元件之间的连线。间接标注接线法在电气系统复杂、电器元件多和接线关系比较复杂的情况下采用较多。

(6) 要按规定清楚的标注出配线用的不同导线的型号、规格、截面积和颜色。对于同一张图中数量较多而导线的型号、规格、截面积和颜色相同的标注符号可以省略，待数量较少的其他导线标注清楚以后，用"其余用××线"字样注明即可。

4．程序图(Process Chart)

程序图也称为流程图，详细表示程序单元和程序片及其互连关系的一种表图。流程图的作用是对控制流程的理解，明确控制关系。在复杂的控制系统中，流程图是必需的，它根据所要求实现目标的控制关系来绘制。如对生产过程的控制，就是根据生产工艺要求来确定控制关系(满足工艺要求)——流程图。

5．时序图(Sequence Diagram)

时序图是一种表示信号随时间变化的图形，横轴是按比例绘出的时间轴，纵轴用来表示信号的值。对于开关量的控制，每一个信号的值只能是 0 或 1。

2.2 基本电气控制线路

2.2.1 三相异步电动机

1. 电动机概述

电动机的作用是将电能转换为机械能。在广泛使用的生产机械中，大多数都是由电动机驱动的。有的生产机械只装配着一台电动机，如单轴钻床；有的需要好几台电动机，如某些机床的主轴、刀架、横梁以及润滑油泵和冷却油泵等都是由单独的电动机来驱动的。常见的桥式起重机上就有三台电动机。生产机械由电动机驱动有很多优点，例如可以简化生产机械的结构、实现自动控制和远距离操纵、减少体力劳动以及提高生产效率等。

电动机可分为交流电动机和直流电动机两大类。交流电动机又分为异步电动机(或称感应电动机)和同步电动机。直流电动机按照励磁方式的不同分为他励、并励、串励和复励四种。

在生产上主要应用的是交流电动机，特别是三相异步电动机。它被广泛地用来驱动各种金属切削机床、起重机、锻压机、传送带、铸造机械、功率不大的通风机及水泵等。仅在需要均匀调速的生产机械上，如龙门刨床、轧钢机及某些重型机床的主传动机构，以及在某些电力牵引和起重设备中才采用直流电动机。同步电动机主要应用于功率较大、不需调速、长期工作的各种生产机械，如压缩机、水泵和通风机等。此外，在自动控制系统和计算装置中还用到各种控制电机。

三相异步电动机的特点是构造简单、价格低廉、运行可靠和使用方便，因此在生产中应用最为广泛。

2. 电动机铭牌参数

1) 型号

为了适应不同用途和工作环境的需要，电动机制成不同的系列，每种系列用各种型号表示。电动机型号 Y132M-4 说明如下：

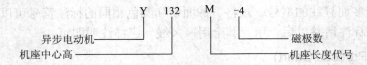

2) 接法

接法是指定子三相绕组的接法。一般鼠笼式电动机的接线盒中有六根引出线，标有 U1、V1、W1、U2、V2、W2，其中 U1、U2 是第一相绕组的两端，V1、V2 是第二相绕组的两端，W1、W2 是第三相绕组的两端。如果 UI、V1、W1 分别为三相绕组的始端(头)，则 U2、V2、W2 是相应的末端(尾)。这六根引出线在接电源之前，必须正确连接。连接方法有星形(Y)连接和三角形(△)连接两种，如图 2-5 所示。通常 4 kW 及以上的电动机都是三角形接线。

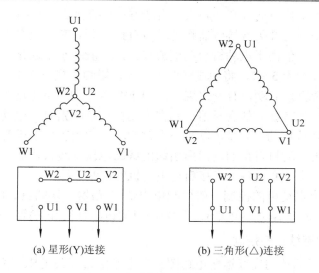

图 2-5　电动机定子绕组的接线

3）电压

铭牌上所标的电压值是指电动机在额定运行时定子绕组上应加的线电压值。一般规定电动机的工作电压不应高于或低于额定值的 5%。

4）电流

铭牌上所标的电流值是指电动机在额定运行时定子绕组的线电流值。

5）功率与效率

铭牌上所标的功率值是指电动机在额定运行时轴上输出的机械功率值。输出功率与输入功率不等，其差值等于电动机本身的损耗功率。效率就是输出功率与输入功率的比值。一般鼠笼式电动机在额定运行时的效率为 75%～92%，在额定功率的 70%～100%运行时效率最高。

6）功率因数

因为电动机是电感性负载，定子相电流比相电压滞后一个 Ψ 角，$\cos\Psi$ 就是电动机的功率因数。三相异步电动机的功率因数较低，在额定负载时为 0.7～0.9，而在轻载和空载时更低，空载时只有 0.2～0.3。因此，必须正确选择电动机的容量，防止"大马拉小车"，并力求缩短空载的时间。

7）温升与绝缘等级

温升是指电动机在运行中定子绕组发热而升高的温度。电动机发热影响绝缘材料，而各种绝缘材料的耐热性能不同，所以电动机的允许温升与绝缘等级有关。

环境温度 40℃时的允许温升与绝缘等级的对应关系是：当绝缘等级为 A、E、B 时，允许温升分别是 60℃、75℃、80℃。如果电动机用的是 E 级绝缘，定子绕组的允许温升不能超过 115℃。

2.2.2　三相鼠笼式异步电动机的直接启动

设备的工艺要求不同，则对电动机的控制要求不同，包括电动机的启动、制动和调速等。电动机的启动就是将电动机开动起来，启动方式有直接启动和降压启动两种。

直接启动是利用闸刀开关或接触器将电动机直接接到具有额定电压的供电电源上，这种启动方式比较简单。但由于电动机启动电流较大，一般中小型鼠笼式电动机的启动电流与额定电流之比值大约为 5～7，将使线路电压下降，影响负载正常工作。

一台电动机能否直接启动，有一定规定：10 kW 以下的小型电动机一般都是采用直接启动方式；用电单位如有独立的变压器，则在电动机启动频繁时，电动机容量小于变压器容量的 20%时允许直接启动；如果电动机不经常启动，它的容量小于变压器容量的 30%时允许直接启动。如果电动机直接启动时所引起的线路电压降较大，影响负载正常工作，就必须采用降压启动。本节介绍各种直接启动电动机的控制电路。

三相鼠笼式异步电动机的控制一般由配电电器(断路器、熔断器、隔离开关)、控制电器(交流接触器)、保护电器(热继电器)、主令电器(按钮、行程开关)等几个主要部分组成。

1. 电动机单向连续运转控制

图 2-6 是电动机的单向连续运转电路图。主电路由刀开关 QS、熔断器 FU1、接触器 KM 的主触点、热继电器 FR 的发热元件和电动机 M 组成。控制电路由熔断器 FU2、热继电器 FR 的常闭触点、停止按钮 SB2、启动按钮 SB1、接触器 KM 的辅助常开触点以及它的线圈组成。

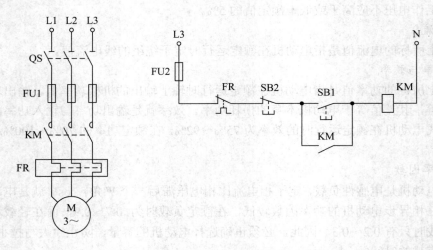

图 2-6　电动机单向连续运转控制电路图

1) 电路的工作原理

启动时，首先合上刀开关 QS，引入三相电源，为电动机的启动做好准备。按下按钮 SB1，接触器 KM 线圈通电，其中 KM 主触点闭合使电动机通电启动运转，同时与 SB1 并联的 KM 辅助常开触点也闭合，这时使接触器的线圈经两条线路供电。当松开按钮 SB1 时，虽然 SB1 的常开触点已断开复位，但这时接触器 KM 的线圈仍可通过其辅助触点继续供电，保证电动机的连续运行。这种依靠接触器自身的辅助常开触点使接触器线圈保持连续通电的作用，称为自锁(Auto Locking)。起自锁作用的辅助触点，称为自锁触点。

停止时，按下按钮 SB2，KM 线圈断电，KM 主触点和自锁触点均恢复到断开状态，电动机 M 断电停转。当松开按钮 SB2 时，虽然 SB2 的常闭触点已复位闭合，但 KM 线圈不得电，电机仍然没有运转。图 2-6 中，按钮 SB1 称为启动按钮，按钮 SB2 称为停止按钮。

电动机的工作过程描述如下：

启动过程：合上刀开关 QS ──→ 按下启动按钮 SB1 ──→ 接触器 KM 线圈通电

──→ { KM 主触点闭合 ──→ 电动机 M 启动并运转。

　　　{ KM 辅助常开触点闭合自锁 ──→ 松开 SB1 ──→ 电动机 M 继续运转。

停止过程：按下停止按钮 SB2 ──→ 接触器 KM 线圈断电

──→ { KM 主触点断开 ──→ 电动机 M 断电并停止运转。

　　　{ KM 辅助常开触点断开 ──→ 松开 SB2 ──→ 电机仍然没有运转。

电动机的工作过程也可用图 2-7 所示的时序图表示。对于常开触点，当它未受外力作用时，触点是断开状态，它的值是 0，当常开触点接通时，它的值是 1；对于常闭触点，它未受外力作用时的触点是闭合状态，它的值是 1，当常闭触点断开时，它的值是 0；对于线圈，断电状态时值为 0，线圈通电状态时值为 1。在时序图中，常开触点、线圈被称为原变量，用信号本身的文字符号表示，常闭触点被称为反变量，用文字符号上面加一短横线表示。

图 2-7 中的三个信号均为原变量，表示的是 SB1、SB2 的常开触点以及 KM 线圈随时间变化的状态。当 SB1 = 1 时(即按下按钮 SB1)，KM = 1 (线圈通电)，当 SB1 = 0 时 (即松开按钮 SB1)，KM = 1 (线圈连续通电)；当 SB2 = 1 (即按下按钮 SB2)，KM = 0 (线圈断电)，当 SB2 = 0 (即松开按钮 SB2)，KM = 0 (线圈仍然断电)。

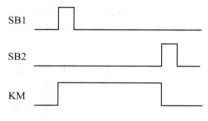

图 2-7　电动机启停工作时序图

2) 电路的保护环节

设备电气控制线路的设计，不能只考虑在正常情况下满足设备功能要求，还要考虑在线路或设备出现各种故障情况下的安全保护，比如当出现线路短路、电动机过载、供电线路电压降低或突然断电造成的设备停机等故障时，均应设置相应的安全保护。

在图 2-6 所示的电路中，设置了相应的短路保护、过载保护和欠压/失压保护。这三种保护是三相鼠笼式异步电动机常用的保护环节，它对保证三相鼠笼式异步电动机安全运行非常重要。

(1) 短路保护：当控制线路发生短路故障时，控制线路应能迅速切除电源。熔断器 FU1、FU2 的熔体分别串接在主电路和控制电路中，当主电路或控制电路发生短路，熔断器 FU1 或 FU2 的熔体迅速熔断，分别实现对主电路和控制电路的短路保护。

(2) 过载保护：电动机长期超载运行，会造成电动机绕组温升超过其允许值而损坏，通常要采取过载保护。过载保护的特点是负载电流越大，保护动作时间越快，但不能受电动机启动电流影响而动作。过载保护由热继电器 FR 完成。热继电器 FR 的发热元件串接在电动机的定子线路中，一般情况下，热继电器发热元件的额定电流按电动机额定电流来选取。由于热继电器热惯性很

热继电器过载保护演示动画

大，即使热元件流过几倍的额定电流，热继电器也不会立即动作，因此在电动机启动时间不长的情况下，热继电器是不会动作的。在电动机长时间过载时，热继电器动作，FR常闭触点断开，使接触器 KM 线圈断电，KM 各触头复位，断开电动机电源，实现过载保护。

(3) 欠压/失压保护：在电动机正常运行时，如果因为电源电压的消失而使电动机停转，那么在电源电压恢复时电动机就可能自行启动，电动机的自启动可能会造成人身事故或设备事故。防止电源电压恢复时电动机自启动的保护称为失压保护。在电动机正常运行时，电源电压降低过多会引起电动机转速下降和转矩减小，若负载转矩不变，使电流过大，造成电动机停转和损坏。由于电源电压显著下降可能会引起一些电器释放，造成电路不正常工作，可能会产生事故。因此需要在电源电压下降达到最小允许的电压值时将电动机电源切除，这样的保护称为欠压保护。图中的欠压/失压保护是依靠接触器本身实现的，这是接触器自锁控制的另一作用。当供电电源电压因某种原因严重下降或消失时，接触器 KM 线圈断电释放，各触点复位，断开电动机电源，电机停转。供电电源电压恢复正常后，由于电路失去自锁，电动机不会自行启动。只有重新按下启动按钮 SB1，电动机才会启动，防止电动机突然启动造成设备和人身事故。

电动机单向连续运行控制电路，如改用断路器保护，电气控制原理图如图 2-8 所示。低压断路器是一种非常重要的保护电器，目前在电气控制线路中实际使用很多。在图 2-8 中，是用 QF1、QF2 分别对主电路和控制电路进行短路保护，用 FR 对电动机进行过载保护，欠压和失压保护仍由接触器本身的电磁机构实现。

如果不考虑主电路与辅助电路的联动作用，则在选择合适的 QF 后可省去 FR，同样能起到过载保护(选择具有长延时和瞬动两段以上保护的断路器)。一般在工厂应用中均加热继电器 FR(但对 60 次/小时以上频繁启动的电动机不宜用 FR 保护)。

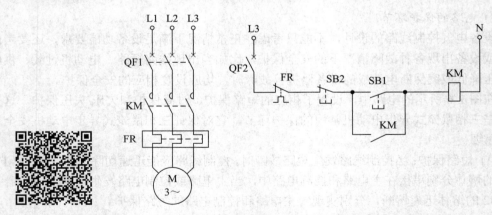

连接控制线路演示动画　　　　　　　　图 2-8　电动机单向连续运行控制电路图

3) 运行指示和故障报警处理

图 2-8 所示的电路从逻辑及功能上已能满足要求，但在实际使用中需增加设备运行指示和故障报警处理部分。设备工作状态指示灯：停机用"白色"，运行用"绿色"，故障报警用"红色"。图 2-9 是设备运行指示和故障报警处理控制电路图。

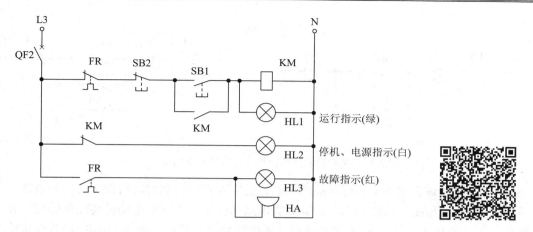

图 2-9　设备运行指示和故障报警处理控制电路图　　　运行指示和故障报警演示动画

(1) 设备运行指示：图中指示灯 HL1 与 KM 线圈并联，用来指示设备 KM(电动机 M)的运行状态，选用绿色。当线圈 KM 通电，绿色指示灯 HL1 亮，表示电动机 M 处于运行状态。

(2) 设备停机指示：图中指示灯 HL2 与 KM 的辅助常闭触点串联，用来指示设备 KM(电动机 M)的停机状态，选用白色。当线圈 KM 不通电，KM 的辅助常闭触点处于闭合状态，白色指示灯 HL2 亮，表示电动机 M 处于停机(未运行)状态。HL2 也用来作为设备的电源指示，此时，可不串联 KM 的辅助常闭触点。

(3) 设备故障指示：图中指示灯 HL3 与热继电器的常开触点 FR 串联，用来指示设备的故障状态，选用红色。当电动机过载，热继电器动作，热继电器的常开触点闭合，红色指示灯 HL3 亮，表示电动机故障(过载)。蜂鸣器 HA 与指示灯 HL3 并联，当指示灯亮时，蜂鸣器发出声响，用于故障的声音报警。

2. 电动机的点动控制

所谓点动，即按下启动按钮，电动机通电旋转，松开启动按钮，电动机断电停转。点动控制主要用于调试设备或短时操作设备。如行车吊钩的位置调整、生产线上的手动送料操作等。图 2-10 所示是最基本的电动机的点动控制电路图。启动按钮 SB 没有并联接触器 KM 的自锁触点，按下 SB，KM 线圈通电，电动机启动并运转；松开 SB，KM 线圈又断电，电动机停止运转。

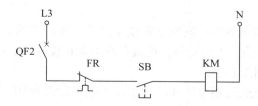

图 2-10　电动机的点动控制电路图　　　　　　点动控制演示动画

图 2-11 所示是电动机的点动、连续运行控制的电路图。

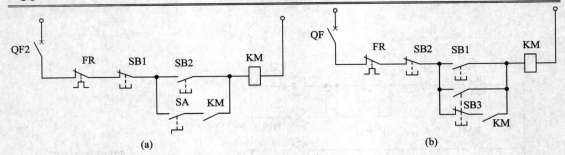

图 2-11   电动机的点动、连续运行控制电路图

图 2-11(a)是通过旋钮 SA 实现功能切换的。当需要点动控制时，将旋钮 SA 触点置于断开状态，KM 自锁触点不起作用，由 SB2 实现点动控制；当需要电动机连续旋转时，将 SA 触点置于接通状态，接入 KM 自锁触点，实现连续运行控制。图 2-11(b)中的复合按钮 SB3 起点动作用。按下点动按钮 SB3，其常闭触点先断开自锁电路，常开触点后闭合，接通控制电路，KM 线圈通电，电动机启动运转；当松开点动按钮 SB3 时，其常开触点先断开，常闭触点后闭合，KM 线圈断电，电动机停止运转。按钮 SB1 和 SB2 实现连续运行控制。请在读图时，注意复合按钮常开触点和常闭触点的动作顺序的分析。

图 2-12 是点动和连续运行控制电路图。图 2-12(a)中的 SB1 为连续运行启动按钮，SB3 为点动按钮；图 2-12(b)中 SB1 为点动按钮，SB3 是连续运行启动按钮。请大家自行分析电路的工作过程。

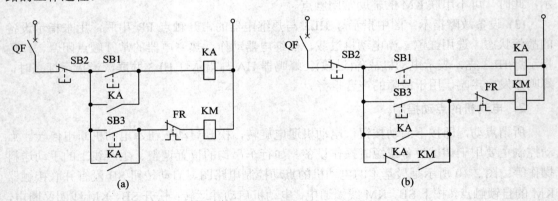

图 2-12   点动和连续运行控制电路图

3. 电动机的正反转控制

电动机正反转的应用场合很多。如许多生产机械常常要求具有上下、左右、前后等相反方向的运动，如工作台的往返，吊钩的上下运动等，这就要求电动机能够正、反向运转。电动机正反转控制的主电路的接法如图 2-13 所示。

我们知道，任意对调给电动机供电的三相电源线的两相，电动机就会反转。图中是利用接触器 KM1、KM2 来改变给电动机定子绕组供电的相序。KM1 按 L1—L2—L3 相序供电，KM2 按 L3—L2—L1 相序供电，当 KM1、KM2 分别工作时，电动机 M 的旋转方向不一样。假设 KM1 主触点接通时电动机正转，那么当 KM2 主触点接通时电动机就反转。在电动机的运转过程中，必须防止 KM1、KM2 同时接通而造成电源的相间短路。因此，在 KM1 和 KM2 两个接触器之间要设置互锁，即一个动作时另一个不能动作。

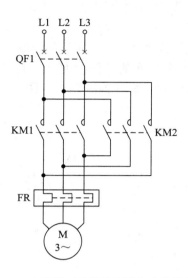

图 2-13　电动机正反转控制的主电路的接法

　　互锁主要用于控制电路中两路或多路输出时保证同一时间只有其中一路输出。自锁和互锁是电气控制中的两个重要环节。常用的互锁形式有输入互锁和输出互锁两种，如图 2-14 所示。

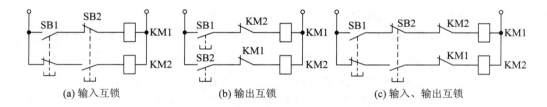

图 2-14　常用的互锁形式

　　图 2-14(a)所示的输入互锁是利用两个按钮 SB1 和 SB2 的复合触点进行互锁，控制两个接触器点动的控制电路。当按下按钮 SB1 时，其 SB1 常闭触点先断开，使 KM2 线圈不能得电，KM1 线圈得电；同理，当按下按钮 SB2 时，其 SB2 常闭触点先断开，使 KM1 线圈不能得电，KM2 线圈得电；当两个按钮都按下时，两个线圈都不得电。输入互锁形式实质上是一种机械式互锁，是依靠输入按钮的复合触点的机械机构来实现互锁。

　　图 2-14(b)所示的输出互锁是利用输出线圈 KM1 和 KM2 的辅助常闭触点进行互锁。按钮 SB1 和 SB2 分别作为两个接触器 KM1 和 KM2 的点动控制按钮，当按下 SB1 时，KM1 线圈得电，其 KM1 的辅助常闭触点断开，使 KM2 线圈不能得电；同理，当按下 SB2 时，KM1 线圈也不能得电；两个按钮都按下时，先按下的按钮起作用，后按下的按钮不起作用。输出互锁形式也称为电气互锁，是依靠电器元件本身的电气控制作用来实现互锁。

图 2-14(c)所示是依靠输入按钮的复合触点以及输出线圈的电气互锁触点实现的双互锁点动控制电路。

通常情况下,电动机正反转运行操作的顺序有:"正—停—反"和"正—反—停"。

1) "正—停—反"或"反—停—正"控制

电动机实现"正—停—反"或"反—停—正"的控制电路也称为"停止—反转"控制电路,即正、反转的切换必须经过停止的过程。"停止—反转"控制电路是利用接触器的电气互锁来实现电动机的正反转控制,如图 2-15 所示。图中,SB2、SB3 分别是正、反转启动按钮,SB1 是停止按钮。

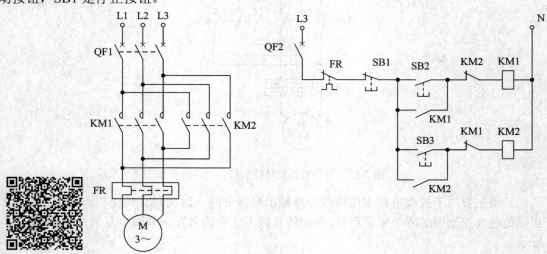

电气互锁演示动画

图 2-15 "停止—反转"控制电路图

电动机的工作过程描述如下:

正转:合上 QF1、QF2——按下正转启动按钮 SB2——接触器 KM1 线圈通电

$\Big\{$ KM2 主触点闭合—— 电动机接入正向电源—— M 正转。

KM1 辅助常闭触点断开—— 使 KM2 线圈不能得电。

停止:按下停止按钮 SB1——KM1 线圈断电——M 停止正转。

反转:合上 QF1、QF2——按下反转启动按钮 SB3——接触器 KM2 线圈通电

$\Big\{$ KM1 主触点闭合—— 电动机接入反向电源—— M反转。

KM2 辅助常闭触点断开—— 使 KM1 线圈不能得申。

停止:按下停止按钮 SB1——KM2 线圈断电——M 停止反转。

说明:"停止—反转"的控制电路,使电动机在从一种运转状态变到另一种运转状态时必须经过停止的状态。

2) "正—反—停"或"反—正—停"控制

电动机实现"正—反—停"或"反—正—停"控制的电路也称为直接反转控制电路,即正、反转可以实现直接切换,不必经过停止的过程。

直接反转控制电路是利用按钮触点的机械互锁以及接触器触点的电气互锁的双互锁控制来实现电动机的正反转控制,如图 2-16 所示。

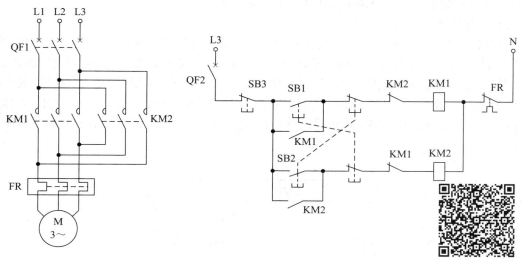

图 2-16　直接反转控制电路图　　　　　　　机械互锁演示动画

在图 2-16 中，KM1、KM2 的线圈回路在分别串接 KM2、KM1 的辅助常闭触点的基础上，再分别串接启动按钮 SB2、SB1 的复合常闭触头。SB1、SB2 分别是正、反转启动按钮，SB3 是停止按钮。当电动机正转(KM1 线圈得电)时，按反转启动按钮 SB2，可以直接使 KM2 线圈得电，电动机反转，而不需要按停止按钮 SB3。

电动机的工作过程描述如下：

正转：合上 QF1、QF2——→按下正转启动按钮 SB1——→接触器 KM1 线圈通电

　　　　　{ KM1 主触点闭合——→电动机接入正向电源——→M 正转。

　　　　　{ KM1 辅助常闭触点断开——→使 KM2 线圈不能得电。

反转：按下反转启动按钮 SB2——→首先 SB2 的常闭触点先断开——→使 KM1 线圈断电——→KM1 辅助常闭触点闭合复位——→然后 SB2 的常开触点再闭合——→KM2 线圈得电——→M 反转。

停止：按下停止按钮 SB3——→KM2 线圈断电——→M 停止转动。

说明：直接反转控制电路，使电动机可以从一种运转状态直接变到另一种运转状态，不必经过停止的状态。电动机正、反转的直接切换，提高了设备的生产效率，减少了辅助工时。

请大家思考：在图 2-16 所示的电动机正反转控制电路中，按钮复合触点的互锁能否代替接触器辅助常闭触点的互锁作用？

问题分析：当主电路中正转接触器 KM1 的主触点发生熔焊(即静触点和动触点烧蚀在一起)现象时，由于相同的机械连接，KM1 的辅助常闭触点在线圈断电时不复位，KM1 的辅助常闭触点处于断开状态，可防止反转接触器 KM2 线圈通电使 KM2 的主触点闭合而造成电源短路故障，这种保护作用仅依靠按钮的复合触点是做不到的。

总结互锁控制规律：当要求甲接触器工作时，乙接触器就不能工作，此时应在乙接触器的线圈电路中串入甲接触器的常闭触点。

当要求甲接触器工作时乙接触器不能工作，而乙接触器工作时甲接触器不能工作，此

时应在两个接触器的线圈电路中互串入对方的常闭触点。

3) 自动往返行程控制电路

在生产实践中，有些生产机械的工作台需要自动往复运动，如龙门刨床、导轨磨床等。图 2-17 所示的是工作台往返工作示意图。图中，行程开关 SQ1 安装在左端需要反向的位置，SQ2 安装在右端需要反向的位置，用于工作台左、右往返行程范围控制。机械挡块装在机床工作台的运动部件上，当工作台移动并带动机械挡块运动碰撞到行程开关 SQ1 或 SQ2 时，行程开关发出信号控制工作台反向移动。SQ3、SQ4 用于工作台左、右行程的极限位置保护。

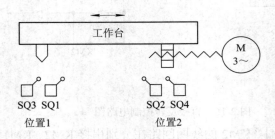

图 2-17 工作台往返工作示意图

图 2-18 是工作台的自动往返行程控制电路图。

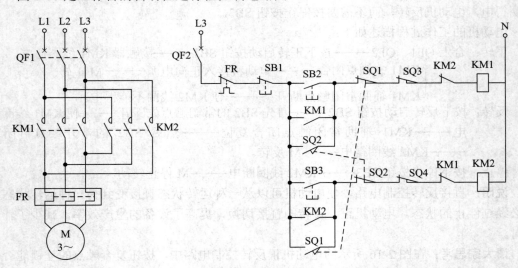

图 2-18 工作台的自动往返行程控制电路图

假设电动机正转时，带动工作台向左移动，那么当电动机反转时，工作台将向右移动。按下正转启动按钮 SB2，KM1 线圈通电并自锁，电动机正向旋转并带动工作台左移。当工作台移至左端并碰到 SQ1 时，将 SQ1 压下，SQ1 的常闭触点先断开，切断 KM1 接触器线圈回路，同时，使其常开触点闭合，接通反转接触器 KM2 线圈回路。此时电动机由正转变为反转，带动工作台向右移动，直到压下 SQ2，电动机由反转变为正转，工作台向左移动，实现了工作台的自动往复循环运动。SQ3、SQ4 分别为左、右超限限位保护用的行程开关，当 SQ1 或 SQ2 行程开关被撞损坏时，工作台移动超出正常的行程范围，机械挡块碰到 SQ3

或 SQ4 将使工作台停止移动。

请大家注意，在图 2-18 所示的控制过程中，工作台每经过一个自动往返行程，电动机要进行两次反接制动，会出现较大的反接制动电流和机械冲击。因此这种电路只适用于电动机容量较小、循环周期较长、刚性和强度好的系统。对于负荷大的系统，应用中间齿轮换向，可实现快速回程。

4. 顺序控制

有的生产机械和设备需要多台电动机拖动，而各台电动机的启动与停止需要有一定的顺序控制关系。例如某设备要求电动机 M1 启动后电动机 M2 才允许启动；设备停机时，要求 M2 先停止后 M1 再停止。即根据设备的具体工艺，两台电动机之间具有按顺序工作的要求。

图 2-19 所示是两台电动机 M1、M2 顺序启、停的控制电路图。接触器 KM1 控制电动机 M1，接触器 KM2 控制电动机 M2。将 KM1 的辅助常开触点串入接触器 KM2 的线圈回路中，实现了 M1、M2 的顺序启动要求。将 KM2 的辅助常开触点与 KM1 线圈的停止按钮 SB1 并联，实现了 M1、M2 的顺序停止要求。

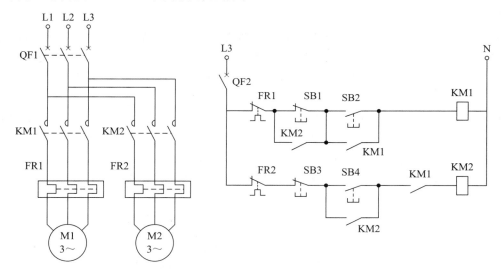

图 2-19 两台电动机 M1、M2 的顺序启、停的控制电路图

总结顺序控制规律：

当要求甲接触器工作后方允许乙接触器工作，则在乙接触器线圈电路中串入甲接触器的常开触点。当要求乙接触器线圈断电后方允许甲接触器线圈断电，则将乙接触器的常开触点并联在甲接触器的停止按钮两端。

图 2-20 所示是两台电动机按照事先设定的时间自动顺序启动的控制电路图。要求电动机 M1 启动 10 s 后，电动机 M2 自动启动，利用时间继电器 KT 的延时触点来实现。按下启动按钮 SB2，接触器 KM1 线圈通电并自锁，电动机 M1 启动，同时时间继电器 KT 线圈也开始通电计时，10 s 后，KT 的延时闭合常开触点闭合，KM2 线圈通电并自锁，电动机 M2 启动。与此同时，接触器 KM2 的辅助常闭触点断开，使时间继电器 KT 的线圈断电。

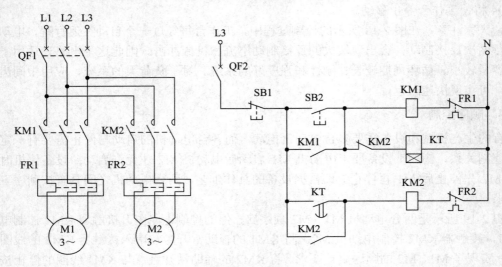

图 2-20　自动顺序启动的控制电路图

5. 多点控制

有些机械和生产设备，为了方便操作以及控制上的需求，常常要求能在多个地点对同一台设备进行启动和停止的控制操作。例如重型龙门刨床的设备操作按钮，有安装在固定不动的操作台上的，也有安装在机床四周悬挂着的操作控制板上的，就是为了操作设备方便。

图 2-21 所示是实现两地控制的电路图，其中，SB1、SB3 是一组启、停控制按钮，SB2、SB4 是另一组启、停控制按钮，这两组控制按钮安装在设备不同的两个操作位置。分别操作这两组按钮，都能控制设备的启动和停止。

多点控制线路的设计方法是：多个启动按钮并联，多个停止按钮串联。

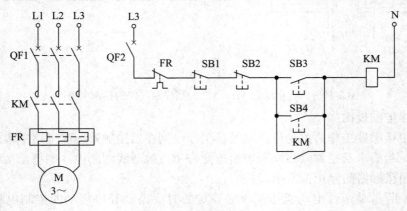

图 2-21　实现两地控制的电路图

2.2.3　三相鼠笼式异步电动机的降压启动

为了减少对电网及供电线路的影响，对于大负载(一般在 10 kW 以上)要采用降压启动方式进行启动，以减小启动电流。具体手段是：启动时首先降低加在电动机定子绕组上的电压，启动后再将电压升高到额定值，使电动机在正常电压下运行。

降压启动方式有定子串电阻(或电抗器)降压启动、"星形-三角形"换接降压启动、自耦变压器降压启动、延边三角形降压启动和使用软启动器等。

1. 定子串电阻降压启动控制

启动时在电动机定子电路中串接电阻，使电动机定子绕组电压降低，启动一段时间，启动电流减小后再将电阻短接，电动机在额定电压下正常运行。这种启动方式由于不受电动机接线形式的限制、组成的设备简单，所以在中小型生产机械中应用较广。

图 2-22 所示是定于串电阻降压启动电路。启动时合上空气开关 QF1、QF2，按下启动按钮 SB2，KM1 线圈通电吸合并自锁，电动机串电阻 R 启动。KM1 线圈通电时，时间继电器 KT 线圈也开始通电计时，经一段延时后，KM2 线圈通电，KM2 的辅助常闭触点先断开，使 KM1、KT 线圈断电，同时，KM2 的主触点闭合，将主回路电阻 R 短接，电动机在全压下正常运转。降压启动的时间由时间继电器 KT 控制。

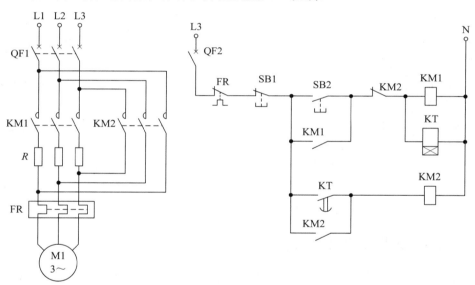

图 2-22　定子串电阻降压启动电路图

低压电动机的启动电阻一般采用由电阻丝绕制的板式电阻或铸铁电阻，电阻功率大，能够通过较大电流，但能量损耗较大。在高压电动机中为了节省电能，常采用电抗器来代替电阻。

2. "星形-三角形"(Y-△)降压启动控制

电动机常见的接线有星形、三角形和延边三角形接线。"星形-三角形"降压启动控制一般只能用于正常运行时定子绕组为三角形接线的鼠笼式异步电动机。一般功率在 4 kW 以上的电动机均为三角形接线，并且这种降压启动只需改变电动机绕组的接线，无须专门的降压设备，所以应用十分广泛。

Y-△降压启动控制是电动机启动时用星形接法，启动后改用三角形接法。在正常工作时电动机的接线为三角形接法，每相绕组的电压为 380 V，在开始启动时如果将三相绕组连接成星形接法，则每相绕组的电压为 220 V，从而达了降压启动的目的。"星形-三角形"降压启动的优点是方法简单、经济，启动电流仅为三角形接线直接启动电流的 1/3，可在操作较频繁的场合用途使用。缺点是启动转矩也有所减小，只有全压直接启动时转矩的 1/3，因此这种方法仅适用于空载或轻载启动的设备。

图 2-23 是"星形-三角形"降压启动控制电路图。启动时按下启动按钮 SB1，KM1、KM2、KT 线圈通电，将电动机接成星形降压启动，随着电动机转速的升高，启动电流下降，当时间继电器 KT 延时时间到时，其延时常闭触点断开，使 KM2 线圈失电，KT 的延时常开触点接着闭合，使 KM3 线圈通电，将电动机接成三角形正常运行，同时，KM3 的辅助常闭触点断开，使 KT 线圈失电，延长 KT 的使用寿命，且利于节能。

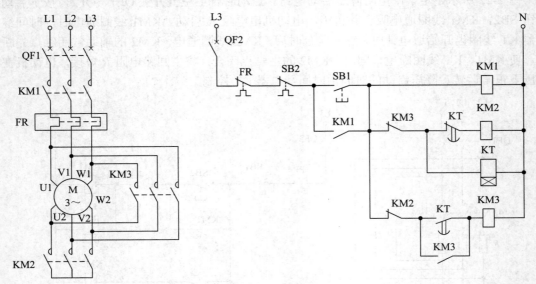

图 2-23 "星形-三角形"降压启动电路图

2.2.4 三相鼠笼式异步电动机的制动

因为电动机的转动部分有惯性，所以把电源拉开后，电动机还会继续转动一定时间而后停止。为了缩短辅助工时，提高设备的生产效率，并为了安全起见，往往要求电动机能够迅速停车和反转，这就需要对电动机制动。对电动机制动也就是要求它的转矩与转子的转动方向相反，这时的转矩称为制动转矩。

交流异步电动机的制动方法有机械制动和电气制动两种。机械制动是利用机械装置使电动机迅速停转。常用的机械制动装置有电磁抱闸制动、带式制动和盘式制动等。电气制动是通过电气控制方式在电动机上产生一个与原转子转动方向相反的制动转矩，迫使电动机迅速停转。电气制动方法有反接制动、能耗制动等。

1. 电磁抱闸机械制动

电磁抱闸制动是一种典型的机械制动，特点是停车准确，不受中途断电或电气故障的影响而造成事故。机械制动力矩在一定范围内可以克服任何外加力矩，例如当提升重物时，由于抱闸的作用力，可以使重物停留在需要的高度，这是电气制动所不能达到的。但是电磁抱闸机械制动的制动时间越短，冲击振动越大，常用在起重机、卷扬机等机械设备上。

电磁抱闸制动装置主要由制动电磁铁和闸瓦制动器组成，按制动方式分为断电制动和通电制动两种。通过分断或接通制动电磁铁的线圈电源，使机械制动装置动作，通过机械抱闸制动电动机。

图 2-24 所示是电磁抱闸制动控制电路图。图 2-24(a)为断电制动的电磁抱闸制动控制电路，当电动机启动时，电磁制动器 YB 同时通电吸合使抱闸打开，电动机转动。在按下停止按钮 SB2 时，电动机 M 和电磁制动器 YB 同时断电，制动器在弹簧的压力下将电动机的转轴刹紧，使其停转。断电制动的优点是能在断电的情况下及时制动，缺点是在电源切断后，主轴就被刹住不能转动，手动调整比较费力。

图 2-24(b)为通电制动的电磁抱闸制动控制电路，这种电路中的电磁制动器是在通电时起制动作用。当按下停止按钮 SB2 时，接触器 KM1 线圈断电，断开电动机电源，同时制动接触器 KM2 线圈通电，使电磁制动器 YB 动作，抱闸抱紧使电动机转轴停止转动。当松开按钮 SB2 时，电磁制动器 YB 断电，抱闸放松。显然，这种电路在断电后不能制动。

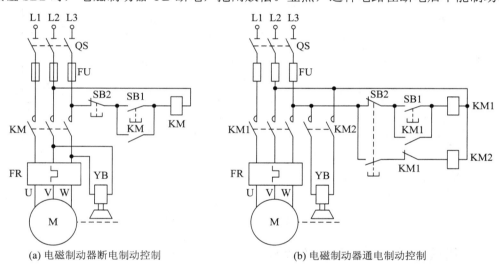

(a) 电磁制动器断电制动控制　　　　　　　　(b) 电磁制动器通电制动控制

图 2-24　电磁抱闸机械制动控制电路图

2．反接制动

反接制动是在电动机停车时，将接到电源的三根导线中的任意两根的一端对调位置，给定子绕组通入反相序的电压，使电动机的旋转磁场反向旋转，而转子由于惯性仍在原方向转动。这时的转矩方向与电动机的转动方向相反，因而起制动的作用。当电动机转速接近零时，利用控制电器将电源自动切断，否则电动机将会反转。

由于在电动机反接制动时旋转磁场与转子的相对速度很大$(n_0 + n)$，因而电流很大。为减小冲击电流，对功率较大的电动机进行制动时必须在定子电路(鼠笼式)或转子电路(绕线式)中串接电阻来限制反接制动电流，这个电阻称为反接制动电阻。反接制动电阻的接线方法有对称和不对称两种，一般采用对称接法。反接制动比较简单，效果较好，但能量消耗较大。对有些中型车床和铣床主轴的制动常采用这种方法。

反接制动的关键在于电动机电源相序的改变，且当转速下降到接近零时，能自动将电源切除，为此采用了速度继电器来检测电动机的速度变化。在(120～3000) r/min 范围内速度继电器触点动作，当转速低于 100 r/min 时，其触点复位。

图 2-25 所示的是带制动电阻的电动机单向反接制动控制电路图。启动时，按下启动按钮 SB2，接触器 KM1 线圈通电并自锁，电动机 M 通电旋转。在电动机正常运转时，速度继电器 KS 的常开触点闭合，为反接制动做好了准备。停车时，按下停止按钮 SB1，其常闭触点断开，接触器 KM1 线圈断电，电动机 M 断开电源。由于此时电动机的惯性转速还很高，KS 的常开触点仍然处于闭合状态，因此，当 SB1 常开触点闭合时，反接制动接触器 KM2 线圈通电并自锁，其主触点闭合，使电动机定子绕组得到与正常运转相序相反的三相交流电源，电动机进入反接制动状态，电动机转速迅速下降。当电动机转速低于速度继电器动作值时，速度继电器常开触点断开复位，接触器 KM2 线圈断电，反接制动结束。

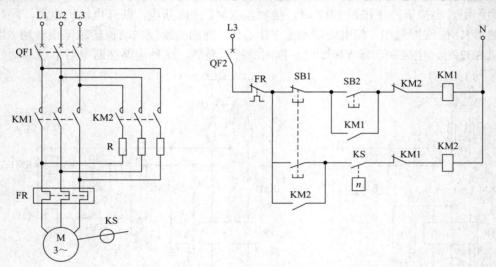

图 2-25　带制动电阻的电动机单向反接制动控制电路图

2.2.5　三相鼠笼式异步电动机的调速

调速就是在同一负载下能得到不同的转速，以满足生产过程的要求。例如各种切削机床的主轴运动随着工件与刀具的材料、工件直径、加工工艺的要求及走刀量的大小等的不同，要求有不同的转速，以获得最高的生产率和保证加工质量。如果采用电气调速，就可以大大简化机械变速机构。

三相鼠笼式异步电动机的转速公式为：

$$n = (1 - s)n_0 = \frac{60f_1(1-s)}{p}$$

可见，改变供电频率 f_1、电动机的极对数 p 及转差率 s 均可达到改变转速的目的。

1. 不同调速方法的对比

从调速的本质来看，不同的调速方式无非是改变交流电动机的同步转速或不改变同步转速两种。在生产机械中广泛使用不改变同步转速的调速方法，有绕线式电动机的转子串电阻调速、串级调速以及应用电磁转差离合器、液力偶合器、油膜离合器等调速。改变同步转速的调速方式有改变定子极对数的多速电动机，改变定子电压、频率的变频调速，无换向电动机调速等。

从调速时的能耗观点来看，有高效调速方法与低效调速方法两种：高效调速指调速时转差率不变，因此无转差损耗，如多速电动机、变频调速以及能将转差损耗回收的调速方法(如串级调速等)。有转差损耗的调速方法属低效调速，如转子串电阻调速方法，能量就损耗在转子回路中；电磁离合器的调速方法，能量损耗在离合器线圈中；液力偶合器调速，能量损耗在液力偶合器的油中。一般来说转差损耗随调速范围扩大而增加，假如调速范围不大，能量损耗是很小的。

1) 变极对数调速方法

这种调速方法是用改变定子绕组的接线方式来改变鼠笼式电动机定子极对数，达到调速的目的，特点如下：

(1) 具有较硬的机械特性，稳定性良好。

(2) 无转差损耗，效率高。

(3) 接线简单、控制方便、价格低。

(4) 有级调速，级差较大，不能获得平滑调速。

(5) 可以与调压调速、电磁转差离合器配合使用，获得较高效率的平滑调速特性。

本方法适用于不需要无级调速的生产机械，如金属切削机床、升降机、起重设备、风机、水泵等。

2) 变频调速方法

变频调速是改变电动机定子电源的频率，从而改变其同步转速的调速方法。变频调速系统中的主要设备是提供变频电源的变频器，变频器可分成"交流－直流－交流"变频器和"交流－交流"变频器两大类，目前国内大都使用"交－直－交"变频器。其特点如下：

(1) 效率高，调速过程中没有附加损耗。

(2) 应用范围广，可用于鼠笼式异步电动机。

(3) 调速范围大、特性硬、精度高。

(4) 技术复杂、造价高、维护检验困难。

本方法适用于要求精度高、调速性能较好的场合。

3) 改变转差率调速

对于绕线式异步电动机可采用转子回路串电阻的方法来实现改变转差率调速。电动机的转差率 s 随着转子回路电阻的变化而变化，使电动机工作在不同的人为特性上，以获得不同转速，从而实现调速的目的。

2. 变极调速控制线路介绍

改变极对数主要是通过改变电动机绕组的接线方式来实现的。接线方式的改变，可以用手动控制，也可以采用时间继电器按照时间原则来控制。变极电动机一般有双速、三速和四速之分。双速电动机定子可装一套绕组，也可装两套绕组。三速和四速电动机定子一般装两套绕组。

图 2-26 所示是双速电动机三相绕组的连接图。图 2-26(a)为三角形(四极、低速)与双星形(两极、高速)连接法；图 2-26(b)为星形(四极、低速)与双星形(两极、高速)连接法。"三

角形-双星形"换接属于恒功率调速，"星形-双星形"换接属于恒转矩调速。

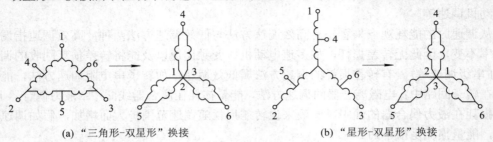

(a) "三角形-双星形"换接　　　　　　　(b) "星形-双星形"换接

图 2-26　双速电动机三相绕组的换接方式

电动机低速运行时，三相绕组端子的 1、2、3 端分别接入三相电源的 L1、L2、L3。在电动机高速运行时，4、5、6 端分别接入三相电源的 L1、L2、L3。

双速电动机自动变极调速控制线路如图 2-27 所示。图中接触器 KM1 工作时，电动机为低速运行；接触器 KM2、KM3 工作时，电动机为高速运行。SB2、SB3 分别为低速和高速启动按钮。按下低速启动按钮 SB2，接触器 KM1 通电并自锁，电动机接成三角形，低速运转；若按下高速启动按钮 SB3 则直接启动，首先接触器 KM1 线圈通电并自锁，时间继电器 KT 线圈通电自锁，电动机开始低速运转；当时间继电器 KT 延时时间到，KT 的延时断开常闭触点先断开，使接触器 KM1 线圈断电，然后 KT 的延时闭合常开触点闭合，使接触器 KM2、KM3 线圈通电并自锁，使电动机自动切换到高速运转。同时 KM3 的辅助常闭触点断开，使 KT 线圈断电。这个控制电路中先低速后高速的控制，目的是限制启动电流。

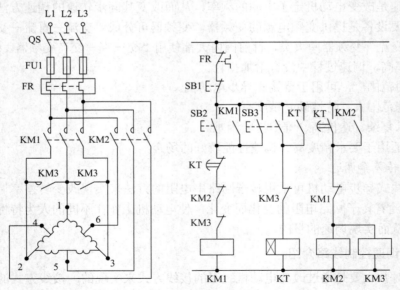

图 2-27　双速电动机变极调速控制电路图

双速电动机调速可以适应不同负载性质的要求。如需要恒功率时可采用"三角形-双星形"换接法；如需要恒转矩调速时用"星形-双星形"换接法。双速电动机调速的优点是控制线路简单、维修方便。缺点是有级调速，变极调速通常要与机械变速配合使用，以扩大其调速范围。

下面再介绍两种双速电动机的典型控制电路。

(1) 带 1 套绕组、1 个旋转方向的手动变极双速电动机控制电路，如图 2-28 所示，图 2-28(a)是主电路，图 2-28(b)是控制电路。

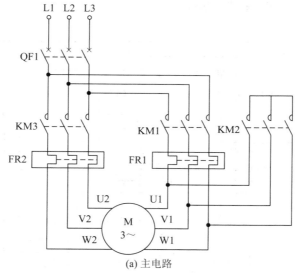

(a) 主电路

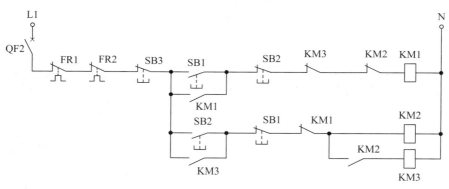

(b) 控制电路

图 2-28　带 1 套绕组、1 个旋转方向的手动变极双速电动机控制电路图

工作过程分析如下：

接通：按下按钮 SB1，接触器 KM1 线圈通电并自锁，KM1 主触头闭合，电动机被接通在低挡转速。

变换：按下按钮 SB2，接触器 KM1 通过按钮 SB2 的常闭触头获得分断指令，而接触器 KM2 通过按钮 SB2 的常开触头获得接通指令。当接触器 KM1 的常闭触头处于闭合状态时，接触器 KM2 的接通指令方才有效，自锁触头 KM2 闭合。通过 KM2 的常开触头接通接触器 KM3，电动机被接通在高档转速。

用相反的顺序可从高速变换到低速。

分断：按下按钮 SB3，接触器 KM1 或 KM2 和 KM3 断电释放，电动机停止。

备注：如果电动机在两种转速时的额定电流相互只有很少的差异，且可用具有相同整定范围的热继电器 FR1 和 FR2，则控制电动机的接触器 KM1 和 KM3 允许使用一个公共的空气开关保护装置。否则，应使用两个保护器件分别保护。

(2) 带 1 套绕组、2 个旋转方向的手动变极双速电动机控制电路，如图 2-29 所示，图 2-29(a)是主电路，图 2-29(b)是控制电路。

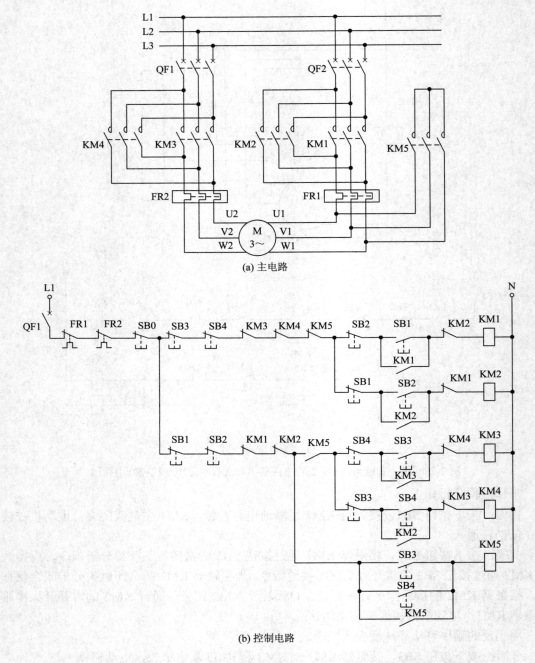

(a) 主电路

(b) 控制电路

图 2-29　带 1 套绕组、2 个旋转方向的手动变极双速电动机控制电路图

工作过程分析如下：

接通，例如用于电动机右转(按顺时针方向转)：按钮 SB1 操作接触器 KM1，自锁触头 KM1 闭合，电动机被接通在低挡转速。

变换到高挡转速：操作按钮 SB3，接触器 KM1 通过按钮 SB3 的常闭触头获得分断指令，且星形接触器 KM5 和接触器 KM3 通过按钮 SB3 的常开触点获得接通指令。当接触器 KM1 的常闭触头处于闭合状态时，星形接触器 KM5 的接通指令才有效。当接触器 KM5 的常开触头处于闭合状态时，接触器 KM3 的接通指令才有效。接触器 KM5 和 KM3 的自锁触头闭合，电动机被接通在高挡转速。

变换到低挡转速：用相反的顺序进行变换。

变换到向左旋转(按逆时针方向旋转，高速)：操作按钮 SB4，通过按钮 SB4 的常闭触头分断接触器 KM3，接触器 KM4 通过按钮 SB4 的常开触头获得接通指令。当接触器 KM3 的常闭触头处于闭合状态时，这一接通指令才有效。电动机被接通在向左旋转(逆时针旋转) 的高挡转速。

变换到向左旋转(按逆时针方向旋转，低速)：低速时的变换过程是通过操作按钮 SB2，它与高速时变换过程在实质上是相同的。

分断：操作按钮 SB0，分断各个已被接通的接触器，从而使电动机停止。

2.3　电气控制线路的分析与设计方法

2.3.1　电气控制线路的分析方法

设备电气控制线路的分析应从了解设备的结构组成和工作原理入手，通过阅读设备说明书，了解各种电动机及执行元器件的控制方式、位置及作用，各种与机械有关的位置开关、主令电器的状态，了解设备的操作、使用和维护基本要求，进而分析设备的电气控制线路。

1. 阅读设备说明书

设备说明书主要包括机械和电气两部分的内容。在分析设备的控制线路时首先要阅读这两部分的相关说明，了解以下内容：

(1) 设备的结构组成及工作原理、设备传动系统的类型及驱动方式、主要技术性能、规格和运动要求等。

(2) 电气传动方式，包括电动机和执行电器的数目、规格型号、安装位置、用途及控制要求等。

(3) 设备的使用方法，包括各操作手柄、按钮、旋钮、指示装置的布置及其在控制线路中的作用。

(4) 与机械、液压部分直接关联的电器(如行程开关、电磁阀、电磁离合器、接近开关、光电开关等)的位置、工作状态及其与机械、液压部分的关系等。

2. 设备电气控制原理图分析

在掌握了生产设备及电气控制系统的构成、运动方式、相互关系，以及掌握各电动机和执行电器的用途和控制方式等基本条件之后，即可对设备控制线路进行具体的分析。电气控制原理图是控制线路分析的中心内容，一般由主电路、控制电路、其他辅助电路(包括照明、保护、设备状态显示等)组成。

分析电气原理图的一般原则是：先主后辅、化整为零、顺藤摸瓜、集零为整、安全保护和全面检查。通常是以某一电动机或电器元件(如接触器或继电器线圈)为对象，从电源开始，按照从上到下、从左到右的顺序，逐一分析其接通及断开的关系(逻辑条件)，并区分出主令信号、联锁条件和保护要求等。并通过阅读图区编号、图区功能表、触点检索图表等，分析出各控制条件与输出的因果关系。电气原理图的分析方法与步骤如下：

(1) 分析主电路。按照"先主后辅"的原则，分析线路应从主电路入手，从主电路的构成可分析出电动机或执行电器的类型、工作方式、启动、转向、调速和制动等基本控制要求。

(2) 分析控制电路。主电路的控制功能是通过控制电路来实现的。按照"化整为零"、"顺藤摸瓜"的原则，将控制线路按功能不同划分成若干个局部控制线路，从电源和主令信号开始，经过逻辑判断，写出控制过程。

(3) 分析辅助电路。辅助电路包括执行器件的工作状态显示、电源显示、参数测定、照明和故障报警等部分。辅助电路中很多部分是由控制电路中的器件控制的，所以在分析辅助电路时还要回过头来对照控制电路进行分析。

(4) 分析联锁与保护环节。为保证生产设备的安全性和可靠性，在控制线路中还设置了一系列的安全保护和电气联锁环节。在电气控制原理图的分析过程中，电气联锁与安全保护环节是一个重要内容，不能遗漏。

(5) 总体检查。经过"化整为零"，逐步分析了每一局部电路的工作原理以及各部分之间的控制关系之后，还必须用"集零为整"的方法，检查整个控制线路，看是否有遗漏。特别要从整体角度去进一步检查和理解各控制环节之间的联系，以达到清楚地理解设备电气控制原理的作用。

2.3.2 电气控制线路设计的原则和方法

在机电系统设计中，机械设计和电气设计是两项主要的设计内容，并且电气设计通常是和机械设计同时开始和同时进行的。电气设计一般包括以下两部分内容：一是确定电气传动方案和选择电动机。电气传动方案是指采用交流还是直流电动机；选择电动机是指选择电动机的型号及容量。二是设计电气控制线路，主要包含两个方面：一方面是指设计电气图纸，主要有电气原理图、电器元件布置图、电气安装接线图；另一方面是指根据电气设计要求选择电器元件。

电气控制线路的设计基本要求是，在经济、安全的前提下，最大限度地满足设备的工艺要求。由于设计灵活多样，不同设计人员设计出来的线路可能完全不同，甚至面目全非，因此要设计出满足电气标准和工艺要求的最为合理的电气控制线路，设计人员除了不断丰富自己的知识、开阔思路外，还须遵循一定的电气设计原则。

1. 最大限度地满足机电系统和工艺对电气控制线路的要求

在机械设计人员提供了生产工艺要求后，需要电气设计人员深入现场对同类或接近的产品进行调查，收集资料，加以分析和综合，从而作为设计电气控制线路的依据。并在此基础上来考虑控制方式、启动、反向、制动及调速的要求，设置各种联锁及保护装置。

2. 在满足系统要求的前提下，力求使控制线路简单、经济

请注意以下几点：

(1) 尽量选用标准的、常用的或经过实际考验过的环节和线路。

(2) 尽量缩短连接导线的数量和长度。

(3) 尽量减少电器的数量和型号，采用标准件，以减少备用量。

(4) 尽量减少不必要的触点，简化电路，提高工作的可靠性。

(5) 线路在工作时，除必要的电路必须通电外，其余的尽量不通电以节约电能和延长电器的使用寿命。

3. 保证控制线路工作的可靠性

保证电气控制线路工作的可靠性，最主要的是选择可靠的电器元件。同时，在具体的电气控制线路设计上要注意以下几点：

(1) 正确连接电器的线圈。

(2) 正确连接电器的触点。

(3) 在频繁操作的可逆线路中，正反向接触器之间应有电气联锁和机械联锁。

(4) 在电气控制线路中应尽量避免许多电器依次动作才能接通另一个电器的控制线路。

(5) 设计的电气控制线路应能适应所在电网情况，并据此决定电动机的启动方式是直接启动还是降压启动。

(6) 防止出现寄生电路。

4. 控制线路工作的安全性

电气线路应具有完善的保护环节，用以保护电网、电动机及其他电器元件，消除不正常工作时的有害影响，避免因误操作而发生事故。在电气控制系统中，常用的保护环节有短路、过流、过载、过压、欠压、失压和极限等，另外还设有设备状态显示。

5. 操作和维修方便

电器元件应留有备用触头，必要时应留有备用电器元件，以便检修、调整、改接线路；应设置隔离电器，以免带电检修。控制机构应操作简单、便利，能迅速而方便地由一种控制形式转换到另一种控制形式，例如由手动控制转换到自动控制等。

电气控制线路的设计方法主要有两种，简单叙述如下。

1) 经验设计法

所谓经验设计法就是根据机电系统对电气控制线路的要求，首先设计出各个独立环节的控制电路或单元电路，然后根据工艺要求找出各个控制环节之间的相互关系，进一步拟定联锁控制电路及进行辅助电路的设计，最后再考虑减少电器与触头数目，取得较好的设

计效果。这种方法为一般工程技术人员所常用。

电气控制线路设计包括主电路、控制电路和辅助电路等的设计。

(1) 主电路设计主要考虑电动机的启动、点动、正反转、制动及多速电动机的调速。

(2) 控制电路设计主要考虑如何满足电动机的各种运转功能及系统工艺要求，包括实现系统自动或半自动的控制等。

(3) 辅助电路设计主要考虑如何完善整个控制电路的设计，包括短路、过载、欠压失压、联锁、照明、信号和通电测试等各种保护环节。

(4) 反复审核电路是否满足设计原则。进行模拟试验，直至电路动作准确无误，并逐步完善整个电气控制线路的设计。

2) 逻辑设计法

采用经验设计法来设计继电接触式控制线路，对于同一个工艺要求往往会设计出各种不同结构的控制线路，并且较难获得最简单的控制线路。而逻辑设计法从工艺资料(工作流程图、液压系统图等)出发，将控制线路中的接触器和继电器线圈的通电与断电、触点的闭合与断开、主令元件的接通与断开等看成逻辑变量，并将这些逻辑变量关系表示为逻辑函数关系式，再运用逻辑函数基本公式和运算规律对逻辑函数式进行化简，然后按化简后的逻辑函数式画出相应的控制线路图，最后再作进一步检查、化简和完善工作，以期获得最佳设计方案，使设计出的控制线路既符合工艺要求，又使线路简单、工作可靠、经济合理。

在遵循以上电气设计原则和设计方法的基础上，按照以下的步骤，就可初步进行控制项目的设计。

(1) 找出控制对象的启动、停止信号。

(2) 如果有约束条件，则找出相应的启动、停止的约束条件。

(3) 按照以上的设计方法，画出被控制对象的控制电路图。

(4) 根据控制工艺要求做进一步的检查工作，如加上必要的保护和互锁环节等，完善控制电路。

例 2-1 假设图 2-30 中的运煤小车开始时停在左限位开关 SQ1 处。按下右行启动按钮 SB1，小车右行，到达限位开关 SQ2 处时停止运动，6 s 后小车自动返回至起始位置。要求运煤小车在运行过程中可按要求向左运行、向右运行和停车，并具有适当的保护。

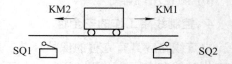

图 2-30　运煤小车工作示意图

解： (1) 设计思路分析：该运煤小车能向左、右运行，并且能在运行过程中按要求向左、向右运行转换，这就要求驱动运煤小车运行的电动机具有正反转的功能，并且能完成直接反转的控制。因此本小车的控制线路可在常用的电动机直接反转控制线路基础上，再添加上小车的其他控制要求，就可逐步完成控制线路设计。

(2) 控制分析：假设电动机正转时小车右行，那么电动机反转时小车将左行；小车向右运行到 SQ2 处停车，并且 6 s 后自动向左行，那么 SQ2 就是电动机正转的一个停止信号，定时为 6 s 的时间继电器的触点就是电动机反转的一个启动信号；当小车向左运行至 SQ1 处时自动停车，那么 SQ1 就是电动机反转的一个停止信号。

基于以上分析，运煤小车控制系统设计中需要的输入元件有：右行启动按钮 SB1、左行启动按钮 SB2、停止按钮 SB3、左限位开关 SQ1、右限位开关 SQ2、过载保护用热继电器 FR；输出元件有：正转控制用接触器 KM1、反转控制用接触器 KM2。

(3) 设计的运煤小车控制电路图如图 2-31 所示。

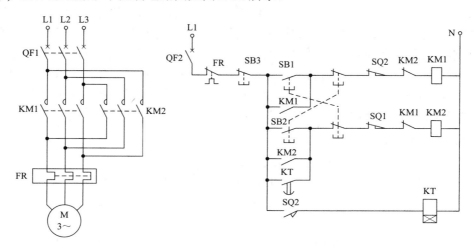

图 2-31　运煤小车控制电路图

2.4　典型设备的电气控制线路分析

卧式车床是一种应用极为广泛的金属切削加工机床，主要用来加工各种回转类零件的表面、螺纹，还可完成钻孔、铰孔等加工。

卧式车床通常由一台主电动机拖动，经由机械传动链，实现切削主运动和刀具进给运动的输出，其运动速度由变速齿轮箱通过手柄操作进行切换。刀具的快速移动、冷却泵和液压泵等常采用单独的电动机驱动。不同型号的卧式车床，其主电动机的工作要求不同，因而具有不同的控制线路。下面以 C650 型卧式车床电气控制系统为例，进行电气控制线路分析。

1. 机床的主要结构和运动形式

C650 型卧式车床属于中型车床，车床的结构简图如图 2-32 所示。

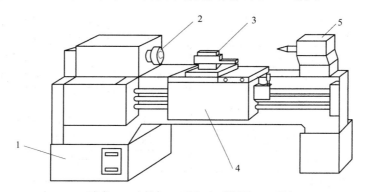

1—床身；2—主轴；3—刀架；4—溜板箱；5—尾架

图 2-32　C650 型卧式车床结构简图

C650 型卧式车床主要由床身、主轴、刀架、溜板箱和尾架等部分组成。该车床有两种主要运动：一种是安装在床身主轴箱中的主轴转动，称为主运动；另一种是溜板箱中的溜板带动刀架的直线运动，称为进给运动。刀具安装在刀架上，与滑板一起随溜板箱沿主轴轴线方向实现进给移动，主轴的转动和溜板箱的移动均由主电动机驱动。由于加工的工件直径比较大，加工时其转动惯量也比较大，需停车时不易立即停止转动，因此必须有停车制动的功能，较好的停车制动是采用电气制动方法。为了加工螺纹等工件，主轴需要正、反转。主轴的转速应随工件的材料、尺寸、工艺要求及刀具的种类不同而变化，因此要求在相当宽的范围内可进行速度调节。在加工过程中，还需提供切削液，并且为减轻工人的劳动强度和节省辅助工作时间，而要求带动刀架移动的溜板能够快速移动。

2. 电力拖动及控制要求

从车床的加工工艺出发，对拖动控制有如下要求：

(1) 主电动机 M1 完成主轴主运动和溜板箱进给运动的驱动。M1 采用直接启动方式，可正、反两个方向旋转，并可进行正、反两个旋转方向的电气停车制动。为了加工调整方便，还应具有点动功能。

(2) 冷却泵电动机 M2 完成冷却泵的驱动，为工件加工时提供切削液。M2 采用直接启动及停止方式，并且为连续运行工作方式。

(3) 快速移动电动机 M3 拖动刀架快速移动，还可根据使用要求点动运行。

(4) 设备应具有必要的安全保护和照明装置。

3. 电气控制线路分析

C650 型卧式车床的电气控制线路如图 2-33 所示，其控制系统中设备及输入、输出元件功能说明如表 2-1 所示。

表 2-1　C650 型卧式车床控制系统设备及输入、输出元件功能说明

符号	名称及用途	符号	名称及用途
SB1	总停按钮	M1	主电动机
SB2	主电动机正向点动按钮	M2	冷却泵电动机
SB3	主电动机正向启动按钮	M3	刀架快速移动电动机
SB4	主电动机反向启动按钮	KM1	主电动机正转控制用接触器
SB5	冷却泵电动机停止按钮	KM2	主电动机反转控制用接触器
SB6	冷却泵电动机启动按钮	KM3	短接限流电阻用接触器
SA1	刀架快速移动手柄	KM4	冷却泵电动机控制用接触器
SA2	照明灯开关	KM5	快移电动机控制用接触器
QS	隔离开关	KA	中间继电器
FU1~FU6	熔断器	KT	时间继电器
FR1	主电动机过载保护	KS	速度继电器
FR2	冷却泵电动机过载保护	EL	照明灯
R	限流电阻	TC	控制变压器
A	电流表	TA	电流互感器

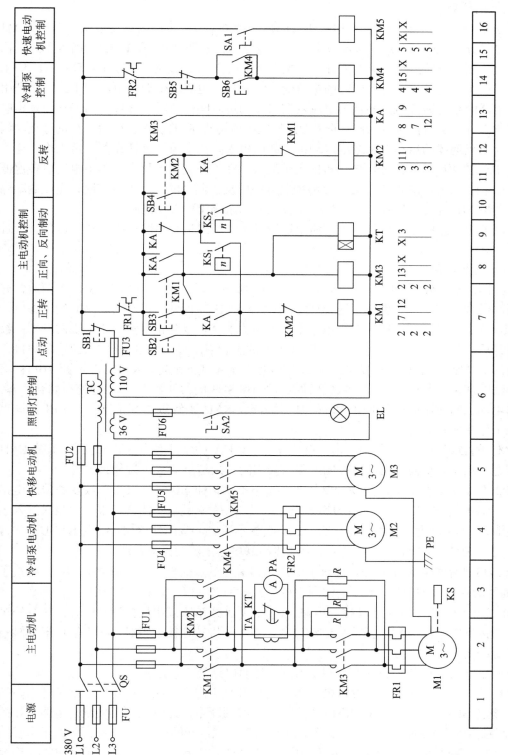

图 2-33 C650 型卧式车床的电气控制线路

1) 主电路分析

图 2-33 所示主电路中有三台电动机，隔离开关 QS 合上，引入三相电源。电动机 M1 的电路接线分为三个部分：第一部分由正、反控制用接触器 KM1 和 KM2 的两组主触点构成电动机的正、反转接线；第二部分是电流表 A 经电流互感器 TA 接在主电动机 M1 的主电路上，以监视电动机绕组工作时的电流变化。为防止电流表受启动电流冲击损坏，利用时间继电器的延时断开常闭触点将电流表在启动的短时间内暂时短接掉；第三部分是串联电阻控制部分，交流接触器 KM3 的主触点控制限流电阻 R 的接入和切除。在进行点动调整时，为防止连续的启动电流造成电动机过载而串入限流电阻，保证设备正常工作。速度继电器 KS 的速度检测部分与电动机的主轴连接，在停车制动过程中，当主电动机转速低于 KS 的动作值时，KS 的常开触点可将控制电路中反接制动的相应电路切断，完成制动停车。电动机 M2 由接触器 KM4 控制，电动机 M3 由接触器 KM5 控制。

为保证主电路的正常运行，主电路中还设置了熔断器进行短路保护、热继电器进行过载保护。

2) 控制电路分析

(1) 主电动机 M1 的正反转启动与点动控制。按下正转启动按钮 SB3，SB3 的两对常开触点同时闭合，其中一对触点(7 区)使交流接触器 KM3 线圈和时间继电器 KT 线圈通电，KT 的延时断开常闭触点(3 区)在主电路中短接电流表 A，以防止电流对电流表的冲击；经延时断开后，电流表接入电路正常工作；KM3 的主触点(2 区)将主电路中限流电阻短接，同时它的辅助常开触点(13 区)闭合，使中间继电器 KA 线圈通电，KA 的常闭触点(9 区)将停车制动的基本电路切除，KA 的常开触点(8 区)和 SB3 的常开触点(7 区)都处在闭合状态，控制主电动机的交流接触器 KM1 线圈通电并自锁，KM1 主触点(2 区)闭合，电动机正向直接启动工作完成。

KM1 的自锁电路由它的辅助常开触点(7 区)和 KA 的常开触点(8 区)组成，保持 KM1 的连续通电状态。反向直接启动控制过程与其相同，只是启动按钮为 SB4。

SB2 是主电动机 M1 的点动控制按钮。按下点动按钮 SB2，使 KM1 线圈直接通电，M1 正向启动，这时 KM3 线圈并没有通电，因此 KM3 主触点不闭合，限流电阻只接入主电路限流，KM3 辅助常开触点不闭合，KA 线圈不通电，从而使 KM1 线圈电路形不成自锁。当松开 SB2，M1 停转，实现了主电动机串联电阻限流的点动控制。

图 2-33 所示的控制电路中，通过中间继电器 KA 触点的转换和数量放大作用，解决了 KM3 辅助触点不够的问题。KA 的线圈也可以直接和 KM3 的线圈并联使用。

(2) 主电动机 M1 反接制动控制电路。C650 型卧式车床采用反接制动的方式进行停车制动。当按下停车按钮 SB1 后开始制动过程，当电动机转速接近零时，速度继电器的触点打开，制动结束。

下面以电动机正转时进行停车制动为例，说明电路的工作过程。

当电动机正向运转时，速度继电器 KS 的常开触点闭合，制动电路处于准备状态，按下停车按钮 SB1，KM1 线圈、KM3 线圈、KA 线圈断电，此时控制反接制动电路工作的 KA 常闭触点(9 区)复位闭合，与已闭合的 KS 的第二对常开触点(9 区)一起，接通了反转接触器 KM2 线圈回路，使电动机接入反相序电流，M1 进入反接制动状态，电动机转速迅速下降。当电动机转速低于速度继电器动作值时，KS 常开触点断开复位，接触器 KM2 线圈断电，正转的反接制动结束。

在反接制动过程中，KM3 线圈不得电，所以限流电阻 R 一直起限制反接制动电流的作用。反转的反接制动工作过程和正转时相似。在反转状态下，KS 的第一对常开触点(8 区)闭合，当反转制动时，接通接触器 KM1 的线圈电路，反接制动开始。

(3) 刀架快移电机 M3 和冷却泵电动机 M2 的控制。刀架快速移动是通过转动刀架手柄 SA1，使接触器 KM5 线圈通电，KM5 的主触点闭合，使电动机 M3 启动运行，并经机械传动系统驱动溜板带动刀架快速移动。

启动按钮 SB6 和停止按钮 SB5 控制接触器 KM4 线圈电路的通断，完成对冷却泵电动机 M2 的控制。

(4) 辅助电路。旋钮 SA2 用来控制照明灯 EL。

4．C650 型卧式车床电气控制线路的特点

(1) 主电动机 M1 具有正反转控制和点动控制功能，并设置有监视电动机绕组工作电流变化的电流表和电流互感器。

(2) 该车床采用反接制动的方法控制 M1 的正反转制动，使主电动机准确停车。

(3) 能够进行刀架的快速移动。

典型设备摇臂钻床电气原理图

习　题

2-1　常用的电气工程图有哪几种？各有什么用途？

2-2　电气原理图一般分为哪几部分？简述电气原理图的绘制原则。

2-3　什么是"自锁"？什么是"互锁"？

2-4　请叙述电动机单向连续运行控制线路的组成、工作过程和保护环节。

2-5　说明电动机点动控制、正反转控制、多点控制线路的工作原理。

2-6　在电动机的正反转控制线路中，若正转接触器和反转接触器同时通电，会发生什么现象？

2-7　机床设备电气控制线路常设置哪些保护环节？

2-8　三相鼠笼式异步电动机在什么条件下可采用直接启动方式？试设计带有短路、过载、失压保护的电动机直接启动的控制线路，包括主电路和控制电路。并对所设计的电路进行简要说明，指出哪些元器件在电路中完成了哪些保护功能？

2-9　在电动机的主电路中，既然装了熔断器，为什么还要装热继电器，它们各起什么作用？

2-10 在电动机的正反转控制线路中，电气互锁和机械互锁有何不同？

2-11 在机械互锁的正反转控制线路中，电气互锁触点是否可以省略？为什么？

2-12 分析图 2-34 中各控制线路能否实现电动机的起停控制？说明原因。

2-13 设计电动机 M 能三地启停的控制线路(即在三个地方均可启动和停止)。

2-14 设计一个四人抢答器控制线路。

2-15 分析图 2-16 电气线路图，并回答问题。

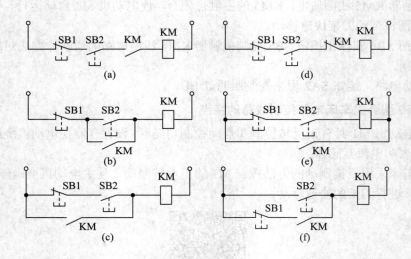

图 2-34 习题 2-12 图

(1) 找出控制回路中的自锁触点，它起什么作用？

(2) 找出控制回路中的电气互锁触点，它起什么作用？

(3) 找出控制回路中的机械互锁触点，它起什么作用？

(4) 写出此电气控制线路的保护环节。

2-16 图 2-35 是电厂常用的闪电电源控制线路，当发生故障时，事故继电器 KA 的常开触点闭合，试分析图中指示灯 HL 发出闪光信号的工作原理。其中 KT1、KT2 的延时时间均为 1 s。

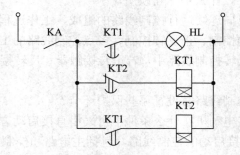

图 2-35 习题 2-16 图

2-17 分析图 2-18 的电气线路，若 SQ2 失灵，会出现什么现象？

2-18 分析图 2-19 的电气线路的功能。如控制要求改为 M1 启动后 M2 才能启动，停止工作时要求两台电动机同时停止，请设计控制电路图。

2-19　分析图 2-20 的电气线路，叙述它的工作过程，其中时间继电器 KT 的延时时间为 5 s。并说明控制线路中接触器 KM2 的辅助常闭触点的作用。

2-20　简述分析电气原理图的一般步骤。

2-21　分析图 2-22 电气线路的功能，说明工作过程。

2-22　分析图 2-23 电气线路的功能，说明工作过程。

2-23　分析图 2-24 电气线路的功能，说明工作过程。

2-24　分析图 2-25 电气线路的功能，说明工作过程。

2-25　"星形-三角形"降压启动方法有什么特点？并说明其适用场合。

2-26　三相鼠笼式异步电动机的制动方式有哪几种？

2-27　三相鼠笼式异步电动机的调速方法有哪几种？

2-28　简述电气控制线路的装接原则和线路搭接工艺要求。

拓　展　题

电气控制线路设计案例

2-1　请观察学校大门口的电动门是如何动作的？设计其电气控制原理图。

2-2　什么是电气控制系统的工艺设计？主要包括哪些内容？

2-3　电气控制线路设计中，设备的运行指示和故障报警指示应如何设计？

2-4　试设计一台三相鼠笼式异步电动机的控制电路。要求：

(1) 能实现两地的启、停控制；

(2) 能实现点动调整；

(3) 要有短路和过载保护。

2-5　某机床的主轴和润滑油泵分别由两台三相鼠笼式异步电动机拖动，电动机均采用直接启动，工艺要求是：

(1) 主轴必须在润滑油泵启动后，才能启动；

(2) 主轴为正向运转，为调试方便，要求能正、反向点动；

(3) 主轴停止后，才允许润滑油泵停止；

(4) 具有必要的电气保护。

试设计主电路和控制电路，并对设计的电路进行简单说明。

2-6　试设计一个小车运行控制线路，小车由异步电动机拖动，其控制要求如下：

(1) 小车由原位开始前进，到终点后自动停止；

(2) 在终点停留 3 min 后自动返回原位停止；

(3) 在前进或后退途中任意位置都能停止或启动。

2-7　现有三台电动机 M1、M2、M3，要求启动顺序为：先启动 M1，经 T1 时间后启动 M2，再经过 T2 时间后启动 M3；停车时要求：先停止 M3，经过 T3 时间后再停止 M2，再经 T4 时间后停止 M1。三台电动机使用的接触器分别为 KM1、KM2 和 KM3。试设计这三台电动机的启/停控制线路。

实训项目2-1　电动机的单向连续运行控制

1．实训目的

(1) 熟悉低压断路器、交流接触器、热继电器、按钮等电器元件的使用方法，理解它们在控制电路中的作用。

(2) 掌握电动机单向连续运行控制的工作原理、控制线路的接线方法。

(3) 掌握"自锁"的设计方法和作用。

(4) 初步掌握电气控制线路的装接原则和工艺要求。

(5) 初步掌握电气控制线路的调试方法和步骤。

2．实训器材

(1) 电气控制实训台1个(含单极、三极低压断路器各1只，交流接触器1只，热继电器1只，红、绿色按钮各1只)。

(2) 电工工具1套(含万用表、电笔、剥线钳、压线钳、尖嘴钳、斜口钳、一字螺丝刀、十字螺丝刀等)。

(3) 三相异步电动机1台、按钮盒1只、接线端子板1个。

(4) 号码管、冷压接头、电线若干。

3．实训内容和步骤

电动机单向连续运行控制电路如图2-36所示。为了安装接线和调试维护，图2-36中各连接线标注出了线号。

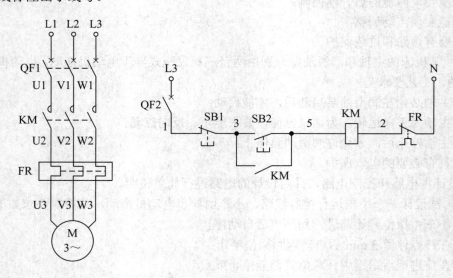

图2-36　电动机单向连续运行控制电路图

(1) 按图准备各控制电器，并检查控制电器的质量。

(2) 准备号码管，并按照电气原理图写出各线号待用。

(3) 按图正确选用导线，连接线路。切记接线时加套号码管，确保每处接线端子连接可靠。

(4) 自主检查线路，线路连接无误并确认后，通电调试。通电调试时要提高安全意识，不要用手直接接触带电部分。

(5) 分别按下启动按钮和停止按钮，观察电动机的运行情况。如发现故障应立即断开电源，分析原因，排除故障后再通电试验。

(6) 观察热继电器 FR 动作对线路的影响(用 TEST 键)。

4. 电气线路的安装和装接原则

1) 电气线路安装前的准备工作

(1) 熟悉电气原理图。

(2) 选择好控制电器。

(3) 准备好安装工具和检查仪表。

2) 电气线路接线步骤和方法

(1) 按要求固定好各控制电器和接线端子板。为便于接线和维修，设备电气控制柜所有的进出线(电源进线、电动机接线)要经过接线端子板连接。

(2) 导线连接。主电路用 BV 1.5 mm^2(黄、绿、红三色)电线，控制电路用 RV 0.75 mm^2 电线。导线连接的具体方法是：

(1) 了解电器元件之间导线连接的走向和路径。

(2) 根据导线连接的走向和路径及连接点之间的长度，选择合适的导线长度，并将导线的转弯处弯成 90°。

(3) 用剥线钳剥除导线端子处的绝缘层，套上导线的号码管，将剥除掉绝缘层的导线旋紧，装上冷压接头，用压线钳压紧。

(4) 所有导线连接完毕之后进行整理。做到横平竖直，导线之间没有交叉和重叠且相互平行。

3) 电气线路的装接原则和工艺要求

电气线路装接原则：应遵循"先主后控，先串后并；从上到下，从左到右；上进下出，左进右出"的原则进行接线。也就是在接线时应先接主电路，后接控制电路，先接串联电路，后接并联电路；并且按照从上到下，从左到右的顺序逐根连接；对于电气元件的进/出线，则必须按照上面为进线，下面为出线，左边为进线，右边为出线的原则接线，以免造成元件被短接或接错。

电气线路装接工艺要求："横平竖直，弯成直角；少用导线少交叉，多线并拢一起走。"意思是横线要水平，竖线要垂直，转弯要是直角，不能有斜线；接线时，尽量用最少的导线，并避免导线交叉，如果一个方向有多条导线，要并在一起，以免接成"蜘蛛网"。

在掌握上述接线步骤和原则的基础上，就可按照图 2-36 进行线路的连接。

5. 电气线路的检查

准备万用表，将万用表拨到测量线路通断的挡位，两表笔对接，听到蜂鸣声(或显示电阻为零)。

检查各空气开关、按钮、热继电器等电气元件是否处于原始位置；检查各种操作、复位机构动作是否灵活；检查保护电器的整定值是否达到要求；检查电动机有无卡壳现象。

1) 检查主电路

连接好电动机，检查主电路的步骤如下：

(1) 将万用表的两只表笔分别放在 U1、V1 处，手动按下接触器 KM 的测试钮，人为使其主触点闭合，此时万用表应显示一阻值，表示线路在导通状态。

(2) 第一只表笔不动，另外一支表笔移至 W1 处，同样操作接触器 KM，万用表的读数应同上。

(3) 再将表笔放在 V1、W1 处，同样操作接触器 KM，万用表的读数应同上。

如果万用表显示线路不导通，则检查有无接线端子连接不牢靠情况，并逐一排除。

2) 检查控制电路

(1) 将万用表的两只表笔分别放在 1 和 N 处，此时万用表应显示线路处于断开状态；再分别按下启动按钮 SB2 和 KM 测试钮，这时万用表均应显示线路处于导通状态。

(2) 如果实际情况没有按以上叙述状态显示，则第一只表笔不动，移动第二支表笔至线 2 处，重复以上测试过程，观察万用表的显示状态，如此时显示状态与(1)叙述相同(状态正确)，表示问题出在 2 和 N 之间，检查热继电器并修改正确。如万用表的显示状态仍不正确，则再继续往左移动第二支表笔，直至查出故障点。

检查线路正确后，才可以通电。

6. 电气线路通电调试

(1) 控制电路通电。合上 QF2，先接通控制电路电源。按下启动按钮 SB2，接触器 KM 线圈通电并保持，按下停止按钮 SB1，KM 线圈断电复位。当 KM 线圈通电时，按下热继电器 FR 的 TEST 键，KM 线圈也断电复位。

(2) 主电路通电。在上一步的基础之上，合上 QF1，再接通主电路电源。按下启动按钮 SB2，电动机连续运转。按下停止按钮 SB1，电动机停转。

通电后注意观察各种现象，如有异常，要立刻断开电源，并检查原因。未查明原因不得强行送电。通电调试结束后，断开 QF1、QF2。

7. 实训报告要求

(1) 画出实训用电气原理图，叙述电路的组成和工作过程。

(2) 写出实训操作步骤。

(3) 总结电气线路接线和调试过程中出现的问题及排除方法。

(4) 实训思考：三相异步电动机的点动、连续控制有何不同？什么是"自锁"？

实训项目 2-2　电动机的正/反转控制

1. 实训目的

(1) 掌握电动机正/反转控制的原理和方法，以及控制线路的接线方法。

(2) 掌握"互锁"的设计方法和作用。

(3) 掌握电气控制线路的装接原则和工艺要求。

(4) 掌握电气线路的检查和通电调试方法，能初步分析出现的故障原因，并排除。

2. 实训器材

(1) 电气控制实训台 1 个(含单极、三极低压断路器各 1 只，交流接触器 2 只，热继电器 1 只，红色按钮 1 只，绿色按钮 2 只)。

(2) 电工工具 1 套(含万用表、电笔、剥线钳、压线钳、尖嘴钳、斜口钳、一字螺丝刀、十字螺丝刀等)。

(3) 三相异步电动机 1 台、按钮盒 1 只、接线端子板 1 个。

(4) 号码管、冷压接头、电线若干。

3. 实训内容和步骤

电动机正/反转控制电路如图 2-37 和图 2-38 所示，选做其中一个。

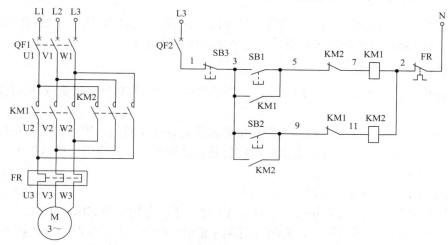

图 2-37 电气互锁的正/反转控制电路图

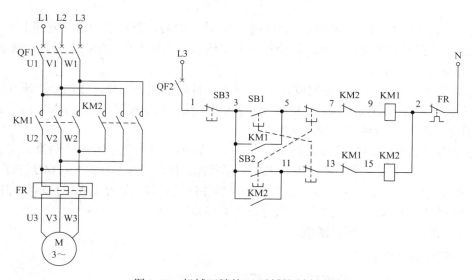

图 2-38 机械互锁的正/反转控制电路图

(1) 按图准备各控制电器，并检查控制电器的质量。

(2) 准备号码管，并按照电气原理图写出各线号待用。

(3) 按图正确选用导线，连接线路。切记接线时加套号码管，确保每处接线端子连接可靠。

(4) 自主检查线路，线路连接无误并请老师确认后，通电调试。通电调试时要提高安全意识，不要用手直接接触带电部分。

(5) 分别按下正转启动按钮、反转启动按钮和停止按钮，观察电动机的旋转方向是否相反，电动机的正/反转运行能否直接转换。如发现故障应立即断开电源，分析原因，排除故障后再通电试验。

(6) 观察热继电器 FR 动作对线路的影响。

4. 电气线路的安装

遵照电气线路的接线原则和工艺要求按图接线。注意主电路中 KM2 主触点的端子进出线要从 KM1 主触点的相应端子引出。其他要求同实训项目 2-1。

5. 电气线路的检查

准备万用表，将万用表拨到测量线路通断的挡位，两表笔对接，听到蜂鸣声(或显示电阻为零)。

检查各空气开关、按钮、热继电器等电器元件是否处于原始位置；检查各种操作、复位机构动作是否灵活；检查保护电器的整定值是否达到要求；检查电动机有无卡壳现象。

1) 检查主电路

连接好电动机，检查主电路的步骤如下：

(1) 将万用表的两只表笔分别放在 U1、V1 处，手动分别按下 KM1、KM2 的测试钮，人为使 KM1、KM2 主触点闭合，此时万用表应显示一阻值，表示线路在导通状态。

(2) 第一只表笔不动，另外一支表笔移至 W1 处，同样操作 KM1、KM2，万用表的读数应同上。

(3) 再将表笔放在 V1、W1 处，同样操作 KM1、KM2，万用表的读数应同上。

如果万用表显示线路不导通，则检查有无接线端子连接不牢靠情况，并逐一排除。

2) 检查控制电路

(1) 将万用表的两只表笔分别放在 1 和 N 处，此时万用表应显示线路处于断开状态；依次分别按下正转启动按钮 SB1、KM1 的测试钮、反转启动按钮 SB2、KM2 的测试钮，这时万用表均应显示线路处于导通状态。

(2) 如果实际情况没有按以上叙述状态显示，则第一只表笔不动，移动第二支表笔至线 2 处，重复以上测试过程，观察万用表的显示状态，如此时显示状态与(1)叙述相同(状态正确)，表示问题出在 2 和 N 之间，检查热继电器并修改正确。如万用表的显示状态仍不正确，则再继续往左移动第二支表笔，直至查出故障点。

检查线路正确后，才可以通电。

6. 电气线路通电调试

(1) 控制电路通电。合上 QF2，先接通控制电路电源。

① 图 2-37：按下正转启动按钮 SB1，接触器 KM1 线圈通电并保持，按下停止按钮 SB3，KM1 线圈断电复位。再按下反转启动按钮 SB2，接触器 KM2 线圈通电并保持，按下停止按钮 SB3，KM2 线圈断电复位。当 KM1 通电时，直接按下反转启动按钮 SB2，KM2 线圈不通电。

② 图 2-38：按下正转启动按钮 SB1，接触器 KM1 线圈通电并保持。接着再按下反转启动按钮 SB2，接触器 KM1 线圈断电释放，接触器 KM2 线圈通电并保持。接着再次按下正转启动按钮 SB1，接触器 KM2 线圈断电释放，接触器 KM1 线圈又通电并保持。按下停止按钮 SB3，KM1 线圈断电复位。

(2) 主电路通电。在上一步的基础之上，合上 QF1，接通主电路电源。

① 图 2-37：按下正转启动按钮 SB1，电动机正转。接着按下反转启动按钮 SB2，电动机运转状态不变。按下停止按钮 SB3，电动机停转。再次按下反转启动按钮 SB2，电动机反转。按下停止按钮 SB3，电动机停转。

② 图 2-38：按下正转启动按钮 SB1，电动机正转。接着按下反转启动按钮 SB2，电动机切换成反转。再次按下正转启动按钮 SB1，电动机又切换为正转。按下停止按钮 SB3，电动机停转。通电后注意观察各种现象，如有异常，要立刻断开电源，并检查原因。未查明原因不得强行送电。通电调试结束后，断开 QF1、QF2。

7. 实训报告要求

(1) 画出实训用电气原理图，叙述电路的组成和工作过程。

(2) 写出实训操作步骤。

(3) 总结电气线路接线和调试过程中出现的问题及排除方法。

(4) 实训思考。

① 电动机正反转操作的方式有哪些？如何实现？

② 电动机正反转控制电路中，两个接触器 KM1 和 KM2 的主触头应如何接线？如果 KM1 和 KM2 的主触头都接通，会发生什么情况？应在电路中采取哪些保护措施？

实训项目 2-3　电动机的自动顺序控制

1. 实训目的

(1) 掌握自动顺序控制的原理和方法，会正确使用时间继电器。

(2) 会在电气原理图上正确地标注导线号。

(3) 掌握自动顺序控制线路的接线方法。

(4) 掌握电气线路的检查和调试方法，能自主分析出现的故障原因并排除。

2. 实训器材

(1) 电气控制实训台 1 个(含单极、三极低压断路器各 1 只，交流接触器 2 只，热继电器 2 只，红色、绿色按钮各 1 只，时间继电器 1 只)。

(2) 电工工具 1 套(含万用表、电笔、剥线钳、压线钳、尖嘴钳、斜口钳、一字螺丝刀、十字螺丝刀等)。

(3) 三相异步电动机 2 台、按钮盒 1 只、接线端子板 1 个。

(4) 号码管、冷压接头、电线若干。

3. 实训内容和步骤

实训用电路图如图 2-39 所示。

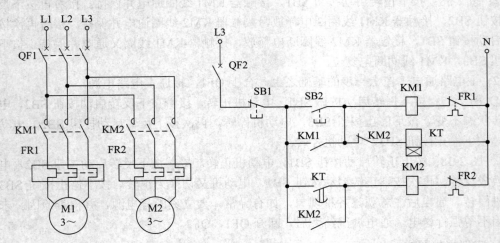

图 2-39 自动顺序控制电路图

(1) 按图准备各控制电器，并检查控制电器的质量。

(2) 在电气原理图上正确标注出线号，并准备号码管，按图写出各线号待用。

(3) 正确选用导线，连接线路。切记接线时加套号码管，确保每处接线端子连接可靠。

(4) 自主检查线路，线路连接无误并确认后，通电调试。通电调试时要提高安全意识，不要用手直接接触带电部分。

(5) 分别按下启动按钮 SB2 和停止按钮 SB1，观察两台电动机是否按要求自动顺序启动和停止。如发现故障应立即断开电源，分析原因，排除故障后再通电试验。

(6) 观察两只热继电器 FR1、FR2 动作对线路的影响。

4. 电气线路的安装

遵照电气线路的接线原则和工艺要求按图接线。观察主电路中两只接触器主触点的接线与电动机正反转控制中接线的不同，注意 KM2 主触点的端子进出线要从 KM1 主触点的相应端子引出。注意控制电路中时间继电器的通电延时闭合常开触点的接线端子的正确连接。其他要求同实训项目 2-1。

5. 电气线路的检查

准备万用表，将万用表拨到测量线路通断的挡位，两表笔对接，听到蜂鸣声(或显示电阻为零)。

检查各空气开关、按钮、热继电器等电器元件是否处于原始位置；检查各种操作、复位机构动作是否灵活；检查保护电器的整定值是否达到要求；检查电动机有无卡壳现象。

(1) 检查主电路。连接好两台电动机。检查方法同实训项目 2-2。

(2) 检查控制电路。合上 QF2。将万用表的两只表笔分别放在 L3 和 N 处，此时万用表应显示线路处于未导通状态。

① 按下按钮 SB2 时，万用表应显示 KM1 线圈电阻值；同时按下按钮 SB1 和 SB2，万用表应显示线路未导通，说明电动机 M1 启动和停止控制电路的接线正确。

② 按下接触器 KM1 测试钮时，万用表应显示 KM1 线圈电阻值，说明电动机 M1 启动电路自锁部分接线正确。

③ 强迫按下时间继电器 KT，延时后万用表应显示 KM2 线圈电阻值；松开 KT 后，万用表应显示线路未导通，说明电动机 M2 延时启动电路接线正确(注：当 KT 是空气阻尼式时间继电器时，可强迫按下；若为晶体管式，则此方法不适用)。

④ 按下接触器 KM2 测试钮时，万用表应显示 KM2 线圈电阻值，说明电动机 M2 启动电路自锁部分接线正确。

检查线路正确后，才可以通电。

6. 电气线路通电调试

(1) 控制电路通电。合上 QF2，先接通控制电路电源。按下启动按钮 SB2，接触器 KM1 线圈通电并保持，经过延时后，接触器 KM2 线圈通电并保持。按下停止按钮 SB1，接触器 KM1、KM2 线圈同时断电复位。

(2) 主电路通电。在上一步的基础之上，合上 QF1，接通主电路电源。按下启动按钮 SB2，电动机 M1 启动运转，经过延时后，电动机 M2 启动运转。按下停止按钮 SB1，电动机 M1、M2 同时停转。通电后注意观察各种现象，如有异常，要立刻断开电源，并检查原因。未查明原因不得强行送电。通电调试结束后，断开 QF1、QF2。

7. 实训报告要求

(1) 画出实训用电气原理图，叙述电路的组成和工作过程。

(2) 写出实训操作步骤。

(3) 总结电气线路接线和调试过程中出现的问题及排除方法。

(4) 实训思考。

① 如果按下 SB2 后，KM1、KM2 同时通电。请分析故障原因，说明可能是哪些地方接错了。

② 如果合上 QF2，KM2 线圈通电，而按下 SB2 后，KM1 线圈通电，过了一会，KM2 线圈断电。请分析故障原因，说明可能是哪些地方接错了。

电气控制线路设计案例

第3章 PLC的基本结构和工作原理

[学习导入]

为了满足人们对产品快速变化的需求，产品制造企业希望能用最短的时间生产出更多品种和高质量的产品。那么企业的生产设备和自动化生产线的控制系统如何能具有高的可靠性和灵活性来适应产品功能变化对生产设备控制提出的要求呢？

3.1 PLC 概 述

随着微处理器、计算机和数字通信技术的发展，计算机控制已经广泛地应用在所有的工业领域。现代社会要求制造业对市场需求能做出快速反应，生产出品种多、规格多、成本低和质量高的产品。为了满足这一要求，生产设备和自动化生产线的控制系统必须具有极高的可靠性和灵活性。可编程控制器就是顺应这一要求而出现的以 CPU 为核心的通用工业控制装置，它综合了计算机技术、自动控制技术和通信技术等现代科技技术，具有控制功能强、可靠性高、配置灵活、体积小、重量轻以及使用方便的优点，在工业生产中获得了广泛的应用，成为工业自动化领域中最重要、应用最多的一种控制器。

可编程逻辑控制器简称 PLC，是 Programmable Logic Controller 的缩写。PLC 现在已成为实现工业自动化的主要手段之一，与 Robot、CAD/CAM 并称为工业生产自动化的三大支柱。

3.1.1 PLC 的产生和定义

1. PLC 的产生

20 世纪 60 年代，随着市场的转变，工业生产开始由大批量少品种的生产转变为小批量多品种的生产方式，而当时这类大规模生产线的控制装置大都是由继电接触器组成控制系统，这种控制装置体积大、耗电多、可靠性低，尤其是改变生产程序很困难。1968 年，美国通用汽车制造公司(简称 GM)，为适应汽车型号的不断翻新，试图寻找一种新型的工业控制器，以尽可能减少重新设计和更换继电接触器控制系统的硬件及接线、减少时间，降低成本。因而设想把计算机的完备功能、灵活及通用等优点和继电接触器控制系统的简单易懂、操作方便、价格便宜等优点结合起来，制成一种适合于工业环境的通用控制装置，并把计算机的编程方法和程序输入方式加以简化，使不熟悉计算机的人也能方便地使用，即硬件减少，软件灵活简单。针对上述设想，通用汽车公司提出了如下 10 项招标指标。

(1) 编程简单，可在现场修改程序。

(2) 维护方便，最好是插件式结构。

(3) 可靠性高于继电器控制柜。

(4) 体积小于继电器控制柜。

(5) 可将数据直接送入管理计算机。

(6) 在成本上可与继电器控制柜竞争。

PLC 认识演示动画

(7) 输入可为市电。

(8) 输出可为市电，输出电流在 2 A 以上，可直接驱动电磁阀、接触器等。

(9) 系统扩展时原系统变更很少。

(10) 用户程序存储器容量大于 4 KB。

以上 10 条指标就是著名的"GM10 条"。针对这 10 项指标，控制器的生产厂家开始积极研制，1969 年美国数字设备公司(DEC)首先研制成功第一台可编程控制器，并在通用汽车公司的自动装配线上试用成功，取得了满意的效果。此后，1971 年日本开始生产可编程控制器，1973 年西欧一些国家也开始生产可编程控制器。这一时期，它主要用于取代继电器控制，只能进行逻辑运算，故称为可编程序逻辑控制器。我国从 1974 年开始研制，1977年开始工业应用。如今，PLC 已经大量应用在进口和国产设备中，各行各业也涌现了大批应用 PLC 改造设备的成果，并且已经实现了 PLC 的国产化，现在的生产设备越来越多地采用 PLC 作为控制装置。

2. PLC 的定义

国际电工委员会(IEC)在 1987 年 2 月颁布了 PLC 的标准草案(第三稿)，草案对 PLC 作了如下定义："可编程控制器是一种数字运算操作电子装置，专为在工业环境应用而设计。它采用可编程序的存储器，用来在其内部存储执行逻辑运算、顺序控制、定时、计数与算术运算等操作的指令，并能通过数字式或模拟式的输入/输出控制各种类型的机械或生产过程。可编程控制器及其有关外部设备，都按易于与工业控制系统连成一个整体，易于扩充其功能的原则设计的。"

由以上定义可知：可编程控制器是一种数字运算操作的电子装置，是直接应用于工业环境，用程序来改变控制功能，易于与工业控制系统连成一体的工业计算机。

3.1.2　PLC 的特点

PLC 是综合继电接触器控制技术和计算机控制技术而开发的，是以微处理器为核心，集计算机技术、自动控制技术、通信技术于一体的控制装置，PLC 具有其他控制器无法比拟的特点。

(1) 可靠性高、抗干扰能力强。用软件取代大量的 KV、KA、KT 等器件，实现开关量逻辑运算，克服了因继电器触头接触不良而造成的故障；输入采用直流低电压，更加可靠、安全；面向工业环境设计，采取了滤波、屏蔽、隔离等抗干扰措施，适应于各种恶劣的工业环境，远远超过了传统的继电器控制系统和一般的计算机控制系统。

(2) 编程简单、易于掌握。PLC 采用梯形图方式编写程序，与继电器控制逻辑的设计相似，具有直观、简单、容易掌握等优点。

(3) 控制系统结构简单，灵活，通用性好。只需在 PLC 的端子上接入相应的输入和输

PLC 外部接线演示动画

出信号线即可，不需要如继电器等物理器件和大量的硬接线线路。当控制要求改变时，只需要修改程序即可。

(4) 丰富的 I/O 模块，功能完善。内部具备大量的器件如 T、C 和 M 等，具有开关量逻辑控制功能和步进、计数功能；还具备模拟运算、显示、监控、打印及报表生成功能；还可与微机组成系统进行数据传送、闭环控制等满足各类控制要求。

(5) 体积小，操作维护方便。由于采用了单片机等集成芯片，其体积小、质量轻、结构紧凑、便于安装。PLC 的 I/O 系统能够直观地反映现场信号的变化状态，还能通过各种方式直观地反映控制系统的运行状态，如内部工作状态、通信状态、I/O 点状态、异常状态和电源状态等，有利于运行和维护人员对系统进行监视。

(6) 设计、施工、调试周期短。PLC 用软件取代了继电控制系统中大量的硬件，使控制柜的设计、安装、接线工作量大大减少。对于复杂的控制系统，设计梯形图的时间比设计继电控制电路图的时间要少得多。PLC 可以将现场系统调试过程中发现的问题通过修改程序来解决，而且还可以在实验室里模拟调试用户程序，系统的调试时间比继电控制系统少得多。

3.1.3　PLC 的分类

PLC 发展到今天，已经有很多种形式，而且功能也不尽相同，主要按以下原则来分类。

1. 按 I/O 点数划分

根据 PLC 的输入/输出(I/O)点数的多少，一般将 PLC 分为以下几类。

1) 小型 PLC

小型 PLC 的功能一般以开关量控制为主，I/O 总点数一般在 256 点以下，用户程序存储容量在 4 KB 左右。现在的高性能小型 PLC 还具有一定的通信能力和少量的模拟量处理能力。小型 PLC 可用于开关量控制、定时、计数控制、顺序控制等场合，通常代替继电器、接触器控制，在单机或小规模生产过程中使用。

典型的小型机有西门子公司的 S7-200 系列、OMRON 公司的 CPM2A 系列、AB 公司的 SLC500 系列和三菱公司的 FX 系列等整体式 PLC 产品。

2) 中型 PLC

中型 PLC 的 I/O 总点数在 256～2048 点之间，用户程序存储器容量达到 8 KB 左右。中型 PLC 不仅具有开关量和模拟量的控制功能，还具有更强的数字计算能力，它的通信功能和模拟量处理能力更强大。中型机的指令比小型机更丰富，中型机适用于复杂的逻辑控制系统，如大型注塑机控制、配料和称重等连续生产过程控制。

典型的中型机有西门子公司的 S7-300 系列、OMRON 公司 CJ1H 系列和三菱的 Q 系列的基本型等模块式 PLC 产品。

3) 大型 PLC

大型 PLC 的 I/O 总点数在 2048 点以上，用户程序存储器容量达到 16 KB 以上。大型 PLC 的性能已经与工业计算机相当，它具有计算、控制和调节的功能，还具有强大的网络结构和通信联网能力，有些 PLC 还具有冗余能力。它的监视系统采用 CRT 显示，能够表示过程的动态流程, 记录各种曲线, PID 调节参数等, 它配备多种智能板, 构成一台多功能系统。大型机适用于设备自动化控制、过程自动化控制和过程监控系统。

典型的大型机有西门子公司的 S7-400 系列、OMRON 公司的 CVM1 和 CS1 系列、三菱公司的 Q 系列等产品。

2. 按结构形式分类

根据 PLC 结构形式的不同, 可以分为整体式和模块式两类。

1) 整体式

整体式的 PLC 是将电源、CPU、存储器、输入/输出单元等各个功能部件集成在一个机壳内, 构成一个整体, 组成 PLC 的基本单元(主机)或扩展单元。基本单元上设有扩展接口, 通过扩展电缆与扩展单元相连。整体式 PLC 一般配有许多专用的特殊功能模块, 如模拟量处理模块、运动控制模块、通信模块等, 以构成 PLC 的不同配置, 从而具有结构紧凑、体积小、价格低等优点, 许多小型 PLC 多采用这种结构。如图 3-1(a)所示的三菱 FX 系列 PLC、图 3-1(b)所示的西门子 S7-200 系列等。

(a) 三菱 FX$_{2N}$ 系列 PLC　　　　　　　(b) 西门子 S7-200 系列 PLC

图 3-1　整体式 PLC 外形图

2) 模块式

模块式的 PLC 将各个功能部件做成独立模块, 如电源模块、CPU 模块、I/O 模块等, 然后进行组合, 通过框架底板连在一起。目前, 中、大型 PLC 多采用这种结构形式。模块式 PLC 的硬件配置方便灵活, I/O 点数的多少、输入点数与输出点数的比例、I/O 模块的使用等方面的选择余地都比整体式 PLC 大得多, 因此, 较复杂的系统和要求较高的系统一般选用模块式 PLC, 而小型控制系统中, 一般采用整体式结构的 PLC。图 3-2(a)和图 3-2(b)分别是三菱 Q 系列 PLC、西门子 S7-300 系列 PLC 的实物图。

(a) 三菱 Q 系列 PLC 的实物图　　　　　　(b) 西门子 S7-300 系列 PLC 的实物图

图 3-2　模块式 PLC 实物外形图

3. 按生产厂家划分

PLC 的生产厂家很多，以德国的西门子(SIEMENS)公司、美国的 AB(Allen-Bradley)公司、GE-Fanuc 公司、法国的施耐德(SCHNEIDER)公司以及日本的欧姆龙(OMRON)公司、三菱公司等为主，这几家公司占据着 PLC 的主要市场。

德国西门子公司的主流产品为 S7 系列机，有 S7-200(小型)、S7-300(中型)及 S7-400(大型)机。

美国 AB 公司主要生产 Logix 系列机。如 Control Logix、Flex Logix、Compact Logix、MicroLogix。GE-Fanuc 有 90-70 机、90-30 机，还推出控制与信息处理能力有很大提升的可编程自动化控制器，即 PAC Systems RX7i。

法国施耐德公司有 MODICON Quantum(大型、超大型机)、MODICON Premium(中型机)、MODICON Micro(小型机)等产品。

日本三菱公司的主流产品为 FX 系列机、Q 系列机。此外，在三菱公司 Q 系列高档机中，除了有常规的顺序控制 CPU 外，还推出运动控制 CPU、过程控制 CPU 及 PC(计算机) CPU，分别可进行运动控制、过程控制及信息处理。

国内也有一些正在发展中的 PLC 厂家，如中国无锡"华光-光洋"牌 PLC 以及台湾地区生产的台达 PLC。

3.1.4 PLC 的主要性能指标

PLC 性能指标有一般指标与技术指标两种。一般指标规定 PLC 的使用条件。如 PLC 的保存与使用温度、湿度、耐电压及绝缘指标、抗干扰指标、抗机械振动、冲击指标等。技术指标规定一些具体型号 PLC 的具体性能，如某型 CPU 模块，则要指出它的工作方式，指令条数、类型，执行一条指令的时间，可处理的输入、输出点数，内部器件的类型、数量，工作电源类型、电压允许的波动范围等。

具体性能规格是指 PLC 所具有的技术能力，其主要的基本技术性能指标如下：

(1) 扫描速度。一般指 PLC 的 CPU 执行指令的速度，单位是 us/步，有时也以执行 1000 步指令的时间计，单位为 ms/千步，通常为 10 ms，小型 PLC 的扫描时间可能大于 40 ms。

(2) I/O 点数。I/O 点数是指 PLC 外部 I/O 端子的总数，这是非常重要的一项技术指标。如 FX 系列的 I/O 点数最多为 256 点。

(3) 内存容量。一般小型机的存储容量为 1 KB 到几千字节，大型机则为几十千字节，甚至(1～2) MB，通常以 PLC 所能存放用户程序的多少来衡量。在 PLC 中，程序指令是按"步"存放的，而一条指令往往不止一步，一步占用一个地址单元，一个地址单元一般占用 2B。

(4) 指令系统。PLC 指令的多少是衡量其软件功能强弱的主要指标。PLC 具有的指令种类越多，它的软件功能则越强。

(5) 内部寄存器。PLC 内部有许多寄存器用以存放变量状态、中间结果和数据等，还有许多辅助寄存器给用户提供特殊功能，以简化程序设计。因此，寄存器的配置情况是衡量 PLC 硬件功能的一个指标。

(6) 特殊功能模块。PLC 除了具备实现基本控制功能的基本单元外，还可配置各种特殊功能模块，以实现一些专门功能。目前，各生产厂家提供的特殊功能模块种类越来越多，功能越来越强，成为衡量 PLC 产品水平高低的一个重要标志。常用的特殊功能模块有：模拟量输入、输出模块，高速计数模块，温度控制模块，位置控制模块，定位模块，远程通信模块，高级语言编程以及各种物理量转换模块等。这些功能模块使 PLC 不但能进行开关量顺序控制，而且能进行模拟量控制、定位控制和速度控制，还可以和计算机通信。

3.1.5　PLC 的应用领域和发展趋势

1. PLC 的应用领域

随着 PLC 的性能价格比的不断提高，过去许多采用专用计算机或继电器控制的场合，都可使用 PLC 来代替。PLC 的应用范围不断扩大，主要有以下几个方面。

PLC 应用领域演示动画

手动控制卷帘门
演示动画

自动控制卷帘门
演示动画

(1) 开关量逻辑控制。这是 PLC 最基本、最广泛的应用。PLC 具有"与"、"或"、"非"等逻辑指令，可以实现触点和电路的串、并联，代替继电器进行组合逻辑控制、定时控制与顺序逻辑控制，实现单机或自动化生产线控制。PLC 的输入/输出信号都是开关量信号，这种控制与继电器控制非常接近，常作为继电器控制的替代方式。

(2) 运动控制。运动控制主要指对工作对象的位置、速度及加速度所作的控制。可以是单坐标，即控制对象作直线运动。也可以是多坐标的，控制对象的平面、立体，以至于角度变换等运动。有时还可控制多个对象，而这些对象间的运动可能还要有协调。

运动控制是指通过配用 PLC 生产厂家提供的单轴或多轴等位置控制模块、高速计数模块等来控制步进电机和伺服电机，从而使运动部件能以适当的速度或加速度实现平滑的直线运动或圆周运动。

(3) 过程控制。过程控制要用到模拟量，模拟量一般是指连续变化的量，如电流、电压、温度、压力等物理量。过程控制的目的就是，根据有关模拟量的当前与历史的输入状况，产生所要求的开关量或模拟量输出，以使系统工作参数能按一定要求工作。通过配用 A/D、D/A 转换模块及智能 PID 模块实现对生产过程中的温度、压力、流量、速度等连续变化的模拟量进行闭环 PID 调节控制，使这些物理参数保持在设定值上。

(4) 数据处理。现代的 PLC 具有数学运算(包括四则运算、矩阵运算、函数运算、字逻辑运算、求反、循环、移位和浮点运算等)、数据传送、转换、排序和查表、位操作等功能，可以完成数据的采集、分析和处理。这些数据可以与储存在存储器中的参考值比较，也可以用通信功能传送到别的智能装置，或将它们打印制表。

(5) 通信联网。PLC 的通信包括 PLC 之间的通信、PLC 主机与远程 I/O 之间的通信、PLC 和其他智能设备的通信。PLC 与其他智能控制设备一起，可以组成"分散控制、集中控制"的分布式控制系统，随着计算机控制技术的发展，现代的 PLC 可以实现工厂自动化通信网络系统。

2. PLC 的发展趋势

PLC 经过了几十年的发展，实现了从无到有，从简单的逻辑控制到现在的运动控制、过程控制、数据处理和联网通信，随着科学技术的进步，PLC 还将有更大的发展，主要表现在以下几个方面。

(1) 专用化、高速度和低成本。随着大规模集成电路的发展，PLC 会向运算速度更快、存储容量更大、功能更广、性能更稳定、性价比更高的方向发展。

(2) 产品规模向大、小两个方向发展。大者 I/O 点数可达 14336 点、32 位微处理器、多 CPU 并行工作、大容量存储器、扫描速度高速化。小者由整体结构向小型模块化结构发展，增加了配置的灵活性，降低了成本。

(3) 随着 PLC 功能的不断扩大，PLC 产品会向品种更丰富、规格更齐备的方向发展。

(4) PLC 编程语言的标准化。随着 IEC1131 标准的诞生，各厂家 PLC 的互不兼容的格局将被打破，将会使 PLC 的通用信息、设备特性、编程语言等向 IEC1131 标准的方向发展。

(5) 网络与通信能力增强。随着 PLC 和其他工业控制计算机组网构成大型控制系统以及现场总线的发展，PLC 将向网络化和通信的简便化方向发展。

3.1.6 初步认识 PLC

图 3-3 为三菱公司生产的 FX$_{2N}$-32MR 型 PLC 的实物外形图，其面板部件在图 3-3 中已标示。PLC 主要是通过输入端子和输出端子与外部控制电器联系的。输入端子连接外部的输入元件，如按钮、旋钮、行程开关、接近开关、热继电器接点、压力继电器接点、数字开关等。输出端子连接外部的输出元件，如接触器、继电器线圈、指示灯、蜂鸣器、电磁阀等。

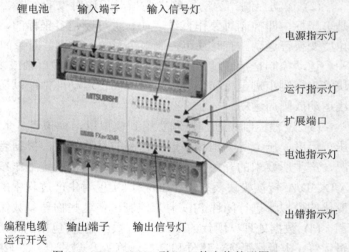

PLC 的输入输出设备演示动画　　　　图 3-3　FX$_{2N}$-32MR 型 PLC 的实物外形图

为了反映输入和输出的工作状态，PLC 设置了输入和输出信号灯，例如某输入端子连接的按钮闭合时，对应输入端子的输入信号灯亮，这为观察 PLC 的输入和输出工作状态提供了方便。在常规电气控制电路中，输入元件和输出元件是通过导线连接的，这样不仅麻烦，而且容易出现接触不良、断线等故障，当控制电路复杂时，控制装置会很庞大，出现故障时也难以处理。如果控制功能发生变化，将不得不重新改接线。而 PLC 的输入元件和输出元件的连接不是通过导线连接的，而是通过程序来连接的，所以不会发生上述常规电气控制电路所出现的问题。

　　PLC 的控制程序由编程器或计算机通过编程电缆输入到 PLC 中，还可以对 PLC 内部控制的状态和参数进行监控和修改，十分方便。当控制功能发生变化时，不必重新改接线，只需改变程序即可。

　　FX$_{2N}$ 型可编程序控制器上设置有 POWER、RUN、BATT.V、PROG-E/CPU-E 4 个指示灯，以显示 PLC 的电源、运行/停止、内部锂电池的电压、CPU 和程序的工作状态。POWER 为绿灯，PLC 通电状态时亮灯；RUN 为绿灯，PLC 程序运行中亮灯；ERR 为红灯，程序出错时闪烁，CPU 出错时亮灯。

3.2　PLC 的硬件组成和软件系统

　　PLC 是一种能与生产现场各种被控设备直接相连的通用工业自动控制装置，是以微处理器为核心的工业控制器，其硬件结构与微型计算机控制系统相似，也是由硬件系统和软件系统两大部分组成的。

　　PLC 种类繁多，但其组成结构和工作原理基本相同。一套 PLC 系统在硬件上由基本单元、I/O 扩展单元和外部设备组成，如图 3-4 所示为三菱 FX$_{2N}$ 型 PLC 系统的基本单元和扩展单元，其中，基本单元 FX$_{2N}$-32MR 带有 32 个输入输出点的继电器输出型；扩展单元 FX$_{2N}$-32ER 带有 32 个开关量输入输出点；FX$_{2N}$-2AD 为两路模拟量输入扩展单元；FX$_{2N}$-2DA 为两路模拟量输出扩展单元。

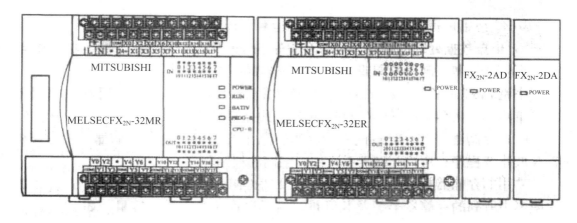

图 3-4　FX$_{2N}$ 型 PLC 系统的基本单元及扩展单元

3.2.1　PLC 的硬件组成

　　PLC 的基本单元(主机)主要由中央处理器(CPU)、存储器、输入接口、输出接口、电源组成。加上编程器、扩展单元以及外部设备后，可组成一套 PLC 系统。PLC 系统的硬件组成框图如图 3-5 所示。

1. 中央处理器(CPU)

　　CPU 是 PLC 的核心部件，PLC 的工作过程在 CPU 的统一指挥协调下完成。小型 PLC

用 8 位、16 位处理器，大型的已使用 32 位处理器。CPU 的主要功能为：

(1) 接收从编程器输入的用户程序和数据，送入存储器存储。

(2) 用扫描方式接收输入设备的状态信号，并存入相应的数据区(输入映像寄存器)。

(3) 监测和诊断电源、PLC 内部电路工作状态和用户程序编程过程中的语法错误。

(4) 执行用户程序，完成各种数据的运算、传递和存储等功能。

(5) 根据数据处理的结果，刷新有关标志位的状态和输出状态寄存器的内容，以实现输出控制、制表打印或数据通信等功能。

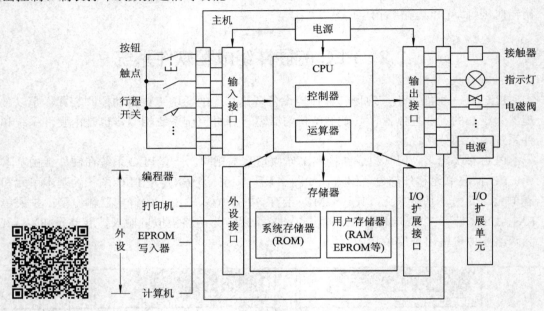

PLC 硬件结构演示动画　　　　　　　图 3-5　PLC 系统的硬件组成框图

2. 存储器

存储器用于存放程序和数据。PLC 配有系统存储器和用户存储器，前者用于存放系统的各种管理监控程序；后者用于存放用户编写的控制程序和数据。PLC 的用户程序和参数的存储器有 RAM、EPROM 和 EEPROM 三种类型。RAM 一般由 CMOS RAM 构成，采用锂电池作为后备电源，停电后 RAM 中的数据可以保存 1～5 年。在 PLC 的使用说明书中所说的存储容量，是指用户程序内存的大小。中小型 PLC 的用户内存的存储容量在 8 KB 左右，而大型 PLC 的容量可达 256 KB 左右。这部分内存通常采用低功耗的(CMOS)RAM 内存。另外，用户程序调试好之后可以将其固化在 EPROM 或者 EEPROM 内。在用户程序的执行过程中，系统还需要在 RAM 中开辟一个专门区域，用作 I/O 缓冲区(也称数据表格)。

3. I/O 接口

I/O 单元是 PLC 与外部设备连接的接口。CPU 所能处理的信号只能是标准电平，因此现场的输入信号，如按钮开关、行程开关以及传感器输出的开关量，需要通过输入单元的转换和处理才可以传送给 CPU。CPU 的输出信号，也只有通过输出单元的转换和处理，才能够驱动电磁阀、接触器、继电器、电动机等执行机构。为提高抗干扰能力，一般的输入、输出接口都有光电隔离装置。

(1) 输入接口。PLC 以开关量顺序控制为特长,其输入电路基本相同,通常分为三种类型:直流输入方式、交流输入方式和交直流输入方式。从工业现场传感器输入的操作命令或状态信息,经过输入电路的缓冲和隔离后进入 PLC 的主机。所输入的信号大多是开关量(如按钮、行程开关和继电器触点的通/断等),也可以是数字量(如拨码开关等),还有些是模拟量,如(4~20) mA 电流或(0~5) V 电压等,某 PLC 输入接口电路原理图如图 3-6 所示。当有输入信号时,输入端可以获取"1"的逻辑值;当没有输入信号时,输入端可以获取"0"的逻辑值。因此输入点可以读取外部信号的状态,并且来自现场设备的外部输入信号与硬件上的输入点一一对应。

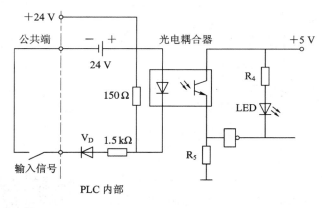

图 3-6　某输入接口电路原理图

PLC 的输入接口演示动画

在输入电路中,采用光电耦合器件能够有效地提高 PLC 的抗干扰能力。同时,由于该光电耦合器的两边采用两组独立供电的电源,因此也有利于同外设电路的电平转换。

通常,直流输入模块可直接连接无源的外设接点,其输入部分的+24 V 由 PLC 电源供给;交流输入模块有 110 V 或 220 V,由用户负责供给。

(2) 输出接口。PLC 对外的控制操作最终是通过输出电路实现的。除了一部分高性能 PLC 配置模拟量输出模块之外,实际应用中规格品种繁多的开关量输出电路,是 PLC 的重要组成部分。按照负载所使用的电源不同,输出电路可分为直流输出电路、交流输出电路。实际上,开关量输出电路对外操作的作用相当于一组受控的电源或无源开关。当 PLC 有输出时,输出端电路被接通,外部负载被驱动;当 PLC 没有输出时,输出端电路断开,外部设备不动作。

PLC 的输出形式可分为晶体管输出、继电器输出、晶闸管输出三种。晶体管只能带直流负载,晶闸管只能带交流负载,继电器的接点可用于交直流两种负载。图 3-7 为 PLC 的三种输出电路图。

在三种输出形式中,图 3-7(a)所示的继电器输出为有触点,外接交、直流负载均可;图 3-7(b)所示的晶体管输出为无触点,外接直流负载;图 3-7(c)所示的晶闸管输出为无触点,外接交流负载。其中以继电器输出最为常见,但响应时间最长。它是有触点输出,在工作频率和寿命方面较其他两种输出组件低。但由于采用继电器输出能使 PLC 的成本下降,故在小型 PLC 中普遍采用。

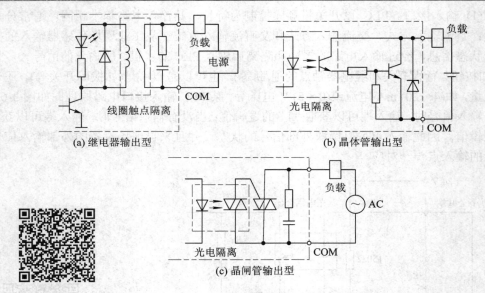

(a) 继电器输出型　　　　　　　　　　(b) 晶体管输出型

(c) 晶闸管输出型

PLC 的输出接口演示动画　　　　　图 3-7　PLC 的三种输出电路图

4. 电源

三菱 FX 系列 PLC 的主机内部,一般配有为输入点供电的小容量直流 24 V 电源,但该电源不足以带动输出负载,带负载需配置另外的电源。PLC 允许外部电源电压在额定值的−10%～+15%范围内波动。大中型 PLC 的 CPU 模块配有专门的 24 V 开关稳压电源模块供用户选用。为防止 PLC 内部程序和数据等重要信息的丢失,PLC 还带有锂电池作为后备电源。

PLC 电源演示动画

5. 扩展单元

每个系列的 PLC 产品都有一系列与基本单元相匹配的扩展单元,以便根据所控制对象的控制规模大小灵活地组成电气控制系统。PLC 处理模拟量输入输出信号时,要使用模拟量扩展单元,这时的输入接口电路为 A/D 转换电路,输出接口电路为 D/A 转换电路。

6. 外部设备

小型 PLC 最常用的外部设备是手持式编程器和计算机。手持式编程器(简称 HPP)的作用是把用户程序送到 PLC 的用户程序存储器中去,即写入程序,除此之外,编程器还能对程序进行读出、插入、删除、修改、检查,也能对 PLC 的运行状况进行监视和测试。

HPP 演示动画

编程器按功能可分为简易型和智能型两大类。如三菱 FX_{2N}-10P-E、FX_{2N}-20P-E 手持式简易编程器具有体积小、易携带的特点,适合小型 PLC 的编程要求;智能型图形编程器 GP-80X-E 则可以用指令语句编程,又可以用梯形图编程,既可联机编程又可脱机编程,但价格更高。

PLC 除了采用简易型和智能编程器外,还可以采用计算机作为编程工具,只要配上相应的硬件接口和软件包,就可以用包括梯形图在内的多种编程语言进行编程,同时还具有很强的监控功能。通常不同厂商的 PLC 都具有相应的编程软件,如三菱 FX 系列和 Q 系列

PLC 的编程软件为 GX Developer，西门子 S7-300 系列和 S7-400 系列 PLC 的编程软件为 STEP 7V 软件，西门子 S7-200 系列 PLC 的编程软件为 STEP 7 MicroWIN。

3.2.2　PLC 的软件系统

软件系统是指 PLC 所使用的各种程序的集合，分为系统程序和用户程序两大类。

1．系统程序

系统程序包括监控程序、输入译码程序及诊断程序等。监控程序用于管理、控制整个系统的运行，输入译码程序则是把应用程序(梯形图)输入翻译成统一的数据格式，并根据输入接口送来的输入量，进行各种算术、逻辑运算处理，并通过输出接口实现控制。诊断程序用来检查、显示本机的运行状态，以方便使用和维修。系统程序由 PLC 生产厂家提供，并固化在 EPROM 中，用户不能直接读写。

2．用户程序

用户程序是用户根据控制要求，用 PLC 的编程语言(如梯形图)编写的应用程序。用户通过编程器或 PC 机将应用程序写入到 PLC 的 RAM 内存中，可以修改和更新，当 PLC 断电时，锂电池可以给其供电，保证应用程序不丢失。

3.2.3　PLC 常用的编程语言

PLC 编程语言标准(IEC61131-3)中有五种编程语言，即梯形图(Ladder Diagram)、顺序功能图(Sequential Function Chart)、功能块图(Function Block Diagram)、指令表(Instruction List)以及结构文本(Structured Text)。其中梯形图以其直观、形象、简单等特点为广大用户所熟悉和接受。

1．梯形图(Ladder Diagram)

梯形图是一种以图形符号及其在图中的相互关系来表示控制关系的编程语言，是从继电接触器控制电路图演变过来的，也是使用最多的 PLC 图形编程语言。梯形图与继电接触器控制系统的电路图很相似，直观易懂，很容易被熟悉继电器控制的电气人员掌握，特别适用于开关量逻辑控制。梯形图由触点、线圈和应用指令等组成，触点代表逻辑输入条件，如外部的开关、按钮和内部条件等；线圈通常代表逻辑输出结果，用来控制外部的指示灯、交流接触器和电磁阀线圈等。为了区别常规继电接触器控制电路和 PLC 梯形图，一般分别用专用图形符号来表示，如表 3-1 所示。

表 3-1　继电接触器线路和 PLC 梯形图的图形符号对照

	继电接触器线路	PLC 的梯形图
常开触点	─／	─┤├─
常闭触点	─＼	─┤/├─
输出线圈	─□─	─( )─
应用指令		[　　]

梯形图通常有左右两条母线(有时只画左母线)，如图 3-8 所示，两母线之间是内部继电

器常开、常闭的触点以及继电器线圈组成的一条条平行的逻辑行，每个逻辑行必须以触点与左母线连接开始，以线圈与右母线连接结束。

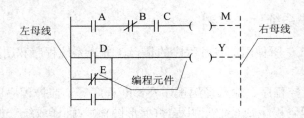

图 3-8　梯形图

编写梯形图时应遵循以下规则：

(1) 梯形图从上到下编写，每一逻辑行从左至右顺序编写，PLC 程序执行顺序与梯形图的编写顺序一致。

(2) 梯形图左、右边的垂直线称为起始母线和终止母线，每一逻辑行必须从起始母线开始，终止母线止。

(3) 梯形图中的触点和线圈称为编程元件，触点有常开、常闭两种，同一标记的触点可以反复调用。

(4) 梯形图的最右侧必须连接输出线圈。

(5) 梯形图的触点可任意串并联，但输出线圈只能并联不能串联。

(6) 每个编程元件按规则标注字母数字串，不同 PLC 厂家编制方法不同。

下面通过图 3-9 所示的顺序控制电路，说明梯形图与传统继电接触器控制线路的相似性，图 3-9(a)所示的是顺序控制继电接触器线路，而图 3-9(b)所示的是能够实现相同功能的梯形图。

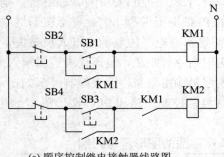

(a) 顺序控制继电接触器线路图

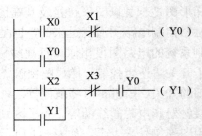

(b) 顺序控制继电接触器电路图所对应的梯形图

图 3-9　顺序控制电路图

2. 指令表(Statement List)

PLC 的指令是一种与微型计算机的汇编语言中的指令相似的助记符表达式，由指令组成的程序叫做指令表程序。指令表编程类似于计算机的汇编语言编程，但它比汇编语言通俗、易懂。任何 PLC 功能均可以使用指令表进行编程，而其他编程语言所编写的程序在 PLC 上最终都需要转换为指令表方可使用，指令表可用简易 HPP 输入。

指令表程序是大量指令的集合，图 3-10(a)所示的为梯形图程序，3-10(b)所示的为相对应的指令表程序。

0	LD	X002
1	ANI	X000
2	OUT	M1
3	ANI	X001
4	OUT	Y004

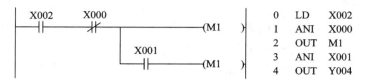

图 3-10　梯形图与指令表程序

3. 顺序功能图(Sequential Function Chart)

顺序功能图用来描述开关量控制系统的功能，是一种位于其他编程语言之上的图形语言，用于编制顺序控制程序。顺序功能图提供了一种组织程序的图形方法，根据它可以很容易地画出顺序控制梯形图程序，图 3-11 所示的为电动机循环正反转控制的顺序功能图。

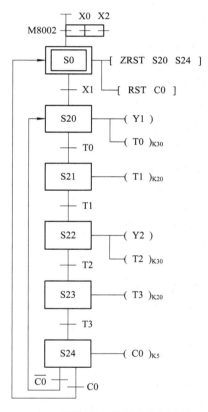

图 3-11　电动机循环正反转控制的顺序功能图

图 3-11 是一个控制电动机循环正反转 5 次的顺序功能图，其工作过程为电机正转 3 s、暂停 2 s、反转 3 s、暂停 2 s，如此循环 5 次后自动停机，在程序中可以很直观地观察到设备的动作顺序。

3.3　PLC 的基本工作原理

PLC 的工作原理与计算机的工作原理基本上是一致的，可以简单地表述为在系统程序的管理下，通过运行用户程序完成控制任务，但与计算机相比 PLC 运行程序的方式和对信号处理的方式有所不同。计算机运行程序时，一旦执行到 END 指令，程序运行结束，而 PLC 从 000 号存储地址所存放的第一条用户程序开始，在无中断或跳转控制的情况下，按程序存储顺序的先后，逐条执行程序，直到 END 指令结束；然后再从头开始扫描执行，并周而复始地重复进行，直到停机。PLC 的这种执行程序的方式称为循环扫描工作方式。每扫描完一次程序就构成一个扫描周期。另外，计算机对输入、输出信号进行实时处理，而 PLC 对输入、输出信号则进行集中批处理。

3.3.1 PLC 的工作过程

PLC 采用循环扫描的工作方式，其具体过程如下：PLC 有运行(RUN)与停止(STOP)两种基本的工作模式。当 PLC 停止工作时，PLC 只进行内部处理和通信处理等内容。当处于运行工作模式时，PLC 要依次进行内部处理、通信处理、输入采样、程序执行、输出刷新，然后按上述过程循环扫描工作。在运行模式下，PLC 通过反复执行反映控制要求的用户程序来实现控制功能，为了使 PLC 的输出能及时地响应随时可能变化的输入信号，用户程序不是只执行一次，而是不断地重复执行，直到 PLC 停机或切换到 STOP 工作模式。除了执行用户程序之外，在每次循环过程中，PLC 还要完成内部处理、通信处理等工作，PLC 的一次循环可分为 5 个阶段，如图 3-12 所示。PLC 的这种周而复始的循环工作方式称为扫描工作方式。由于 PLC 执行指令的速度极高，从外部输入/输出关系来看，处理过程似乎是同时完成的。

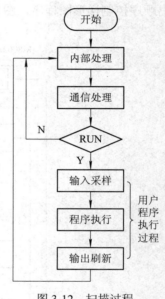

图 3-12　扫描过程

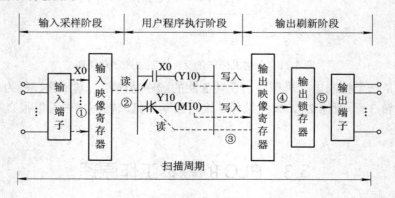

图 3-13　PLC 程序执行过程图

1. 内部处理

在内部处理阶段，PLC 检查 CPU 模块的硬件是否正常，复位监视定时器等。在通信操作服务阶段，PLC 与一些智能模块通信、响应编程器键入的命令，更新编程器的显示内容等，当 PLC 处于停止(STOP)状态时，只进行内部处理和通信操作服务等内容。在 PLC 处于运行(RUN)状态时，还要检查用户程序存储器是否正常，如果发现异常，则停机并显示报警信息。

2. 通信处理

在通信处理阶段，PLC 与其他的智能装置通信，响应编程器键入的命令，更新编程器的显示内容。当 PLC 处于停止模式时，只执行以上两个操作；当 PLC 处于运行模式时，还需要完成另外 3 个阶段的操作，即输入采样、程序执行和输出刷新，如图 3-13 所示。

3. 输入采样

在输入采样阶段，PLC 以扫描方式按顺序将所有输入端的输入信号状态("0"或"1")读入输入映像寄存器区，这个过程称为对输入信号的采样，如图 3-13 中的①所示。

顺序读入所有输入端子的通断状态，并将读入的信息存入内存中所对应的映像寄存器。映像寄存器就是设置在 PLC 存储器中的一片区域，用来存放输入信号的状态，在此，输入映像寄存器被刷新。接着进入程序执行阶段。在程序执行时，输入映像寄存器与外界隔离，即使输入信号发生变化，输入映像寄存器也不会发生变化，只有在下一个扫描周期的输入处理阶段才读入新的信息。

当外部输入电路接通时，对应的输入映像寄存器为 1 状态，梯形图中对应的输入继电器的常开触点闭合，常闭触点断开。当外部输入触点电路断开时，对应的输入映像寄存器为 0 状态，梯形图中对应的输入继电器的常开触点断开，常闭触点闭合。因此某一软元件对应的映像寄存器为 1 状态时，称该软元件 ON，映像寄存器为 0 状态时，称该软元件 OFF。

4. 程序执行

根据 PLC 梯形图扫描原则：按从上至下、先左后右的步序，逐句扫描执行程序。但遇到程序跳转指令，则根据跳转条件是否满足来决定程序的跳转地址。当用户程序涉及输入元件状态时，PLC 从输入映像寄存器中读取输入采样阶段的对应输入端子状态，如图 3-13 中的②所示，从输出映像寄存器读出对应元件映像寄存器的当前状态，根据用户程序进行逻辑运算，运算结果再存入有关输出映像寄存器中，如图 3-13 中的③所示。对每个元件而言，输出映像寄存器的内容会随着程序执行过程而变化。

在此阶段，只有输入映像寄存器区存放的输入采样值不会发生改变，其他各种元件在输出映像寄存器区的数据都有可能随着程序的执行随时发生改变。扫描是从上至下顺序进行的，前面执行的结果可能被后面的程序所用到，从而影响后面程序的执行结果；而后面扫描的结果却不可能改变前面的扫描结果，只有到了下一个扫描周期再次扫描前面程序的时候才有可能起作用。

5. 输出刷新

在执行完用户所有程序后，PLC 将输出映像寄存器中的 Y 寄存器的状态集中送到输出锁存器，再通过一定的方式去驱动外部负载。其过程如图 3-13 中的④、⑤所示。梯形图中某一输出继电器的线圈"通电"时，对应的输出映像寄存器为 1 状态。信号经输出单元隔离和功率放大后，继电器型输出单元中对应的硬件继电器的线圈通电，其常开触点闭合，使外部负载通电工作。若梯形图中输出继电器的线圈"断电"，对应的输出映像寄存器为0状态，在输出处理阶段之后，继电器型输出单元中对应的硬件继电器的线圈断电，其常开触点断开，外部负载断电，停止工作。

3.3.2　扫描周期

PLC 在 RUN 工作模式时，执行一次如图 3-13 所示的扫描操作所需的时间称为扫描周期，其典型值约为(1～100) ms。扫描周期与用户程序的长短、指令的种类和 CPU 执行指令的速度有很大的关系。当用户程序较长时，指令执行时间在扫描周期中占相当大的比例。

循环扫描的工作方式是 PLC 的一大特点，也可以说 PLC 是"串行"工作的，这和传统的继电控制系统"并行"工作有质的区别，PLC 的串行工作方式避免了继电控制系统中触点竞争和时序失配的问题。由于 PLC 是循环扫描工作，在程序处理阶段即使输入信号的状态发生了变化，输入映像寄存器的内容也不会变化，要等到下一个周期的输入处理阶段才能改变。暂存在输出映像寄存器中的输出信号则要等到一个循环周期结束，CPU 才会集中将这些输出信号全部输送给输出锁存器。由此可以看出，全部输入/输出状态的改变，需要一个扫描周期。换言之，输入/输出的状态保持一个扫描周期。

PLC 的扫描既可按固定的顺序进行，也可按用户程序所指定的可变顺序进行。这不仅是因为有的程序并不需每个扫描周期都执行一次，而且也因为在一些大系统中需要处理的 I/O 点数多，通过安排不同的组织模块，采用分时分批扫描的执行方法，可缩短循环扫描的周期和提高控制的实时响应性。

3.3.3　I/O 响应时间

I/O 响应时间又称系统响应时间，是指 PLC 的外部输入信号发生变化的时刻至它控制的有关外部输出信号发生变化的时刻的时间间隔。与输入电路、输出电路和因扫描工作方式产生的滞后时间有关。因扫描工作方式产生的滞后时间最长可达 2～3 个扫描周期。

(1) 按顺序扫描是 PLC 区别于其他控制系统的最典型的特征之一。在逻辑运算中，将前面的计算结果用到后面，从而消除了复杂电路的内部竞争，使用户在编程时，可以不考虑内部继电器动作的延迟。

(2) PLC 采用输入集中采样和输出集中刷新方式，在程序执行阶段和输出刷新阶段，即使输入信号发生变化，输入映像寄存器区的内容也不会改变，不会影响本次循环的扫描结果，提高了系统的抗干扰能力，增强了系统的可靠性。

(3) PLC 的输出信号响应滞后于输入信号，但 PLC 总的响应延迟时间一般只有几十毫秒，对于一般的系统无关紧要，对要求响应快的场合不适合。

(4) PLC 循环执行用户程序过程分两种：程序结尾加 END 指令，执行后马上复位，开始新的循环；程序结尾不加 END 指令，RAM 剩余部分全为 "NOP" 空操作指令，直到计数器溢出程序才会结束，并开始新的扫描循环。

3.3.4　PLC 控制的等效电路

在 PLC 中有大量的各种各样的继电器，如输入继电器(X)、输出继电器(Y)、辅助继电器(M)、定时器(T)、计数器(C)等。不过这些继电器不是真正的继电器，而是用计算机中的存储器来模拟的，通常将其称为软继电器。由 PLC 控制系统与电器控制系统比较可知，PLC 的用户程序(软件)代替了继电器控制电路(硬件)。因此，对于使用者来说，可以将 PLC 等效成许许多多、各种各样的"软继电器"和"软接线"的集合，而用户程序就是用"软接线"将"软继电器"及其"触点"按一定要求连接起来的"控制电路"。为了更好地理解这种等效关系，下面通过一个例子来说明。

　　例 3-1　图 3-14 所示的为三相异步电动机单向运行的电气控制电路图，请用 PLC 来控制这台三相异步电动机。

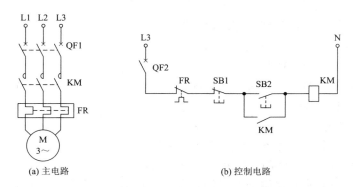

(a) 主电路　　　　　　　　　　　　(b) 控制电路

图 3-14　三相异步电动机单向运行电气控制电路图

　　解：由图 3-14 可知：停止按钮 SB1、启动按钮 SB2、过载热继电器 FR 的触点构成系统的输入部分，接触器 KM 构成系统的输出部分。用 PLC 来控制这台三相异步电动机，系统主电路不变，只要将输入设备 SB1、SB2、FR 的触点与 PLC 的输入端连接，输出设备 KM 线圈与 PLC 的输出端连接，就构成 PLC 控制系统的输入、输出硬件线路。而控制部分的功能则由 PLC 的用户程序来实现，PLC 的等效电路如图 3-15 所示。

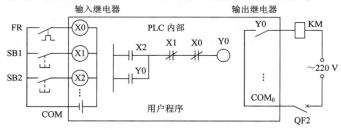

图 3-15　PLC 的等效电路

　　图 3-15 中，输入设备 FR、SB1、SB2 与 PLC 内部的"软继电器"X0、X1、X2 的"线圈"对应，由输入设备控制相对应的"软继电器"的状态，即通过这些"软继电器"将外部输入设备状态变成 PLC 内部的状态，这类"软继电器"称为输入继电器；同理，输出设备 KM 与 PLC 内部的"软继电器"Y0 对应，由"软继电器"Y0 状态控制对应的输出设备 KM 的状态，即通过这些"软继电器"将 PLC 内部状态输出，以控制外部输出设备，这类"软继电器"称为输出继电器。

　　因此，PLC 用户程序要实现的是如何用输入继电器 X0、X1、X2 来控制输出继电器 Y0。当控制要求复杂时，程序中还要采用 PLC 内部的其他类型的"软继电器"，如辅助继电器 M、定时器 T、计数器 C 等，以达到控制要求。

需要注意的是，PLC 等效电路中的继电器并不是实际的物理继电器，它实质上是存储器单元的状态。单元状态为"1"，相当于继电器接通；单元状态为"0"，则相当于继电器断开。因此，我们称这些继电器为"软继电器"或"软元件"。

习 题

3-1 简述 PLC 的定义。

3-2 PLC 有哪些主要特点？

3-3 PLC 梯形图语言有哪些主要特点？

3-4 PLC 有哪些主要技术性能指标？

3-5 说明 PLC 的工作过程。

3-6 在一个扫描周期中，如果在程序执行期间输入状态发生变化，输入映像寄存器的状态是否也随之变化？为什么？

3-7 PLC 可以用在哪些领域？

3-8 与继电接触器控制系统相比，PLC 有哪些优点？

3-9 简述整体式 PLC 和模块式 PLC 的物理结构。

3-10 PLC 常用哪几种存储器？它们各有什么特点？分别用来存储什么信息？

3-11 梯形图的基本规则有哪些？

3-12 PLC 的输出电路有哪几种形式，各自的特点是什么？

拓 展 题

3-1 PLC 为什么会产生输出响应滞后现象？如何提高 I/O 响应速度？

3-2 与一般的计算机控制系统相比，PLC 控制系统有哪些优点？

3-3 分析图 3-16 的电气控制线路图的功能，若用 PLC 控制，请画出 PLC 的 I/O 外部接线图。

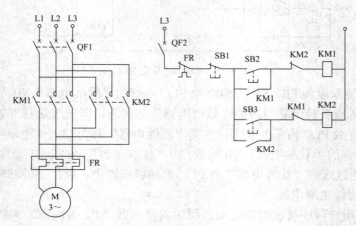

图 3-16 拓展题 3-3 用图

3-4　请上网检索三菱 PLC 主要有哪些系列的产品，并列出相关系列产品的型号？

实训项目　FX 系列 PLC 的认识

1. 实训目的

(1) 了解 PLC 的硬件组成及各部分的功能。

(2) 掌握 PLC 输入和输出端子的分布。

2. 实训器材

(1) 可编程控制器 1 台(FX$_{2N}$-48MR)。

(2) AC 220V 交流接触器 1 个。

(3) 热继电器 1 个。

(4) 按钮开关 3 个(其中常开 2 个)。

(5) 行程开关 2 个。

(6) 转换开关 1 个。

(7) 电工常用工具 1 套。

(8) 连接导线若干。

3. 实训指导

FX 系列 PLC 基本单元的外部特征基本相似，如图 3-17 所示，一般都有外部端子部分、指示部分及接口部分，其各部分的组成及功能如下：

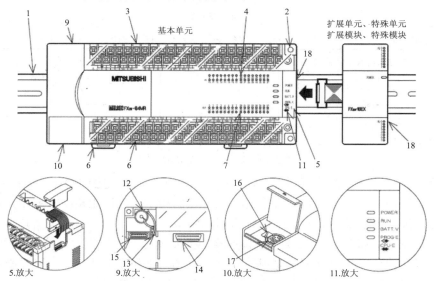

1—35 mm宽的DIN导轨；2—安装孔4个；3—电源、供给电源、输入信号用脱卸式端子排；
4—显示输入用的LED；5—扩展单元、扩展模块、特殊单元、特殊模块、连接接口、盖板；
6—输出用的脱卸式端子排；7—显示输出动作用的LED；8—DIN导轨脱卸用卡扣；9—面板盖子；
10—连接外围设备的接口、盖板；11—动作指示灯，POWER：电源指示，RUN：运行指示灯，BATT.V
表示电池电压低，PROG-E：出错时闪烁（程序错误）CPU-E：出错时亮灯（CPU出错）；12—锂电池；
13—连接锂电池的接口；14—安装存储卡选件用的接口；15—安装功能扩展板用的接口；
16—内置RUN/STOP开关；17—连接编程设备、GOT用的接口；18—表示产品型号名称(侧面)

图 3-17　FX$_{2N}$ 系列 PLC 实物外形图及扩展单元

(1) 外部端子部分。外部端子包括 PLC 电源端子(L、N、⏚)、供外部传感器使用的 DC 24V 电源端子(24+、COM)、输入端子(X)、输出端子(Y)等，主要完成信号的 I/O 连接，是 PLC 与外部设备(输入设备、输出设备)连接的桥梁。

输入端子与输入电路相连，输入电路通过输入端子可随时检测 PLC 的输入信息，即通过输入元件(如按钮、转换开关、行程开关、继电器的触点、传感器等)连接到对应的输入端子上，通过输入电路将信息送到 PLC 内部进行处理，一旦某个输入元件的状态发生变化，则对应输入点(软元件)的状态也随之变化，其输入信号连接示意图如图 3-18 所示。

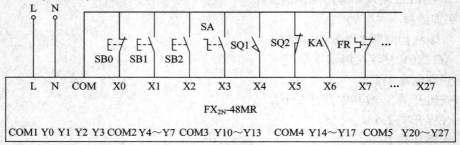

图 3-18   输入信号连接示意图

输出回路就是 PLC 的负载驱动回路，通过输出点将负载和负载电源连接成一个回路，这样，负载就由 PLC 的输出点来进行控制，其输出信号连接示意图如图 3-19 所示。负载电源的规格，应根据负载的需要和输出点的技术规格来选择。

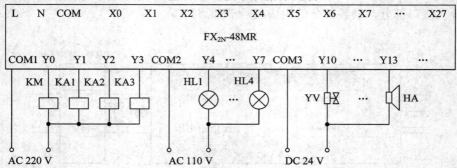

图 3-19   输出信号连接示意图

(2) 指示部分。指示部分包括各 I/O 点的状态指示、PLC 电源(POWER)指示、PLC 运行(RUN)指示、用户程序存储器后备电池(BATT)状态指示及程序出错(PROG-E)、CPU 出错(CPU-E)指示等，用于反映 I/O 点及 PLC 机器的状态。

(3) 接口部分。接口部分主要包括编程器、扩展单元、扩展模块、特殊模块及存储卡盒等外部设备的接口，其作用是完成基本单元同上述外部设备的连接。在编程器接口旁边，还设置了一个 PLC 运行模式转换开关 SW1，它有 RUN 和 STOP 两个运行模式，RUN 模式表示 PLC 处于运行状态(RUN 指示灯亮)，STOP 模式表示 PLC 处于停止(编程)状态(RUN 指示灯灭)，此时，PLC 可进行用户程序的录入、编辑和修改。

4. 实训内容

(1) 按图 3-18 连接好各种输入设备。

(2) 接通 PLC 的电源，观察 PLC 的各种指示是否正常。

(3) 分别接通各个输入信号，观察 PLC 的输入指示灯是否发亮。

(4) 仔细观察 PLC 的输出端子的分组情况，明白同一组中的输出端子不能接入不同的电源。

(5) 仔细观察 PLC 的各个接口，明白各接口所接的设备。

5. 实训报告要求

1) 实训总结

(1) 画出 PLC 的输出端子的分布图及其分组情况。

(2) 分别写出 PLC 的 I/O 信号的种类。

(3) PLC 实训时，您认为要注意哪些事项?

2) 实训思考

(1) PLC 的软元件和硬元件有何区别?

(2) 写出 PLC 的各个接口能连接的设备名称。

FX$_{3GA}$ 实际 IO 接线图

第 4 章　FX 系列 PLC

[学习导入]

请大家思考：PLC 是怎么替代传统的继电接触器电路来完成逻辑控制的？PLC 中的软继电器和硬件继电器有何区别？FX 系列 PLC 中有哪些软继电器？这些软继电器的作用和功能是什么？

4.1　FX 系列 PLC 的概述

4.1.1　三菱小型 PLC 的发展

日本三菱公司 20 世纪 80 年代推出了 F 系列小型 PLC，在 20 世纪 90 年代初 F 系列被 F_1 系列和 F_2 系列所取代，后来相继推出了 FX_2、FX_1、FX_0、FX_{0N}、FX_{0S}、FX_{1S}、FX_{1N}、FX_{2N}、FX_{2NC}、FX_{3U}、FX_{3UC}、FX_{3G} 等系列产品。

FX 系列是国内使用得最多的 PLC 系列产品之一，特别是近年来推出的 FX_{3U}、FX_{3G} 系列 PLC，具有功能强、应用范围广、性价比高，并且有很强的网络通信功能，最多可扩展到 256 个 I/O 点，可满足大多数用户的需要。FX_{3G} 系列可编程控制器其基本单元自带两路高速通信接口(RS 422 及 USB)，内置高达 32 K 大容量存储器，标准模式时基本指令处理速度可达 0.21 μs，定位功能设置简便(最多三轴)，可实现浮点数运算等功能。有关三菱公司 PLC 的资料可以在其公司网站 www.mitsubishielectric-automation.cn 下载。

4.1.2　FX 系列 PLC 型号的含义

1. FX 系列 PLC 型号的含义

FX 系列可编程控制器型号命名的基本格式为：

$$\text{FX} \underset{(1)}{\square\square} - \underset{(2)}{\square}\underset{(3)(4)}{\square\square}\underset{}{\square} - \underset{(5)}{\square}$$

(1) 系列序号：0S、1N、2N、3U、3G，即 FX_{0S}、FX_{1N}、FX_{2N}、FX_{3U}、FX_{3G} 等。

(2) I/O 总点数：10～256。

(3) 单元类型：M 为基本单元，E 为 I/O 混合扩展单元及扩展模块，EX 为输入专用扩展模块，EY 为输出专用扩展模块。

(4) 输出形式：R 为继电器输出，T 为晶体管输出，S 为双向晶闸管输出。

(5) 特殊品种：D 为 DC 24V 电源，24 V 直流输入；无标记为 AC 电源，24 V 直流输入，横式端子排。

2. FX 系列 PLC 型号的含义举例

例题 4-1　简述 FX_{2N}-48MR 型号的含义。

解：FX_{2N}-48MR 属于 FX_{2N} 系列，有 48 个 I/O 点的基本单元，继电器输出型。

4.1.3　FX 系列 PLC 的主要性能指标

FX 系列 PLC 的一般技术指标包括基本性能指标、输入技术指标及输出技术指标，其具体规定如表 4-1、表 4-2 及表 4-3 所示。

表 4-1　FX 系列 PLC 的基本性能指标

项　　目		FX_{0S}	FX_{2N}	FX_{3U}	FX_{3G}
运算控制方式		存储程序，反复运算			
I/O 控制方式		批处理方式(在执行 END 指令时)，可以使用 I/O 刷新指令			
基本指令执行速度(微秒/步)		1.6～3.6	0.08	0.065	0.21
程序语言		梯形图与指令表			
程序容量(EEPROM)		800 步	8 KB 步	64 KB 步	32000 步
指令数量	基本、步进	基本指令 27 条，步进指令 2 条			
	应用指令	—	128 条	207 条	122 条
I/O 设置		最多 30 点	最多 256 点		最多 128 点

表 4-2　FX 系列 PLC 的输入技术指标

项　　目	X0～X7	其他输入点
输入信号电压	DC 24V±10%	
输入信号电流	DC 24V，7 mA	DC 24V，5 mA
输入开关电流(由 OFF 到 ON)	>4.5 mA	>3.5 mA
输入开关电流(由 ON 到 OFF)	<1.5 mA	
输入响应时间	10 ms	
可调节响应时间	X0～X17 为(0～60) mA(FX_{2N})，其他系列(0～15) mA	
输入信号形式	无电压触点，或 NPN 集电极开路输出晶体管	
输入状态显示	输入 ON 时 LED 灯亮	

表 4-3 FX 系列 PLC 的输出技术指标

项　目		继电器输出	晶闸管输出	晶体管输出
外部电源		最大 AC 240V 或 DC 30V	AC(85～242) V	DC(5～30) V
最大负载	电阻负载	2A/1 点，8A/COM	0.3A/1 点，0.8A/COM	0.5A/1 点，0.8A/COM
	感性负载	80VA，120/240V AC	36VA/AC 240V	12W/24V DC
	灯负载	100 W	30 W	0.9W/DC 24V(FX1S)，其他系列 1.5W/DC 24V
最小负载		电压<5V DC 时 2 mA，电压<24V DC 时 5 mA(FX2N)	2.3VA/240V AC	—
响应时间	OFF 至 ON	10 ms	1 ms	<0.2 ms；<5 μs(仅 Y0，Y1)
	ON 至 OFF	10 ms	10 ms	<0.2 ms；<5 μs(仅 Y0，Y1)
开路漏电流		—	2.4 mA/240V AC	0.1 mA/30V DC
电路隔离		光耦合器隔离	光电晶闸管隔离	光耦合器隔离
输出动作显示		线圈通电时 LED 亮		

4.2 几种 FX 系列 PLC 的产品规格

三菱公司的 FX 系列产品有 FX0S、FX1N、、FX2N、FX2NC、FX3U、FX3UC、FX3G 等系列，各子系列又有多种基本单元，下面就 FX0S、FX2N、FX3U、FX3G 这 4 个子系列进行简要介绍。

1. FX0S 型 PLC 的产品规格

FX0S 系列 PLC 是用于极小规模系统的小型 PLC，可大大降低设备成本。该系列有 18 种基本单元，如表 4-4 所示，可组成 10～30 个 I/O 点的系统，用户存储器容量为 800 步，这 18 种基本单元都不可再扩展。

2. FX2N 型 PLC 的产品规格

FX2N 系列是目前 FX 系列中功能较强、速度较快的小型 PLC，共有 25 种基本单元，如表 4-5 所示。它的基本指令执行时间高达 0.08 μs 每条指令，内置的用户存储器为 8 KB 步，可扩展到 16 KB 步，最大可扩展到 256 个 I/O 点。有多种特殊功能模块或功能扩展板，可实现多轴定位控制，每个基本单元可扩展 8 个特殊单元。FX2N 系列内带有实时时钟，PID 指令可实现模拟量闭环控制，有功能很强的数学指令集，如浮点数运算、开平方和三角函数等。

通过通信扩展板或特殊适配器，FX2N 系列可实现多种通信和数据连接，如 CC-Link、AS-i 网络、Profibus、DeviceNet 等开放式网络通信，RS-232C、RS-422 和 RS-485 通信，N：N 链接、并行链接、计算机链接和 I/O 链接。

表 4-4　FX$_{0S}$ 系列的基本单元

型号名称	规　　　格				
	电源		输入		输出
FX$_{0S}$—10MR	AC(100～240)V +10% −15% (后备电源 DC 24V/250 mA 内置)	6	DC 24V 8.5/7 mA	4	继电器
FX$_{0S}$—14MR		8		6	
FX$_{0S}$—20MR		12		8	
FX$_{0S}$—30MR		16		14	
FX$_{0S}$—10MT		6		4	晶体管
FX$_{0S}$—14MT		8		6	
FX$_{0S}$—20MT		12		8	
FX$_{0S}$—30MT		16		14	
FX$_{0S}$—10MR—D	DC 24V +10% −15%	6		4	继电器
FX$_{0S}$—14MR—D		8		6	
FX$_{0S}$—20MR—D		12		8	
FX$_{0S}$—30MR—D		16		14	
FX$_{0S}$—10MT—D		6		4	晶体管
FX$_{0S}$—14MT—D		8		6	
FX$_{0S}$—20MT—D		12		8	
FX$_{0S}$—30MT—D		16		14	
FX$_{0S}$—14MR—D12	DC 12V +20%　−15%	8	DC 24V 9 mA	6	继电器
FX$_{0S}$—30MR—D12		16		14	

表 4-5　FX$_{2N}$ 系列的基本单元

AC 电源，24 V 直流输入			DC 24 V 电源，24 V 直流输入		输入点数	输出点数
继电器输出	晶体管输出	晶闸管输出	继电器输出	晶体管输出		
FX$_{2N}$-16MR	FX$_{2N}$-16MT	FX$_{2N}$-16MS	—	—	8	8
FX$_{2N}$-32MR	FX$_{2N}$-32MT	FX$_{2N}$-32MS	FX$_{2N}$-32MR-D	FX$_{2N}$-32MT-D	16	16
FX$_{2N}$-48MR	FX$_{2N}$-48MT	FX$_{2N}$-48MS	FX$_{2N}$-48MR-D	FX$_{2N}$-48MT-D	24	24
FX$_{2N}$-64MR	FX$_{2N}$-64MT	FX$_{2N}$-64MS	FX$_{2N}$-64MR-D	FX$_{2N}$-64MT-D	32	32
FX$_{2N}$-80MR	FX$_{2N}$-80MT	FX$_{2N}$-80MS	FX$_{2N}$-80MR-D	FX$_{2N}$-80MTD	40	40
FX$_{2N}$-128MR	FX$_{2N}$-128MT	—	—	—	64	64

3. FX₃ᵤ型 PLC 的产品规格

FX₃ᵤ 系列是三菱公司第三代微型可编程控制器,内置高达 64 K 大容量的 RAM 存储器,内置业界最高水平的高速处理,速度可达 0.065 μs/基本指令,功能指令 0.625 μs/步,控制规模可达 16~384(包括 CC-LINK I/O)点,内置独立 3 轴 100 kHz 定位功能(晶体管输出型),基本单元左侧均可以连接功能强大简便易用的适配器,它有 33 种基本单元,如表 4-6 所示。有多种特殊功能模块或功能扩展板,可实现多轴定位控制,每个基本单元可扩展 8 个特殊单元。机内有实时时钟,PID 指令可实现模拟量闭环控制,有功能很强的数学指令集,如浮点数运算、开平方和三角函数等。

通过通信扩展板或特殊适配器,FX₂ₙ 系列可实现多种通信和数据连接,如 CC-Link、AS-i 网络、Profibus、DeviceNet 等开放式网络通信,RS-232C、RS-422 和 RS-485 通信,N:N 链接、并行链接、计算机链接和 I/O 链接。

表 4-6 FX₃ᵤ 系列的基本单元

AC 电源,24 V 直流输入			DC 24 V 电源,24 V 直流输入			输入点数	输出点数
继电器输出	晶体管输出		继电器输出	晶体管输出			
—	漏型	源型	—	漏型	源型		
FX₃ᵤ-16MR/ES	FX₃ᵤ-16MT/ES	FX₃ᵤ-16MT/ESS	FX₃ᵤ-16MR/DS	FX₃ᵤ-16MT/DS	FX₃ᵤ-16MT/DSS	8	8
FX₃ᵤ-32MR/ES	FX₃ᵤ-32MT/ES	FX₃ᵤ-32MT/ESS	FX₃ᵤ-32MR/DS	FX₃ᵤ-32MT/DS	FX₃ᵤ-32MT/DSS	16	16
FX₃ᵤ-48MR/ES	FX₃ᵤ-48MT/ES	FX₃ᵤ-48MT/ESS	FX₃ᵤ-48MR/DS	FX₃ᵤ-48MT/DS	FX₃ᵤ-48MT/DSS	24	24
FX₃ᵤ-64MR/ES	FX₃ᵤ-64MT/ES	FX₃ᵤ-64MT/ESS	FX₃ᵤ-64MR/DS	FX₃ᵤ-64MT/DS	FX₃ᵤ-64MT/DSS	32	32
FX₃ᵤ-80MR/ES	FX₃ᵤ-80MT/ES	FX₃ᵤ-80MT/ESS	FX₃ᵤ-80MR/DS	FX₃ᵤ-80MT/DS	FX₃ᵤ-80MT/DSS	40	40
FX₃ᵤ-128MR/ES	FX₃ᵤ-128MT/ES	FX₃ᵤ-128MT/ESS	—	—	—	64	64

4. FX₃ɢ型 PLC 的产品规格

FX₃ɢ 系列是三菱公司第三代微型可编程控制器,基本单元自带两路高速通信接口(RS422&USB),内置高达 32 K 大容量存储器,标准模式时基本指令处理速度可达 0.21 μs/步,功能指令 0.5 μs/步,基本单元左侧均可以连接功能强大简便易用的适配器,它有 12 种基本单元,如表 4-7 所示。有多种特殊功能模块或功能扩展板,可实现多轴定位控制,每个基本单元可扩展 8 个特殊单元。机内有实时时钟,PID 指令可实现模拟量闭环控制。有功能很强的数学指令集,如浮点数运算、开平方和三角函数等。其支持编程软件为 GX Developer Ver.8.72A 以后的版本(内置 USB 驱动程序)。

通过通信扩展板或特殊适配器,FX₃ɢ 系列可实现多种通信和数据连接,如 CC-Link、AS-i 网络、Profibus、DeviceNet 等开放式网络通信,RS-232C、RS-422 和 RS-485 通信,并行链接、计算机链接和 I/O 链接。

表 4-7 FX$_{3G}$ 系列的基本单元

AC 电源，24 V 直流输入			输入点数	输出点数
继电器输出	晶体管输出			
—	漏型	源型		
FX$_{3G}$-14MR/ES-A	FX$_{3G}$-14MT/ES-A	FX$_{3G}$-14MT/ESS	8	6
FX$_{3G}$-24MR/ES-A	FX$_{3G}$-24MT/ES-A	FX$_{3G}$-24MT/ESS	14	10
FX$_{3G}$-40MR/ES-A	FX$_{3G}$-40MT/ES-A	FX$_{3G}$-40MT/ESS	24	16
FX$_{3G}$-60MR/ES-A	FX$_{3G}$-60MT/ES-A	FX$_{3G}$-60MT/ESS	36	24

4.3 FX 系列 PLC 中的软元件

PLC 中有大量的各种继电器，如输入继电器、输出继电器、辅助继电器、定时器、计数器等，这些继电器实际上是用 PLC 中的存储器来模拟的，PLC 中存储器的每一位就可以表示一个继电器，存储器有足够的容量来模拟成千上万个继电器，这种继电器也叫位继电器。存储器中的一位有两种状态：0 和 1，通常用 0 表示继电器线圈失电，用 1 表示继电器线圈得电。当读出某存储器位的值为 0 时，表示对应继电器的常开触点断开，常闭触点闭合；值为 1 时表示对应继电器的常开触点闭合，而常闭触点断开。由于读存储器的次数是不受限制的，所以一个位继电器的触点从理论上讲是无穷多的，而这是硬件继电器无法相比的。

为了把它们与通常的硬件继电器分开，我们常把 PLC 中的各种继电器称为软继电器，也称为软元件。与硬件继电器相比，软继电器的线圈没有工作电压等级、功耗大小、电磁惯性等问题，没有触点数量的限制、没有机械磨损和电蚀等问题。从实际使用角度来看，我们只注重元件的功能，按元件功能给名称，例如输入继电器 X、输出继电器 Y，而且每个元件都有确定的地址编号，这对编写程序十分重要。FX 系列 PLC 的输入继电器 X 和输出继电器 Y 采用八进制编号，其余软元件均采用十进制编号。

编程元件演示动画

需要特别指出的是：不同厂家、甚至同一厂家的不同型号的 PLC 编程元件的数量和种类都不一样，但构成 PLC 基本特征的内部软元件都是类似的。下面以 FX$_{2N}$ 系列 PLC 为例，详细介绍其软元件。

4.3.1 输入继电器 X

输入继电器 X 与 PLC 的输入端子相连，是 PLC 接收外部信号的接口，用于根据输入端子上连接的外部的输入信号如按钮开关、行程开关、光电开关、接近开关等的 ON/OFF 状态，决定 X 的 ON/OFF 状态。在内部与输入端子连接的输入继电器是光耦隔离的电子继电器，其线圈、常开触点、常闭触点与传统硬件继电器分析方法一样。这些触点在 PLC 梯形图内可以自由使用。FX 系列 PLC 的输入继电器采用八进制编号，如 X0～X7，X10～

X17，X20～X27 等。FX$_{3G}$ 型 PLC 输入继电器最多可达 36 个点。

输入继电器等效电路如图 4-1 所示。这里常开触点、常闭触点在 PLC 内可以自由使用，使用次数不限。输入继电器必须由外部的开关信号来驱动，不能用程序来驱动，即在梯形图程序上不能出现输入继电器 X 的线圈。

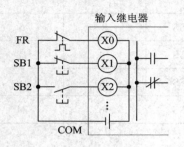

X0线圈得电，X0的常开触点闭合，X0的常闭触点断开；
X1线圈得电，X1的常开触点闭合，X1的常闭触点断开；
按下SB2按钮，X2线圈得电，X2的常开触点闭合，X2的常闭触点断开

图 4-1　输入继电器等效电路图

4.3.2　输出继电器 Y

输出继电器与 PLC 的输出端子相连，是 PLC 向外部负载发送信号的窗口。输出继电器用来将 PLC 的输出信号传送给输出接口电路，再由输出接口电路驱动外部负载，其等效电路如图 4-2 所示，梯形图中 Y0 的线圈通电，继电器型输出电路中对应的硬件继电器的常开触点闭合，使外部负载工作。输出电路中的每一个输出继电器都有一个对外部输出的常开触点。而内部的软触点不管是常开触点，还是常闭触点，都可以无限次地自由使用。FX 系列 PLC 的输出继电器采用八进制编号，如 Y0～Y7，Y10～Y17，…，FX$_{3G}$ 型 PLC 输出继电器最多可达 24 点。

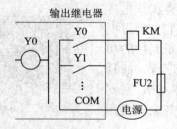

Y0线圈得电，Y0的常开触点 闭合，接触器线圈KM得电

图 4-2　输出继电器等效电路图

下面通过实例说明输入继电器 X 和输出继电器 Y 的基本用法。

例题 4-2　输入继电器 X 和输出继电器 Y 用法示例。

图 4-3 是门铃上的一个电路，按下门铃按钮 SB1 时，门铃 HA 才响；松开按钮 SB1 时，门铃不工作。请设计其梯形图程序，并画出 PLC 控制的硬接线图。

解：① 明确控制任务和控制内容：HA 只有在 SB1 工作时才工作，即 HA 工作完全依赖于 SB1。

② 确定 PLC 的软元件，画出 PLC 的外部接线图：SB1 和 HA 分别对应 PLC 的软元件的 X0 和 Y0，根据 I/O 信号，可画出 PLC 的外部接线图，如图 4-4(a)所示。

③ 根据控制要求及 I/O 信号的分配，可画出如图 4-4(b)所示的门铃控制的梯形图。

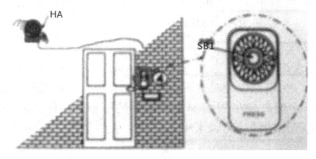

图 4-3　门铃控制示意图

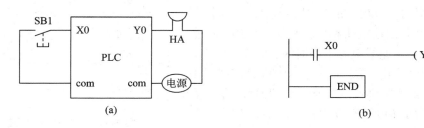

图 4-4　门铃控制

④ 说明工作过程：当 SB1 按下时，X0 置 ON，Y0 线圈得电，门铃 HA 工作，当 SB1 松开时，X0 变为 OFF，Y0 线圈失电，门铃 HA 停止工作。

4.3.3　辅助继电器 M

PLC 内部有很多辅助继电器，它是一种内部的状态标志，相当于继电器控制系统中的中间继电器。它的常开、常闭触点在 PLC 内部编程时可以无限次地自由使用。但是这些触点不能直接驱动外部负载，外部负载必须由输出继电器的外部硬触点来驱动。

在逻辑运算中经常需要一些中间继电器用于辅助运算，这些元件往往用于状态暂存、移位等运算。另外，辅助继电器还具有一些特殊功能。FX 系列 PLC 的辅助继电器如表 4-8 所示。

表 4-8　FX 系列 PLC 的辅助继电器

规格＼PLC	FX_{0S}	FX_{2N}/FX_{2NC}	FX_{3U}	FX_{3G}
通用辅助继电器	M0-M495	M0-M499	M0-M499	M0～M383
断电保持继电器	M496-M511	M500-M3071	M500-M7679	M384～M1535
特殊辅助继电器	M8000～M8255(其中一部分)		M8000～M8511(其中一部分)	

下面介绍几种常见的辅助继电器。

1. 通用辅助继电器

在 FX 系列 PLC 中除了输入输出继电器的元件号采用八进制外，其他所有软元件都是采用十进制编号的。FX 系列 PLC 的通用辅助继电器没有断电保持功能。如果在 PLC 运行时电源突然中断，输出继电器和通用辅助继电器将全部变为 OFF；若电源再次接通，除了 PLC 运行时即为 ON 状态以外，其余均为 OFF 状态。

2. 断电保持继电器

某些控制系统要求记忆电源中断瞬时的状态，重新通电后再现其状态，停电保持继电器可以用于这种场合。在电源中断时由锂电池保持 RAM 中映像寄存器的内容，或将它们保存在 EEPROM 中，它们只是在 PLC 重新通电后的第一个扫描周期保持断电瞬时的状态。为了利用它们的断电记忆功能，可以采用有记忆功能的电路，下面通过实例说明停电保持继电器的用法。

例题 4-3　断电保持继电器用法示例。

解：断电保持功能如图 4-5 所示，图 4-5 中的 X0 和 X1 分别是启动按钮和停止按钮，M500 通过 Y0 控制外部电机，如果电源中断时 M500 为 1 状态，因为电路的记忆作用，重新通电后 M500 将保持为 1 状态，使 Y0 继续为 ON，电动机重新开始运行；而对于 Y1，则由于 M0 没有停电保持功能，电源中断后重新通电时，Y1 无输出。

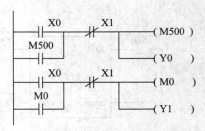

图 4-5　断电保持功能图

3. 特殊辅助继电器

特殊辅助继电器用来表示 PLC 的某些状态，提供时钟脉冲和标志(如进位、借位标志等)，设定 PLC 的运行方式，或者用于步进顺控、禁止中断、设定计数器是加计数还是减计数等。特殊辅助继电器分为两类：

(1) 只能利用其触点的特殊辅助继电器。线圈由 PLC 系统程序自动驱动，用户只可以利用其触点，例如：

M8000 为运行监控所用，PLC 运行时 M8000 接通，其波形如图 4-6 所示。M8002 为初始脉冲，仅在运行开始瞬间接通一个扫描周期，其波形也如图 4-6 所示。因此，可以用 M8002 的常开触点来使有断电保持功能的元件初始化复位或给它们置初始值。

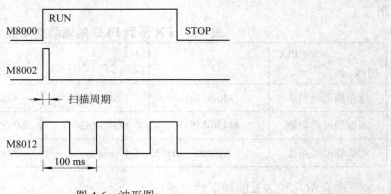

图 4-6　波形图

M8011 为产生 10 ms 时钟脉冲的特殊辅助继电器。

M8012 为产生 100 ms 时钟脉冲的特殊辅助继电器。

M8013 为产生 1 s 时钟脉冲的特殊辅助继电器。

M8014 为产生 1 min 时钟脉冲的特殊辅助继电器。

(2) 可驱动线圈型特殊辅助继电器。由用户程序驱动线圈，使 PLC 执行特定的动作，例如：

M8030 为锂电池电压指示灯特殊辅助继电器，当锂电池电压跌落时，M8030 动作，指示灯亮，提醒 PLC 维修人员，需要赶快调换锂电池。

M8028 为定时器的时间转换标记。

M8033 为 PLC 停止时输出保持特殊辅助继电器。

M8034 为禁止全部输出特殊辅助继电器。

M8039 为定时扫描特殊辅助继电器。

需要说明的是，未定义的特殊辅助继电器不可在用户程序中使用。辅助继电器的常开和常闭接点在 PLC 内部可无限次地自由使用。

4.3.4　状态继电器 S

FX 系列 PLC 的状态继电器如表 4-9 所示。状态继电器 S 是构成顺序功能图的重要编程元件，它与后述的步进顺控指令配合使用。不用步进顺控指令时，状态继电器 S 可以作为辅助继电器 M 在程序中使用。状态继电器的常开和常闭触点在 PLC 梯形图内可以自由使用，且使用次数不限。通常状态软元件有下面 5 种类型：

(1) 初始状态继电器 S0～S9，共 10 点。

(2) 回零状态继电器 S10～S19，共 10 点。

(3) 通用状态继电器 S20～S499，共 499 点(FX$_{0S}$通用状态继电器 S20～S63，共 44 点)。

(4) 保持状态继电器 S500～S899，共 400 点。

(5) 报警用状态继电器 S900～S999，共 100 点。这 100 个状态继电器可用作外部故障诊断输出。

表 4-9　FX 系列 PLC 的状态继电器

PLC 规格	FX$_{0S}$	FX$_{2N}$/FX$_{2NC}$	FX$_{3U}$	FX$_{3G}$
初始状态继电器	S0～S9	S0～S9	S0～S9	S0～S9
通用状态继电器	S20～S63	S20～S499	S20～S499	S20～S499
保持状态继电器	—	S500～S899	S500～S4095	S500～S899

4.3.5　定时器 T

FX 系列 PLC 的定时器如表 4-10 所示。定时器在 PLC 中的作用相当于一个时间继电器，它有一个设定值寄存器(一个字长)，一个当前值寄存器(一个字长)以及无限个触点(一个位)。对于每一个定时器，这三个量使用同一名称，但使用场合不一样，其所指也不一样。通常在一个 PLC 中有几十至数百个定时器 T。

表 4-10 FX 系列 PLC 的定时器

PLC 规格		FX_{0S}	FX_{2N}/FX_{2NC}	FX_{3U}	FX_{3G}
通用型	100 ms 定时器	T0～T55	T0～T199	T0～T199	T0～T199
	10 ms 定时器	T32～T55 (M8028=1 时)	T200～T245	T200～T245	T200～T245
	1 ms 定时器	—	—	T256～T511	T256～T319
	100 ms(子程序，中断程序用)	—	—	T192～T199	T192～T199
积算型	1 ms 定时器	—	T246～T249	T246～T249	T246～T249
	100 ms 定时器	—	T250～T255	T250～T255	T250～T255

在 PLC 内定时器是根据时钟脉冲的累积计时的，时钟脉冲有 1 ms、10 ms、100 ms 以及 1 s 等，当所计时间到达设定值时，输出触点动作。定时器可以用常数 K 作为设定值，也可以用后述的数据寄存器 D 的内容作为设定值，这里使用的数据寄存器应有断电保持功能。

1. 通用型定时器

100 ms 定时器的设定范围为(0.1～3276.7) s；10 ms 定时器的设定范围为(0.01～327.67) s；1 ms 定时器的设定范围为(0.001～32.767) s。10 ms 通用型定时器的工作原理图和时序图如图 4-7 所示，当驱动输入 X0 接通时，地址编号为 T50 的当前计数器对 10 ms 时钟脉冲的个数进行累计计数，当该值与设定值 K123 相等时，定时器的输出触点就动作，即输出触点是在驱动线圈后的 123 × 0.01 s = 1.23 s 时动作(常开触点闭合；常闭触点断开)。驱动输入 X0 断开(定时器不通电)或发生断电时，计数器就复位，输出触点也复位(常开触点断开，常闭触点闭合)。

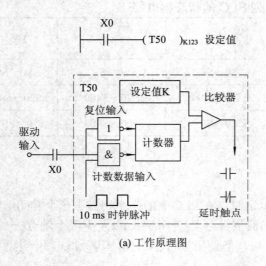

(a) 工作原理图

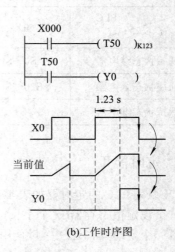

(b)工作时序图

图 4-7　10 ms 通用型定时器的工作原理图和时序图

2. 积算型定时器

图 4-8 是 100 ms 积算型定时器工作原理和波形图,当定时器线圈 T250 的驱动输入 X1 接通时,T250 的当前计数器开始累计 100 ms 时钟脉冲的个数,当该值与设定值 K345 相等时,定时器的常开触点闭合,其常闭触点就断开。当计数值未达到设定值而驱动输入 X1 断开或停电时,当前值可保持,当驱动输入 X1 再接通或恢复供电时,计数继续进行。当累积时间为 0.1 s × 345 = 34.5 s 时,延时触点动作。当复位输入信号 X2 接通时,计数器就复位,延时触点也复位。

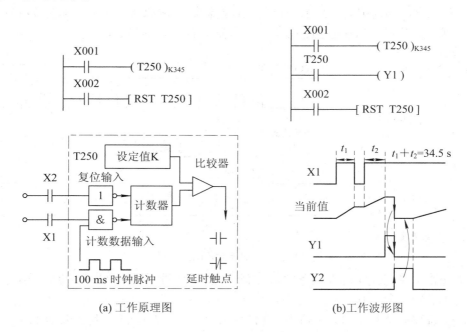

(a) 工作原理图　　　　　　　　　　(b)工作波形图

图 4-8　100 ms 积算型定时器的工作原理和波形图

4.3.6　计数器 C

FX 系列的计数器如表 4-11 所示,分为内部信号计数器(简称内部计数器)和外部高速计数器(简称高速计数器)。FX$_{0S}$ 型 PLC 有内部计数用的 16 位加计数器(1~32767)和计数旋转编码输出的 32 位高速(加/减)计数器。(C0~C13)为 16 位通用型计数器(非停电保持);(C14~C15)为 16 位电池后备/锁存型计数器(停电保持);(C235~C254)为 32 位高速计数器。

表 4-11　FX 系列的计数器

PLC	FX$_{0S}$	FX$_{2N}$/FX$_{2NC}$	FX$_{3U}$	FX$_{3G}$
16 位通用型计数器	C0~C13	C0~C99	C0~C99	C0~C15
16 位电池后备/锁存型计数器	C14~C15	C100~C199	C100~C199	C16~C199
32 位通用型双向计数器	—	C200~C219	C200~C219	C200~C219
32 位电池后备/锁存型计数器	—	C220~C234	C220~C234	C220~C234
高速计数器	C235~C255			

1. 内部计数器

内部计数器在执行扫描操作时对内部元件(如 X、Y、M、S、T 和 C)提供的信号进行计数，计数脉冲为 ON 或 OFF 的持续时间，应大于 PLC 的扫描周期，其响应频率通常小于 10 Hz。内部计数器按位可分为 16 位加计数器、32 位双向计数器，按功能可分为通用型和电池后备/锁存型。

(1) 16 位加计数器的设定值为 0~32767。图 4-9 表示了 16 位加计数器的工作过程。图 4-9(a)是梯形图，图 4-9(b)是时序图。X11 是计数输入，每当 X11 接通一次，计数器当前值加 1。当计数器的当前值为 10 时(也就是说计数器输入达到第十次时)，计数器 C0 的输入 X11 再接通，计数器的当前值也保持不变。当复位输入 X10 接通，计数器的当前值复位为 0，输出触点也断开。

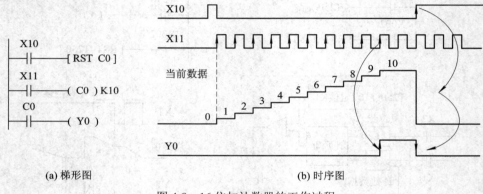

(a) 梯形图　　　　　　　　　　(b) 时序图

图 4-9　16 位加计数器的工作过程

具有电池后备/锁存功能的计数器在电源断电时可保持其状态信息，重新送电后能立即按断电时的状态恢复工作。

(2) 32 位双向计数器的设定值为 −2147483648~+2147483647，其加/减计数方式由特殊辅助继电器 M8200~M8234 设定，对应的特殊辅助继电器为 ON 时，为减计数，反之为加计数。

计数器的设定值，除了可由常数 K 设定外，还可间接通过指定数据寄存器来设定。对于 32 位的计数器，其设定值存放在元件号相连的两个数据寄存器中。如果指定的是 D0，则设定值存放在 D1 和 D0 中。图 4-10 中 C200 的设定值为 5，当 X12 断开时，M8200 为 OFF，此时 C200 为加计数，若计数器的当前值由 4 到 5，计数器的输出触点 ON，当前值为 5 时，输出触点仍为 ON；当 X12 接通时，M8200 为 ON，此时 C200 为减计数，若计数器的当前值由 5 到 4 时，输出触点 OFF，当前值为 4 时，输出触点仍为 OFF。

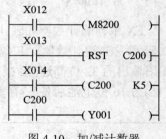

图 4-10　加/减计数器

计数器的当前值在最大值 2147483647 加 1 时，将变为最小值 −2147483648，类似地，当前值为 −2147483648 减 1 时，将变为最大值 2147483647，这种计数器称为"环形计数器"。图 4-10 中复位输入 X13 的常开触点接通时，C200 被复位，其常开触点断开，常闭触点接通，当前值被置为 0。

如果使用电池后备/锁存计数器，在电源中断时，计数器停止计数，并保持计数当前值不变，电源再次接通后，在当前值的基础上继续计数，因此电池后备/锁存计数器可累计计数。

例题 4-4　计数器 C 用法示例。

图 4-11 为累计随传送带移动的瓶子数量，用光电开关 SQ1 检测瓶子，当检测到瓶子的数量达到 300 时，指示灯 HL1 亮，SB2 是复位按钮，请设计自动计数的 PLC 程序。

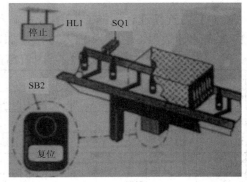

图 4-11　累计随传送带移动的瓶子数量

解：① 明确控制任务和控制内容：当瓶子在传送带上移过来时，它们挡住光电开关 SQ1 的光线。每次光线被挡住，代表 SQ1 的输入 X0 变为 ON，程序启动计数器 C0，当 C0 计数达到 300 时，指示灯 HL1 亮。

② 确定 PLC 的软元件，画出 PLC 的外部接线图，光电管 SQ1 对应 PLC 软元件 X0，复位按钮 SB2 对应软元件 X1，软元件 Y0 对应指示灯 HL1，根据 I/O 信号，可画出 PLC 的外部接线图，如图 4-12(a)所示。

③ 根据控制要求及 I/O 信号的分配，可画出如图 4-12(b)所示的累计瓶子数量的梯形图。

④ 工作过程说明：当瓶子在传送带上移过来时，它们挡住光电开关 SQ1 的光线。每次光线被挡住，代表 SQ1 的输入 X0 变为 ON，程序启动计数器。这里，C0 用来记录经过 SQ1 的瓶子数量。一旦计数器达到上限值，C0 的输出线圈闭合。为了向外部表示计数器任务已完成，计数器 C0 的一个触点来激活输出 Y0，启动"停止"指示灯 HL1。

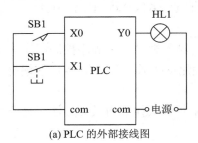

(a) PLC 的外部接线图

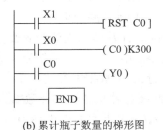

(b) 累计瓶子数量的梯形图

图 4-12　累计瓶子数量

计数器会保持当前的数据，所以需要一种复位当前计数值的方法，可以用"复位"按钮 SB1。SB1 对应于输入 X1，它使计数器当前值复位为 0。"停止"指示灯熄灭，整个系统准备下一批 300 个瓶子的计数。

2. 高速计数器

FX 系列 PLC 基本单元中内置了 32 位增/减计数的高速计数器(单相单计数、单相双计数以及双相双计数)。FX$_{0S}$型适用高速计数器输入的输入端只有 4 点 X0～X3，FX$_{2N}$、FX$_{2NC}$、FX$_{3U}$ 以及 FX$_{3G}$ 适用高速计数器输入的输入端有 8 个 X0～X7，如果这些输入端中的一个已被某个高速计数器占用，它就不能再用于其他高速计数器(或其他用途)。也就是说，对于

FX$_{0S}$ 由于只有 4 个高速计数器输入端,最多只能用 4 个高速计数器同时工作,而对于 FX$_{2N}$、FX$_{2NC}$、FX$_{3U}$ 以及 FX$_{3G}$ 由于有 8 个高速计数器输入端,最多只能用 8 个高速计数器同时工作。

(1) 内置高速计数器 C 的编号和输入。在此以常用的 FX$_{2N}$ 系列可编程控制器为例说明内置高速计数器 C 的具体输入方法,如表 4-12 所示。

表 4-12　内置高速计数器 C 的具体输入方法

	单相单输入											单相双计数输入					双相双计数输入				
	C235	C236	C237	C238	C239	C240	C241	C242	C243	C244	C245	C246	C247	C248	C249	C250	C251	C252	C253	C254	C255
X000	U/D						U/D			U/D		U	U		U		A	A		A	
X001		U/D					R			R		D	D		D		B	B		B	
X002			U/D					U/D			U/D		R		R			R		R	
X003				U/D				R		U/D	R			U		U			A		A
X004					U/D				U/D		R			D		D			B		B
X005						U/D			R					R		R			R		R
X006										S					S					S	
X007											S					S					S

表中各符号的含义如下:

U——增计数输入;D——减计数输入;A——A 相输入;
B——B 相输入;R——复位输入;S——启动输入。

表 4-12 的阅读方法如下:

① 输入 X000、C235 表示单相单计数输入,不具有中断复位与中断启动输入功能。

② 如果使用 C235,则不可使用 C241、C244、C246、C247、C249、C251、C252、C254、中断 I00 和 M8170(脉冲捕捉)。

不作为高速计数器使用的内置高速计数器的输入编号,在顺序控制程序内可作为普通的输入继电器使用。另外,不作为高速计数器使用的内置高速计数器 C 的编号,也可作为数值存储用的 32 位数据寄存器使用。

32 位增/减计数型二进制计数器,根据不同的增/减计数切换的方法可分三种类型,具体的计数输入/输出类型如表 4-13 所示。

表 4-13　计数输入/输出类型

项目	单相单计数输入	单相双计数输入	双相双计数输入
计数方向的指定方法	根据 M8235-M8245 的启动与否,C235-C245 作增/减计数	对应于增计数输入或减计数输入的动作、计数器自动地增/减计数	A 相输入处于 ON 同时,B 相输入处于 OFF→ON 时增计数动作,ON→OFF 时减计数动作
计数方向监控	—	通过监控 M8246-M8255、可以知道增(OFF)、减(ON)的情况	

增/减计数切换用特殊辅助继电器编号如表 4-14 所示。

表 4-14　增/减计数切换用特殊辅助继电器编号

种　类		
单相单计数输入	C235	M8235
	C236	M8236
	C237	M8237
	C238	M8238
	C239	M8239
	C240	M8240
	C241	M8241
	C242	M8242
	C243	M8243
	C244	M8244
	C245	M8245

计数方向是需要监控的，要用到特殊辅助继电器，它的编号如表 4-15 所示。

表 4-15　计数方向监控用特殊辅助继电器编号

种类		
单相双计数输入	C246	M8246
	C247	M8247
	C248	M8248
	C249	M8249
	C250	M8250
双相双计数输入	C251	M8251
	C252	M8252
	C253	M8253
	C254	M8254
	C255	M8255

(2) 单相高速计数器的使用方法。下面对单相高速计数器的使用方法进行介绍。

如图 4-13 所示为单相单输入梯形图，其中，C235 在 X12 为 ON 时，对输入 X0 的断开至接通进行计数，若 X11 接通，执行 RST 指令时复位。

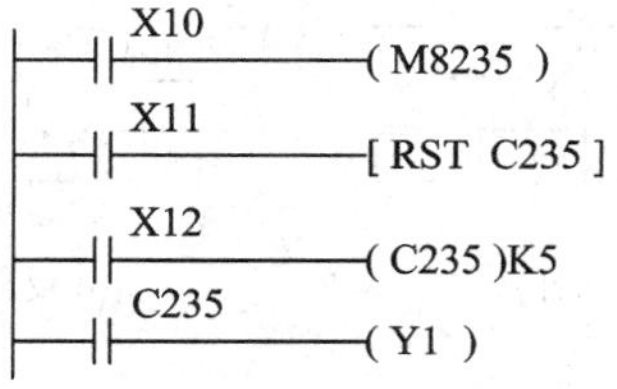

```
      X10
   ─┤├──────────( M8235 )
      X11
   ─┤├──────────[ RST  C235 ]
      X12
   ─┤├──────────( C235 )K5
      C235
   ─┤├──────────( Y1 )
```

图 4-13　单相单输入梯形图

计数器 C235 的动作过程如图 4-14 所示。

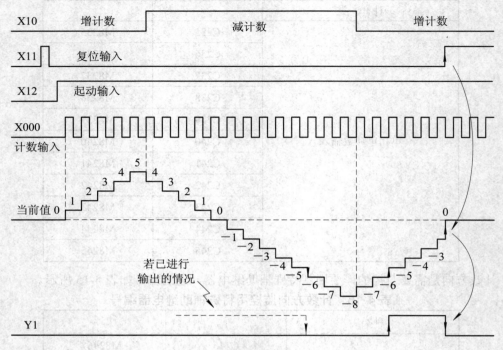

图 4-14　计数器 C235 的动作

(3) 双相双输入高速计数器的使用。

双相双输入计数器是 32 位的增计数器/减计数二进制计数器，对应于当前值的输出触点的动作与上述单相高速计数器相同。增/减计数器梯形图如图 4-15 所示。

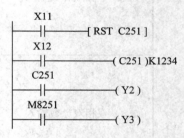

图 4-15　增/减计数器梯形图

X12 为 ON 时，C251 通过中断，对输入 X0(A相)、X1(B 相)的动作计数。如果 X11 为 ON 时，则执行 RST 指令复位。如果当前值超过设定值，则 Y2 为 ON；如果当前值小于设定值，则为 OFF。根据不同的计数方向，Y3 接通(增计数)或断开(减计数)。

双相式编码器输出的是有 90° 相位差的 A 相和 B 相。据此，高速计数器如图 4-16 所示自动地进行增计数/减计数动作。

(a) 正转时的增计数　　　(b) 反转时的减计数

图 4-16　自动地增/减计数动作

高速计数器的当前值达到设定值时，要求立即输出的情况下，请采用高速计数器专用的比较指令，详情请参考相关的手册。

3. 计数频率

计数器最高计数频率受两个因素限制。一是各个输入端的响应速度，主要是受硬件的限制。二是全部高速计数器的处理时间，这是高速计数器计数频率受限制的主要因素。因为高速计数器操作是采用中断方式，故计数器用得越少，则可计数频率就高。如果某些计数器用比较低的频率计数，则其他计数器可用较高的频率计数。

4.3.7　数据寄存器 D

在进行输入输出处理、模拟量控制时，需要许多数据寄存器存储数据和参数。FX 系列 PLC 的数据寄存器为 16 位，最高位为符号位，可用两个数据寄存器来存放 32 位数据，这时最高位仍为符号位。数据寄存器也分成下面几类，详见表 4-16 所示。

表 4-16　FX 系列 PLC 的数据寄存器

PLC	FX$_{0S}$	FX$_{2N}$	FX$_{3U}$	FX$_{3G}$
通用寄存器	D0～D29	D0～D199	D0～D199	D0～D127 D1100～D7999
电池后备/锁存寄存器	D30～D31	D200～D7999	D200～D7999	D128～D1099
特殊寄存器	D8000～D8069	D8000～D8255	D8000～D8511	D8000～D8511
文件寄存器	—	D1000～D7999	D1000～D7999	D1000～D7999

1. 通用数据寄存器

将数据写入通用寄存器后，其值将保持不变，直到下一次被改写。PLC 从运行到停止状态时，所有的通用寄存器被复位为 0；若特殊辅助继电器 M8033 为 ON，则 PLC 从运行转向停止时，通用寄存器的值保持不变。

2. 电池后备/锁存寄存器

电池后备/锁存寄存器有断电保持功能，PLC 从运行状态进入停止状态时，电池后备/锁存寄存器的值保持不变。利用参数设定，可改变电池后备/锁存寄存器的范围。

3. 特殊寄存器

特殊寄存器用来控制和监视 PLC 内部的各种工作方式和元件，如电池电压、扫描时间、正在动作的状态编号等。PLC 上电时，这些数据寄存器被写入默认的值。

4. 文件寄存器

文件寄存器以 500 点为单位，可被外部设备存取。文件寄存器实际上被设置为 PLC 的参数区，文件寄存器与锁存寄存器是重叠的，可保证数据不会丢失。

4.3.8　指针 P/I

指针包括分跳转和子程序调用的指针(P)以及中断用的指针(I)。在梯形图中，指针放在左侧母线的左边，FX 系列 PLC 的指针(P)、(I)编号，详见表 4-17 所示。

表 4-17 FX 系列 PLC 的指针(P)、(I)编号

		跳转用	输入中断用		定时器中断		计数器中断用		
		跳转到 END 用							
FX_{0S}	P0～P62 63 点	P63 1 点	I00□(X000) I10□(X001) I20□(X002) I30□(X003)	4 点	—		—		
FX_{2N}	P0～P62 P64～P127 127 点	P63 1 点	I00□(X000) I10□(X001) I20□(X002) I30□(X003) I40□(X004) I50□(X005)	6 点	I6□□ I7□□ I8□□	3 点	I010 I020 I030 I040 I050 I060		6 点
FX_{3U}	P0～P62 P64～P4095 4095 点	P63 1 点	I00□(X000) I10□(X001) I20□(X002) I30□(X003) I40□(X004) I50□(X005)	6 点	I6□□ I7□□ I8□□	3 点	I010 I020 I030 I040 I050 I060		6 点
FX_{3G}	P0～P62 P64～P2047 2047 点	P63 1 点	I00□(X000) I10□(X001) I20□(X002) I30□(X003) I40□(X004) I50□(X005)	6 点	I6□□ I7□□ I8□□	3 点	I010 I020 I030 I040 I050 I060		6 点

分支指令用指针标号 P□□用来指定条件跳转，子程序调用等分支指令的跳转目标。中断指针的格式表示如下：

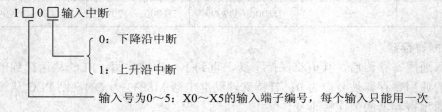

例如，I001 为输入 X0 从 OFF→ON 变化时，执行由该指针作为标号后面的中断程序，并根据 IRET 指令返回。

4.3.9 变址寄存器 V/Z

FX 系列 PLC 有 16 个变址寄存器 V0～V7 和 Z0～Z7，在 32 位操作时将 V、Z 合并使用，Z 为低位。变址寄存器可用来改变软元件的元件号，例如，当 V0 = 12 时，数据寄存器 D6V0，则相当于 D18(6 + 12 = 18)。通过修改变址寄存器的值，可以改变实际的操作数。变址寄存器也可以用来修改常数的值，例如，当 Z0=21 时，K48Z0 相当于常数 69(48 + 21 = 69)。

4.3.10 常数 K/H

常数 K 用来表示十进制常数，16 位常数的范围为 0～32 767，32 位常数的范围为 −2 147 483 648～+2 147 483 647。常数 H 用来表示十六进制常数，十六进制包括 0～9 和 A～F 这 16 个数字，16 位常数的范围为 0～FFFF，32 位常数的范围为 0～FFFFFFFF。

习 题

4-1 简述三菱小型 PLC 的发展过程，并说明 FX 系列 PLC 的特点。

4-2 FX$_{2N}$-48MR 是基本单元还是扩展单元？有多少个输入点，多少个输出点？属于什么输出类型？

4-3 在梯形图中，同一编程元件的常开触点或常闭触点使用的次数有限制吗？为什么？

4-4 FX 系列 PLC 的编程软元件有哪些？

4-5 说明特殊辅助继电器 M8000 和 M8002 的区别。

4-6 PLC 编程器的作用是什么？主要有哪几种编程器？

4-7 说明通用型定时器的工作原理。

拓 展 题

4-1 读图 4-17 梯形图程序，根据给出的输入波形图，画出对应的输出波形图。

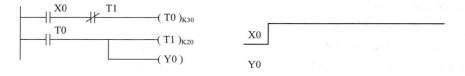

图 4-17 拓展题 4-1 用图

4-2 读图 4-18 梯形图程序，根据给出的输入波形图，画出对应的输出波形图。

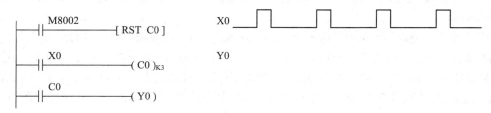

图 4-18 拓展题 4-2 用图

实训项目 4-1 手持式编程器的使用

1. 实训目的

(1) 熟悉 FX-20P-E 型(手持式)编程器的组成及操作面板各部分的作用。

(2) 掌握常用的操作方法。

2. 实训器材

(1) 可编程控制器 1 套(包括 FX2N-48MR 的 PLC 主机 1 个、FX-20P-E 型编程器 1 个、FX-20P-CAB 型电缆 1 根)。

(2) 电工常用工具 1 套。

(3) 导线若干。

3. 实训指导

1) 编程器的概述

目前常用的编程工具有两种：一种是便携式(即手持式)编程器，另一种是使用计算机通过编程软件进行编程。编程器(HPP)是 PLC 重要的外部设备，它的作用是通过编程语言，把用户程序送到 PLC 的用户程序存储器中去，即写入程序，除此之外，编程器还能对程序进行读出、插入、删除、修改、检查，也能对 PLC 的运行状况进行监视。

FX 系列 PLC 使用的编程器有 FX-10P-E 和 FX-20P-E 两种，这两种编程器的使用方法基本相同。所不同的是 FX-10P-E 的液晶显示屏只有 2 行，而 FX-20P-E 有 4 行，每行 16 个字符；另外，FX-10P-E 只有在线编程功能，而 FX-20P-E 除了有在线编程功能外，还有离线编程功能。手持式编程具有体积小、质量轻、价格低等特点，广泛用于小型 PLC 的用户程序编制、现场调试和监控。

2) FX-20P-E 型编程器的组成

FX-20P-E 型编程器主要包括以下几个部件：

(1) FX-20P-E 型编程器；

(2) FX-20P-CAB 型电缆；

(3) FX-20P-RWM 型 ROM 写入器；

(4) FX-20P-ADP 型电源适配器；

(5) FX-20P-E-FKIT 型接口，用于对三菱的 F1、F2 系列 PLC 编程。

其中，编程器与电缆是必需的，其他部分是选配件。编程器右侧面的上方有一个插座，将 FX-20P-CAB 电缆的一端插入该插座内，电缆的另一端插到 FX 系列 PLC 的 RS-422 编程器插座内。

FX-20P-E 型编程器的顶部有一个插座，可以连接 FX-20P-RWM 型 ROM 写入器。编程器底部插有系统程序存储器卡盒，需要将编程器的系统程序更新时，只要更换系统程序存储器卡盒即可。在 FX-20P-E 型编程器与 PLC 不相连的情况下，需要用编程器编制用户程序时，可以使用 FX-20P-ADP 型电源适配器对编程器供电。FX-20P-E 型编程器内附有 8 KB 步 RAM，在脱机方式时用来存放用户程序。编程器内附有高性能的电容器，通电 1 h 后，在该电容器的支持下，RAM 内的信息可以保留三天。

3) FX-20P-E 型编程器的面板布置

FX-20P-E 型编程器的面板布置如图 4-19 所示。面板的上方是一个液晶(LED)显示屏。它的下面共有 35 个按键，最上面一行和最右边一列为 11 个功能键，其余的 24 个按键为指令键和数字键。

(1) LED 显示屏。FX-20P-E 型编程器的 LED 显示屏能把编程与编辑过程中的操作状态、指令、软元件符号、软元件地址、常数、参数等在显示屏上显示出来。在编程时，LED 显示屏的画面示意图如图 4-20 所示。

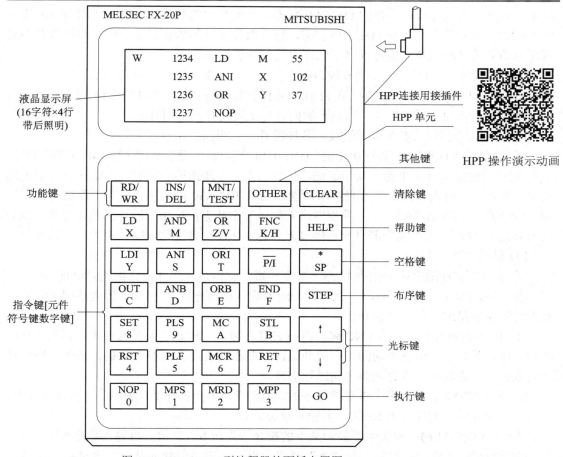

图 4-19　FX-20P-E 型编程器的面板布置图

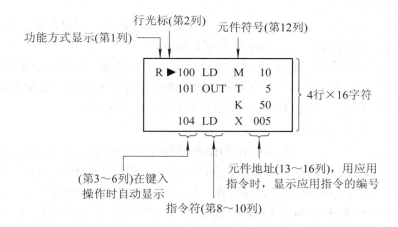

图 4-20　LED 显示屏的画面示意图

LED 显示屏可显示 4 行，每行 16 个字符，第一行第一列的字符代表编程器的操作方式。其中，"R"为读出用户程序；"W"为写入用户程序；"I"为将所编制的程序插入到光标"▶"所指的指令之前；"D"为删除光标"▶"所指的指令；"M"表示编程器处于临时工作状态，可以监视位元件的 ON/OFF 状态、字元件内的数据以及基本逻辑指令的通断状态；"T"表示编程器处于测试工作状态，可以对位元件的状态以及定时器和计数器的线圈强制 ON 或强制 OFF，也可以对字元件内的数据进行修改。

第 2 列为光标"▶"；第 3 到 6 列为指令步序号，在键入操作时自动显示；第 7 列为空格，第 8 到 11 列为指令助记符；第 12 列为元件符号或操作数；第 13 到 16 列为元件号或操作数。若输入的是功能指令，则显示的内容与上述内容不全相符。

(2) 键盘。键盘由 35 个按键组成，各按键具体介绍如下。

① 功能键(RD/WR)：读/写功能键；(INS/DEL)键：插入/删除功能键；(MNT/TEST)键：监视/测试功能键。这 3 个键为双功能键，交替起作用，即按第一次时选择键左上方表示的功能，按第二次时选择键右下方表示的功能。现以 RD/WR 键为例，按第一次选择读出方式，LED 显示屏显示"R"，表示编程器进入程序读出状态；按第二次选择写入方式，LED 显示屏显示"W"，表示编程器进入程序写入状态，如此交替变化，编程器的工作状态显示在 LED 显示屏的左上角。

② 其他键(OTHER)：在任何状态下按下该键，立即进入工作方式的选择画面。

③ 清除键(CLEAR)：取消按 GO 键以前(即确认前)的输入，另外，该键还用于清除屏幕上的错误信息或恢复原来的画面。

④ 帮助键(HELP)：按下 FNC 键后再按 HELP 键，编程器进入帮助模式，再按下相应的数字键，就会显示出该类功能指令的助记符。在监视模式下按 HELP 键，用于使字元件内的数据在十进制和十六进制数之间进行切换。

⑤ 空格键(SP)：输入多个参数的指令时，用来指定多个操作数或常数。在监视模式下，若要监视位元件，则先按下 SP 键，再输入该位元件。

⑥ 步序键(STEP)：如果需要显示某步的指令，先按 STEP 键，再输入步序号。

⑦ 光标键(↑)(↓)：移动光标"▶"及提示符，指定当前软元件前一个或后一个软元件，作行的滚动显示。

⑧ 执行键(GO)：用于对指令的确认、再搜索和执行命令。在键入某指令后，再按 GO 键，编程器就将该指令写入 PLC 的用户程序存储器中。

⑨ 指令、软元件符号、数字键，共 24 个，都为双功能键。按键的上部为指令助记符，下部为软元件符号及数字，上、下两部分的功能对应于按键的操作，通常为自动切换。下部符号中，Z/V、K/H、P/I 交替作用，反复按这些键时，互相切换。

4) 编程器工作方式选择

(1) 编程器的工作方式。FX-20P-E 型编程器具有在线(ONLINE 或称连机)编程和离线(OFFLINE 或称脱机)编程两种工作方式。在线编程时，编程器与 PLC 直接相连，编程器直接对 PLC 的用户程序存储器进行读/写操作。若 PLC 内装有 EEPROM 存储卡盒，则程序写入该存储卡盒，此时 EEPROM 存储器的写保护开关必须处于"OFF"位置；若没有 EEPROM 存储卡盒，则程序写入 PLC 内的 RAM 中。在离线编程时，编制的程序首先写入编程器内的 RAM 中，以后再成批地传入 PLC 的存储器。只有用 FX-20P-RWM 型 ROM 写入器才能将用户程序写入 EPROM。

(2) 编程器的工作方式选择。FX-20P-E 型编程器上电后，其液晶屏幕显示的内容如图

4-21 所示。其中闪烁的符号"■"指明编程器目前所处的工作方式。当要改变编程器的工作方式时,只需按"↑"或"↓"键,将"■"移动到所需的方式上,然后按 GO 键,就进入所选定的编程方式。

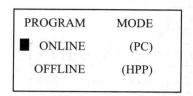

PROGRAM　　　MODE
■ ONLINE　　　(PC)
OFFLINE　　　(HPP)

图 4-21　编程器上电后液晶屏幕显示的内容

在联机编程方式下按 OTHER 键,即进入工作方式选择,此时,液晶屏幕显示的内容如图 4-22 所示。可供选择的工作方式共有 7 种,它们依次是:

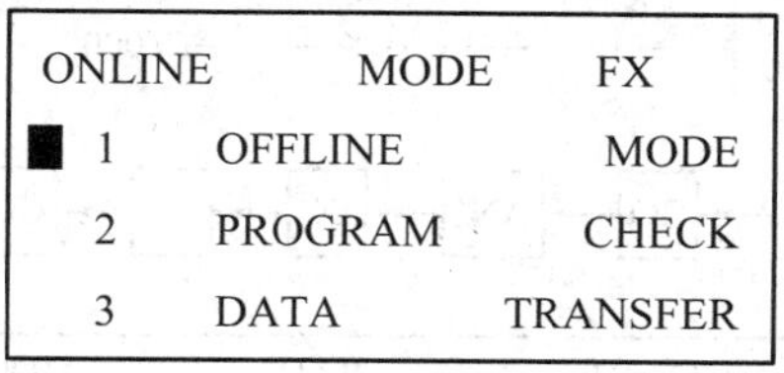

ONLINE　　　MODE　　　FX
■ 1　　OFFLINE　　　MODE
2　　PROGRAM　　　CHECK
3　　DATA　　　TRANSFER

图 4-22　按 OTHER 键后液晶屏幕显示的内容

① OFFLINE MODE:进入脱机编程方式。

② PROGRAM CHCEK:程序检查,若没有错误,显示"NO ERROR"(没有错误);若有错误,则显示出错误指令的步序号及出错代码。

③ DATA TRANSFER:数据传送,若 PLC 内安装有存储卡盒,在 PLC 的 RAM 和外装的存储器之间进行程序和参数的传送。反之则显示"NO MEM CASSETTE"(没有存储卡盒),不进行传送。

④ PARAMETER:对 PLC 的用户程序存储器容量进行设置,还可以对各种具有断电保持功能的软元件的范围以及文件寄存的数量进行设置。

⑤ XYM…NO.CONV.:修改 X、Y、M 的元件号。

⑥ BUZZER LEVEL:蜂鸣器的音量调节。

⑦ LATCH CLEAR:复位有断电保持功能的软元件。

对文件寄存器的复位与它使用的存储器类别有关,只能对 RAM 和写保护开关处于 OFF 位置的 EEPROM 中的文件寄存器复位。

5) 程序的写入

在写入程序之前,一般要将 PLC 内部存储器的程序全部清除(简称清零)。清零框图如图 4-23 所示,清除程序的框图中每个框表示按一次相对应的键,清零后即可进行程序写入操作,写入操作包括基本指令(包括步进指令)、功能指令的写入。

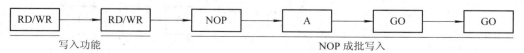

| RD/WR | → | RD/WR | → | NOP | → | A | → | GO | → | GO |

写入功能　　　　　　　　　　　　　　　　　　NOP 成批写入

图 4-23　清零框图

(1) 基本指令的写入。基本指令有 3 种情况：①是仅有指令助记符，不带元件；②是有指令助记符和一个元件；③是有指令助记符和两个元件。写入上面 3 种基本指令的操作框图如图 4-24 所示。

图 4-24　写入基本指令的操作

梯形图程序 1 写入到 PLC 中的操作与显示如图 4-25 所示。

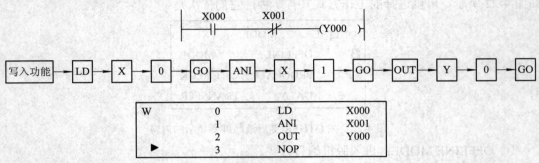

图 4-25　梯形图程序一

写入 LDP、ANDP、ORP 指令时，在按指令键后还要按 P/I 键。写入 LDF、ANDF、ORF 指令时，在按指令键后还要按 F 键。写入 INV 指令时，要按 NOP 和 P/I 键。

(2) 功能指令的写入。写入功能指令时，按 FNC 键后再输入功能指令号，输入功能指令号有两种方法：①是直接输入指令号；②是借助于 HELP 键的功能，在所显示的指令一览表上检索指令编号后再输入。功能指令写入的基本操作如图 4-26 所示。

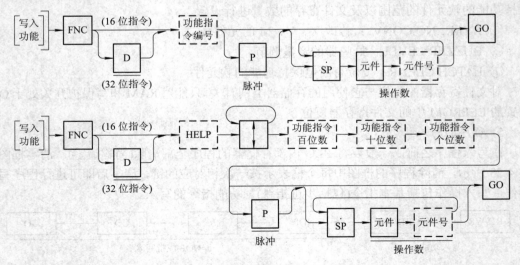

图 4-26　功能指令输入的基本操作

例如，写入如图 4-27 所示梯形图程序 2 的操作与显示如下。

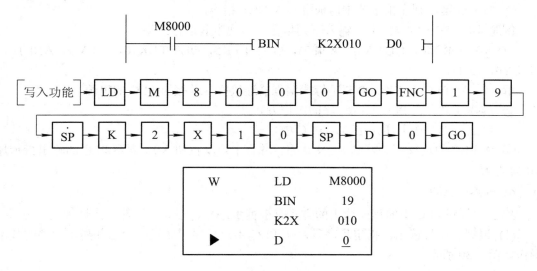

图 4-27　梯形图程序二

(3) 标号的输入。在程序中 P (指针)、I (中断指针)作为标号使用时，其输入方法和指令相同，即按 P 键或 I 键，再键入标号编号，最后按 GO 键。

(4) NOP 的成批写入。在指定范围内，将 NOP 成批写入的基本操作如图 4-28 所示。

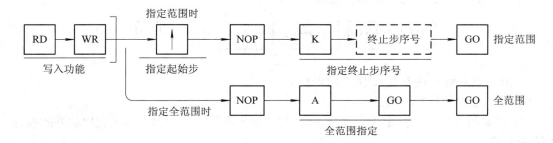

图 4-28　NOP 成批写入的基本操作

例如，在 1014 步到 1024 步范围内成批写入 NOP 指令的操作和显示如图 4-29 所示。

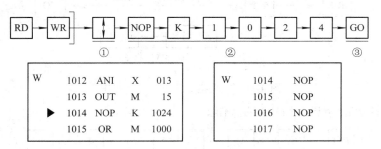

图 4-29　NOT 指令成批写入的操作和显示

① 在显示 "W" 时，按 "↑" 或 "↓" 键将光标移至要写入 NOP 指令的起始步位置。

② 依次按 NOP、K 键，再键入终止步序号。

③ 按 GO 键，则在指定范围内成批写入 NOP 指令。

例题 4-5 在连机方式下，输入下列指令，并观察其运行结果：

LD X0，OR M0，OUT M0，ANI T1，OUT T0 K5，OUT T1 K10，LD M0，ANI T0，OUT Y0，END。

解： ① 将 PLC 与 FX-20P-E 手持式编程器连接好，并接通 PLC 的电源。

② 选择连机和向 PLC 写入程序的工作方式。

③ 将上述指令按上述方法写入 PLC 中。

④ 将 PLC 的运行开关打到 RUN 状态，并合上启动按钮 X0，观察 PLC 的输出指示灯 Y0 的变化。

6) 程序的读出

把已写入到 PLC 中的程序读出的方式有根据步序号、指令、元件及指针等几种方式。

(1) 根据步序号读出。指定步序号，从 PLC 用户程序存储器中读出并显示程序的基本操作如图 4-30 所示。

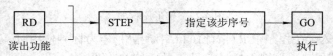

图 4-30 根据步序号读出的基本操作

例如，要读出第 55 步的程序，其操作步骤如下：

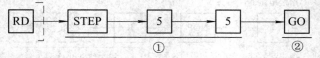

① 按 STEP 键，接着键入指定的步序号。

② 按 GO 键即执行读出。

(2) 根据指令读出。指定指令，从 PLC 用户程序存储器中读出并显示程序的基本操作如图 4-31 所示。

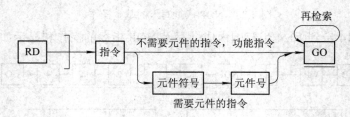

图 4-31 根据指令读出的基本操作

例如，要读出指令 PLS M104 的操作如下：

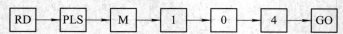

(3) 根据指针读出。指定指针，从 PLC 的用户程序存储器中读出并显示程序的基本操作如图 4-32 所示。

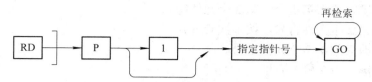

图 4-32　根据指针读出的基本操作

例如，读出指针号为 P3 的操作如下：

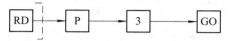

(4) 根据元件读出。指定元件符号和元件号，从 PLC 用户程序存储器中读出并显示程序的基本操作如图 4-33 所示。

图 4-33　根据元件读出的基本操作

例如，读出 Y123 的操作如下：

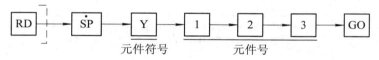

例题 4-6　在例 4-5 的基础上读出程序。

解：① 按 RD/WR 键，使 LED 显示屏显示 "R"。

② 输入要读出的指令(或 STEP 及步序号，或 SP、元件符号和元件号)。

③ 按 GO 键，LED 显示屏即显示所读出的内容。

7) 程序的修改

在指令输入过程中，若要修改，可按图 4-34 所示的操作进行。

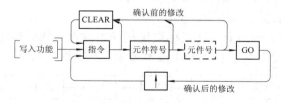

图 4-34　修改程序的基本操作

(1) 按 GO 键前的修改。例如，输入指令 OUT T0 K10，确认(按 GO 键)前，欲将 K10 改为 D9，其操作如下：

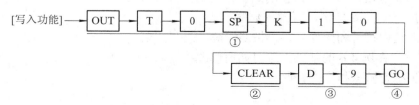

① 按指令键，输入第 1 个和第 2 个元件符号。

② 为取消第 2 个元件符号，按 1 次 CLEAR 键。

③ 键入修改后的第 2 个元件符号。

④ 按 GO 键，指令修改完毕。

(2) 按 GO 键后的修改。若确认后(即已按 GO 键)，则修改操作如下：

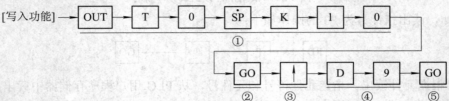

① 按指令键，写入第 1 个、第 2 个元件符号。

② 按 GO 键即①的内容输入完毕。

③ 将行光标移到 K10 的位置上。

④ 键入修改后的第 2 个元件符号。

⑤ 按 GO 键，指令修改完毕。

(3) 整条指令的改写。在指定的步序号上改写指令。例如，在 100 步上写入指令 OUT T50 K123，其操作如下：

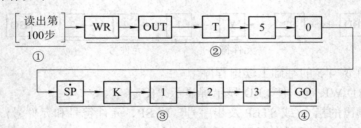

① 根据步序号读出程序。

② 按 WR 键后，依次键入指令、第 1 个元件符号及元件号。

③ 按 SP 键，键入第 2 个元件符号和元件号。

④ 按 GO 键，则重新写入指令。

如需改写读出步附近的指令，将光标直接移到指定处，然后再进行相应操作。例如，第 100 步的 MOV(P)指令后的元件 K2X1 改写为 K1X0 的操作如下：

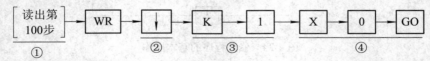

① 根据步序号读出程序。

② 按 WR 键后，将行光标移动到要改写的元件位置上。

③ 在指定位置按 K 键，再键入数值。

④ 键入元件符号和元件号，再按 GO 键，改写结束。

例题 4-7 在例 4-6 的基础上练习如何修改程序。

解： ① 练习整条指令的修改。

② 练习按 GO 键前的修改。

③ 练习按 GO 键后的修改。

④ 恢复到例 4-6 的形式。

8) 程序的插入

插入程序的操作是先读出程序，然后在指定的位置上插入指令或指针，其基本操作如图 4-35 所示。

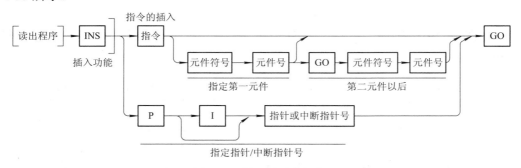

图 4-35 插入的基本操作

例如，在 200 步前插入指令 AND M5 的操作如下：

① 根据步序号读出相应的程序。按 INS 键，在行光标移到指定步处进行插入，无步序号的行不能插入。

② 键入指令、元件符号和元件号(或指针符号及指针号)。

③ 按 GO 键后就可把指令或指针插入到指定位置。

例题 4-8 在例 4-6 的基础上插入 ANI X1(在 ANI T1 指令前)，并观察其运行情况。

解： ① 读出 ANI T1 指令，并使光标指到该指令。

② 按 INS/DEL 键，使 LED 显示屏显示 "I"。

③ 输入要插入的指令。

④ 按 GO 键，则指令就插入到 ANI T1 指令前。

⑤ 将 PLC 的运行开关打到 RUN 状态，并合上启动按钮 X0，观察 PLC 的输出指示灯 Y0 的变化，然后合上 X1，观察 PLC 的输出指示灯 Y0 的变化。

9) 程序的删除

删除程序分为逐条删除、指定范围删除和全部 NOP 指令的删除几种方式。

(1) 逐条删除。读出程序，逐条删除光标指定的指令或指针，基本操作如图 4-36 所示。

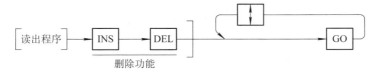

图 4-36 逐条删除的基本操作

例如，要删除第 100 步的 AND 指令，其操作如下：

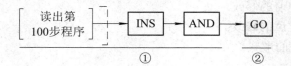

① 根据步序号读出相应程序，按 INS/DEL 键，使显示屏显示"D"。

② 按 GO 键后，即删除了行光标所指定的指针或指令，而且以后各步的步序号自动向前提。

(2) 指定范围的删除。从指定的起始步序号到终止步序号之间的程序成批删除的操作如图 4-37 所示。

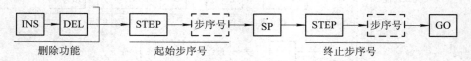

图 4-37 指定范围的删除的基本操作

(3) 全部 NOP 指令的删除。将序中所有的 NOP 指令一起删除的操作如图 4-38 所示。

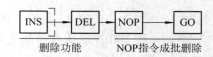

图 4-38 全部 NOP 指令删除的基本操作

例题 4-9 在例 4-8 的基础上删除 OR M0 指令，并观察其运行情况。

解：① 读出 OR M0 指令，并使光标指到该指令。

② 按 INS/DEL 键，使 LED 显示屏显示"D"。

③ 按 GO 键，则 OR M0 指令就被删除。

④ 将 PLC 的运行开关打到 RUN 状态，并合上启动按钮 X0，观察 PLC 的输出指示灯 Y0 的变化。

10) 元件的监视

监控功能可分为监视与测控。监视功能是通过在连机方式下简易编程的显示屏监视 PLC 软元件的动作和控制状态。它包括元件的监视、导通检查和动作状态的监视等内容。测控功能主要是指编程器对 PLC 的位元件的触点和线圈进行强制置位和复位以及对常数的修改。这里包括强制置位、复位和修改 T、C、Z、V 的当前值和 T、C 的设定值以及文件寄存器的写入等内容。

监控操作可分为准备、启动系统、设定连机方式、监控操作等几步，前几步与编程操作一样。下面仅为监控操作进行说明。

(1) 元件监视。所谓元件监视是指监视指定元件的 ON/OFF 状态、设定值及当前值。元件监视的基本操作如图 4-39 所示。

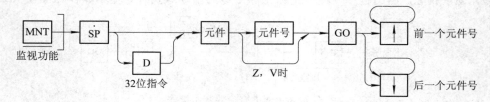

图 4-39 元件监视的基本操作

　　例如，依次监视 X0 及其以后的元件的操作和显示，如图 4-40 所示。

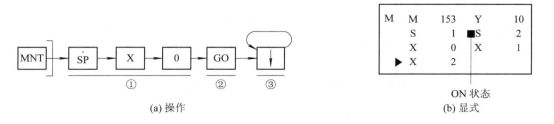

| | (a) 操作 | | (b) 显式 |

图 4-40　监视 X0 等元件的操作及显示

　　① 按 MNT 键(即显示"M")后，再按 SP 键，键入元件符号及元件号。
　　② 按 GO 键、根据有无"■"标记，监视所键入元件的 ON/OFF 状态。
　　③ 通过按"↑"、"↓"键，监视前后同类元件的 ON/OFF 状态。
　　(2) 导通检查。根据步序号或指令读出程序，监视元件触点的导通及线圈的得电与否，基本操作如图 4-41 所示。

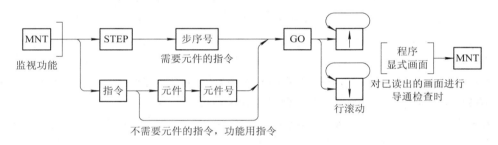

图 4-41　导通检查的基本操作

　　例如，读出 126 步作导通检查的操作如下：

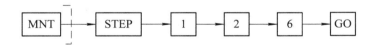

　　读出指定步序号为 126 步的指令，然后利用显示的"■"标记监视触点导通和线圈通电与否，利用"↑"、"↓"键进行行滚动。
　　(3) 状态继电器的监视。利用步进指令监视状态继电器 S 的动作情况(状态号从小到大，最多为 8 点)的操作如下：

　　例题 4-10　在例 4-8 的基础上监视程序的运行情况。
　　解：① 将 PLC 的运行开关打到 RUN 状态，并合上启动按钮 X0，监视各触点、线圈的 ON/OFF 状态。
　　② 合上启动按钮 X0 后，监视 T0、T1 的设定值和当前值。

③ 合上停止按钮 X1，监视各触点、线圈的 ON/OFF 状态。

11）元件的测试

（1）强制 ON/OFF。在进行元件的强制 ON/OFF 的测试时，先进行元件监视，然后进行测试功能，其基本操作如图 4-42 所示。

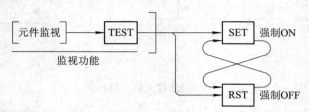

图 4-42　强制 ON/OFF 的基本操作

例如，对 Y100 进行强制 ON/OFF 操作的操作如下：

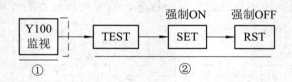

① 利用监视功能，对 Y100 元件进行监视。

② 按 TEST(测试)键，若此时被监视元件为 OFF 状态，则按 SET 键，强制其为 ON；若 Y100 为 ON 状态，则按 RST 键，强制 Y100 为 OFF。

（2）修改 T、C、D、Z、V 的当前值。先进行元件监视后，再进入测试功能，修改 T、C、D、Z、V 的当前值，其基本操作图 4-43 所示。

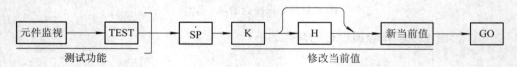

图 4-43　修改 T、C 等当前值的基本操作

将 32 位计数器的设定值寄存器(D1、D0)的当前值 K1234 修改为 K10，其操作如下：

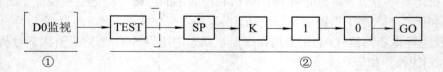

① 应用监视功能，对设定值寄存器进行监视。

② 按 TEST 键后，按 SP 键，再按 K 或 H 键(常数 K 为十进制数设定，H 为十六进制数)，再键入新的当前值。

③ 按 GO 键，当前值变更结束。

（3）修改 T、C 设定值。元件监视或导通检查后，转到测试功能，可修改 T、C 的设定值，其基本操作如图 4-44 所示。

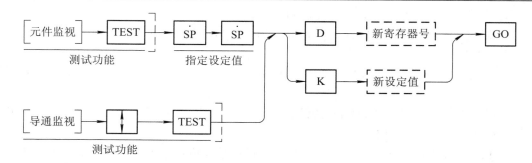

图 4-44　修改 T、C 设定值的基本操作

若将 T5 的设定值 K300 修改为 K500，其操作如下：

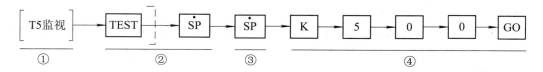

① 利用监视功能对 T5 进行监视。

② 按 TEST 键后，按一下 SP 键，则提示符出现在当前值的显示位置上。

③ 再按一下 SP 键，提示符移到设定值的显示位置上。

④ 键入新的设定值，按 GO 键，设定值修改完毕。

若将 T10 的设定值 D123 变更为 D234，其操作如下：

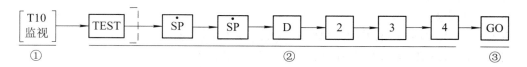

① 应用监视功能对 T10 进行监视。

② 按 TEST 键和按两次 SP 键，提示符移动到设定值用数据寄存器编号的位置上，键入变更的数据寄存器编号。

③ 按 GO 键，变更完毕。

将第 251 步的 OUT T50 指令的设定值 K1234 变更为 K123，其操作如下：

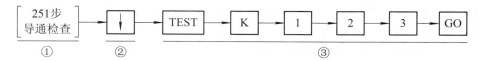

① 利用监视功能，将 251 步 OUT T50 显示于导通检查画面。

② 将行光标移到设定值行。

③ 按 TEST 键后，键入新的设定值，再按 GO 键后，修改变更完毕。

例题 4-11　在例 4-8 的基础上，测试元件的运行情况。

解：① 强制输出继电器 Y0 的 ON/OFF。

② 修改 T0、T1 的当前值，并观察 PLC 的运行情况。

③ 修改 T0、T1 的设定值分别为 K20、K40，并观察 PLC 的运行情况。

12) 离线方式

(1) 离线时的功能。FX-20P-E 型编程器(HPP)本身有内置的 RAM 存储器，所以它具有下述功能：

① 在 OFF LINE 状态下，HPP 的键盘所键入的程序，只被写入 HPP 本身的 RAM 内，而非写入 PLC 主机的 RAM。

② PLC 主机的 RAM 若已输入了程序，就可以独立执行已有的程序，而不需 HPP。此时不管主机在 RUN 或 STOP 状态下，均可通过 HPP 来写入、修改、删除和插入程序，但这些程序存放在 HPP 的 RAM 中，因此 PLC 无法执行这些程序。

③ HPP 本身 RAM 中的程序是由 HPP 内置的大电容器来供电的，但它离开主机后程序只可保存 3 天(须与主机连接超过 1 h 以上)，三天后程序会自然消失。

④ HPP 内置的 RAM 可与 PLC 主机的 RAM 或存储卡盒的 8 KB RAM/EPROM/EEPROM 相互传输程序，也可传输至 HPP 附加的 ROM 写入编程器内(需要时另外购买 FX-20P-RWM 型编程器)。

(2) 离线时的工作方式选择。在离线方式下，按 OTHER 键，即进入工作方式选择的操作，可供选择的工作方式共有 7 种，其中 PROGRAM CHECK、PARAMETER、XYM…NO.CONV.、BUZEER LEVEL 与 ON LINE 相同，但在 OFF LINE 时它只对 HPP 内的 RAM 有效。

(3) HPP 与 FX 主机间的传输(OFF LINE MODE)。HPP 会自动判别存储器的型号，而出现下列 4 种存储体模式的画面。

① 主机未装存储卡盒。

HPP→FX-RAM：将 HPP 内的 RAM 传输至 FX 主机的 RAM。

HPP←FX-RAM：将 FX 主机的 RAM 传输至 HPP 的 RAM。

HPP：FX-RAM：执行两者的程序比较。

② 主机加装 8KB RAM(CS RAM)存储卡盒。

HPP→FX CSRAM：将 HPP 内的 RAM 传输至 FX 主机的 CSRAM。

HPP←FX CSRAM：将 FX 主机的 CSRAM 传输至 HPP 的 RAM。

HPP-FX CSRAM：执行两者的程序比较。

③ 主机安装 EEPROM 存储卡盒。

HPP→FX EEPROM：将 HPP 内的 RAM 传输至 FX 主机的 EEPROM。

HPP←FX EEPROM：将 FX 主机的 EEPROM 传输至 HPP 的 RAM。

HPP-FX EEPROM：执行两者的程序比较。

④ 主机安装 EPROM(显示的画面与上述画面类似)。当需要进行传输时，只需将光标移至欲执行的项目，按 GO 键即可传输，并出现"EXECUTING"(执行中)，传输终了出现"COMPLETE"(完成)。

例题 4-12 在离线方式下输入例 4-8 程序(PLC 仍为例 4-11 的程序)，练习离线方式下的各种功能。

解：① 在离线方式下输入例 4-8 的程序(PLC 仍为例 4-11 的程序)，观察 PLC 运行了哪段程序。

② 练习 HPP 中的程序与 PLC 主机程序的相互传输。

13) 密码的设定与解除

(1) 密码保护等级。FX 系列 PLC 具有密码保护程序的功能，它共有 ABC 三级保密方式。

第一级(A 级)：HPP 的操作全部被禁止。设定时输入 A 后，再输 7 位的数字密码。

第二级(B 级)：HPP COPY 禁止。设定时输入 B 后，再输 7 位的数字密码。此时不能读写、修改、插入和删除程序，但可监视 I/O、M、S、T、C、D 等，也可强制输出 ON/OFF，还可以修改 T、C、D、V、Z 的数据。

第三级(C 级)：写入程序被禁止。设定时输入 C 后，再输入 7 位的数字密码。可读出程序内容，但不能写入、插入和删除程序。

(2) 密码的解除。若不知道密码，则需要把内存中已有的程序清除，其操作为：HPP 上电显示"INPUT ENTRYCODE"时，输入 SP 键 8 次，按 GO 键，此时出现"ONLINE MODE FX PARAMETER AND PROGRAM CLEAR?YES■NO"，再按 GO 键，出现 "ALL CLEAR ?"，再按 GO 键就把所有程序清除掉，全部变为 NOP。

(3) 如何设定密码。必须在 ONLINE 下按 OTHER 键，将光标移至 4.PARAMTER，按 GO 键，此时出现 "DEFAULT SETTING YES■NO"，再按 GO 键，出现 "2K-STEP..."，再按 GO 键，又出现 "ENTRY CODE■ENTER DELETE"，此时输入密码保护等级(A、B、C)和用户自己认为方便记忆的 7 位数字码(如 A1234567)，再按 GO 键就出现短暂的 "EXECUTING"后，跳至下一幕 "LATCH RANGE"，再按 GO 键(若要修改，改后才按 GO 键)，并续按 GO 键，直至出现 "PARAMETER VALUES COMPLETE? YES ■ NO"后，再按 GO 键就完成设定。

(4) 已设定密码如何开机。经设定密码后，重新开机时，在 ONLINE 方式下按 GO 键，直至出现 "INPUT ENTRY CODE"，此时输入已设定的密码(A1234567)才能使用。

例题 4-13　练习 PLC 密码的设定与解除。

解：① 在例 4-7 的基础上分别设定程序保护密码(A、B、C 三级)，并观察其区别。

② 通过密码进入程序。

③ 清除密码。

4. 实训报告要求

1) 实训总结

(1) 简述 FX-20P-E 型编程器的功能。

(2) 简述 3 个双功能键的作用。

(3) 如何进行程序的修改?

(4) 简述删除与清除的异同?

2) 实训思考

(1) 简述连机与脱机操作的异同。

(2) 程序是否存在语法错误? 如何检查?

实训项目 4-2 PLC 实训系统的使用

1. 实训目的

(1) 熟悉 PLC 实训系统的结构组成及使用方法。

(2) 掌握 PLC 的 I/O 外部接线的方法。

(3) 初步学会 PLC 程序编辑和调试的方法、步骤。

2. 实训器材

(1) PLC 实训系统 1 套。

(2) 编程电缆 FX-20P-CAB 一根。

(3) 连接导线若干。

3. PLC 实训系统介绍

PLC 实训系统的主要结构包括输入设备(按钮、旋钮)、输出设备(指示灯、蜂鸣器、中间继电器、七段数码管等)、PLC 控制器及其输入和输出端口的引出部分、负载电源等。系统布置示意图如图 4-45 所示。

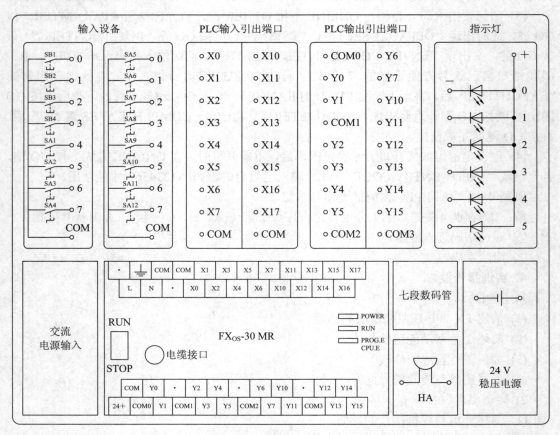

图 4-45 PLC 实验系统面板示意图

(1) 输入设备。由 4 个按钮 SB1～SB4 和 12 个转换开关 SA1～SA12 组成，输入设备信号分两组，每组有一个公共端。

(2) PLC 输入/输出端口。从方便实验考虑，PLC 主机(三菱 FX$_{OS}$-30MR)上的输入/输出端口都已经通过内部接线引到面板上，共 30 点，按八进制顺序排列。其中输入为 16 点，分别为 X0～X7、X10～X17，各自有 COM 端口；输出为 14 点，从 Y0～Y7、Y10～Y15，其中 Y0～Y1 的公共端为 COM0，Y2～Y3 的公共端为 COM1，Y4～Y11 的公共端为 COM2，Y12～Y15 的公共端为 COM3。

③ 输出设备。输出负载指示由指示灯、继电器等组成，用于模拟 PLC 控制的执行机构。

④ 交流电源输入部分。有交流 220 V 输入插座、开关及保险丝座。

⑤ PLC 主机。PLC 主机采用日本三菱 FX$_{OS}$-30MR，它由 30 个 I/O 点已经引到面板上，其上有个窗口盖板，掀开盖板即可看到编程电缆插座，上方有个针形拨动开关，供选择 PLC 主机的工作方式(STOP 或 RUN)，窗口右边是指示灯，用于指示 PLC 的工作状态。

⑥ 24 V 直流稳压电源。输出为 24 V，最大负载电流为 3 A，包括 24 V 电源接线端口、开关及保险丝座等。

⑦ 编程器。采用日本三菱 FX-10-E 型编程器(HPP)。

⑧ 编程器电缆。采用日本三菱专用电缆 FX-20P-CAB，用于连接 PLC 主机和编程器，使用时将编程电缆两端分别插入主机和编程器的插座上，注意其方向。

4. 实训内容

(1) 按图 4-46 所示来接线，接线时把模拟按钮、开关的公共端(COM 端口)与 PLC 输入模块的 COM 端口连接，各按钮、开关端口与 PLC 的输入端口连接即可。

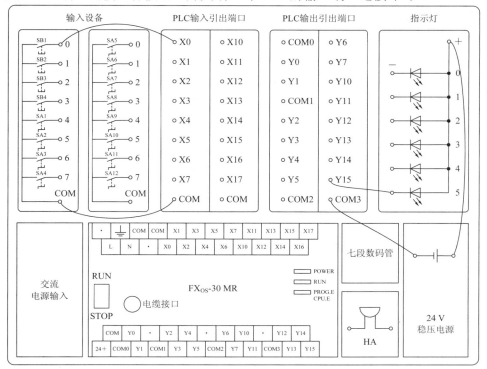

图 4-46　PLC 的 I/O 端口实际接线圈

(2) 接通 PLC 的电源，并按下 SB1 按钮，观察 PLC 的输入指示灯 X0 是否发亮。

(3) 按图 4-47 所示的梯形图，输入 PLC 程序并将 PLC 的"RUN/STOP"开关切换到 RUN 位置，再按下 SB1 按钮，观察 PLC 的输出指示灯 Y15 的变化以及输出设备指示灯的变化。

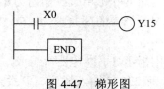

图 4-47　梯形图

5. 实训报告要求

(1) 说明 PLC 实验箱由几部分组成？各部分的主要作用是什么？

(2) 根据梯形图 4-47，如果用 Y0 驱动 0 号指示灯，请连接 PLC 输出端口至输出负载的接线。

(3) 在使用实验系统时，要注意哪些事项？

第 5 章　基本指令及应用

[学习导入]

　　请大家思考:学习了 PLC 内部的各种软继电器的作用和功能后,如何应用它们编写 PLC 控制程序来实现对生产设备的基本控制呢? 常用的 PLC 程序设计方法有哪些? 如何使用 PLC 的外部设备修改和调试程序呢?

　　三菱 FX 系统 PLC 有三种类型的指令:基本指令、步进梯形图指令和功能指令。基本指令主要用于组合逻辑控制,是基于各种继电器、定时器、计数器等软元件的逻辑电路设计指令;步进梯形图指令主要用于顺序逻辑控制,是基于顺序功能图(SFC)设计梯形图程序的步进型指令;功能指令又称为应用指令,是指令系统中应用于复杂控制的指令,主要用于数据传送、运算、变换及程序控制等。

　　本章以 FX_{2N} 系列 PLC 的指令系统为例,介绍各基本指令的功能和应用。

5.1　基　本　指　令

　　指令表编程是 PLC 中最基础的一种编程语言,利用基本指令可以完成开关量控制系统的程序编制,实现对生产设备的基本控制。因此掌握了基本指令,也就初步掌握了 PLC 的使用方法。梯形图和指令语句表是 PLC 的两种常用用户编程语言,梯形图和指令语句表之间有一一对应关系。FX_{2N} 系列 PLC 中的 27 条基本指令和梯形图符号的对应关系如表 5-1 所示。

表 5-1　FX_{2N} 系列 PLC 的基本指令和梯形图符号对应关系

指令	名称	梯形图符号	指令	名称	梯形图符号	指令	名称	梯形图符号
LD	取	─┤├─	ANDF	与脉冲下降沿	─┤↓├─	OUT	输出	─(Y000)
LDI	取反	─┤╱├─	ORP	或脉冲上升沿	└┤↑├┘	SET	置位	─[SET M0]
AND	与	─┤├─	ORF	或脉冲下降沿	└┤↓├┘	RST	复位	─[RST M0]
ANI	与非	─┤╱├─	ORB	块或		PLS	上升沿脉冲	─[PLS M1]

指令	名称	梯形图符号	指令	名称	梯形图符号	指令	名称	梯形图符号
OR	或		ANB	块与		PLF	下降沿脉冲	−[PLF M2]
ORI	或非		MPS	进栈		MC	主控	−[MC N0 M1]
LDP	取脉冲上升沿		MRD	读栈		MCR	主控复位	−[MCR N0]
LDF	取脉冲下降沿		MPP	出栈		NOP	空操作	
ANDP	与脉冲上升沿		INV	取反		END	结束	−[END]

5.1.1 取指令 LD、取反指令 LDI 和线圈输出指令 OUT

(1) LD(Load)：取指令。电路开始的常开触点对应的指令。

LDI(Load Inverse)：取反指令。电路开始的常闭触点对应的指令。

LD、LDI 指令对应的触点一般与左侧母线相连，表示一个逻辑运算开始。在使用 ANB、ORB 指令时，用来定义与其他电路串、并联的电路块的起始触点。

LD、LDI 指令的目标元件是 X、Y、M、S、T、C。

(2) OUT(Out)：线圈输出指令。用于将逻辑运算结果输出驱动一个线圈。

OUT 指令可以连续使用若干次，相当于多个输出线圈并联。

OUT 指令的目标元件是 Y、M、S、T、C(对 X 不能用)。

如果是输出一个定时器或计数器的线圈，应在 OUT 指令之后输入 T(或 C)的 K 常数，表示定时的时间或计数的次数。

(3) 用法示例：取指令、取反指令和线圈输出指令的用法如图 5-1 所示。

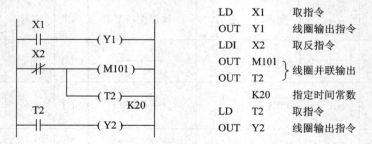

图 5-1 取指令、取反指令和线圈输出指令的用法

5.1.2 触点的串联指令 AND、ANI

(1) AND(And)：与指令。单个常开触点的串联连接指令。

ANI(And Inverse)：与非指令。单个常闭触点的串联连接指令。

(2) 说明：

① AND、ANI 指令用于单个触点的串联，该指令可连续重复多次使用，表示串联多个触点。

② 在 OUT 指令后，通过触点对其他线圈使用 OUT 指令称为连续输出，如顺序正确，可以多次使用。

③ AND、ANI 指令的目标元件为 X、Y、M、S、T、C。

(3) 用法示例：触点的串联指令的用法如图 5-2 所示。

LD	X1	
AND	X2	串联单个常开触点
OUT	Y5	
LD	X3	
ANI	X4	串联单个常闭触点
OUT	Y6	
AND	X5	OUT 指令后再串联触点
OUT	Y7	连续输出

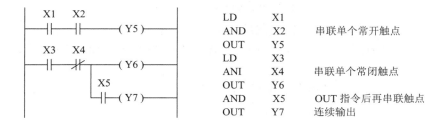

图 5-2　触点的串联指令的用法

例 5-1　假定有 3 个开关控制同一盏灯，要求当 3 个开关全部闭合时灯才能点亮，其他情况都不亮。3 个开关分别接 PLC 的输入端 X0、X1、X2，这盏灯连接 PLC 的输出端 Y0。请设计梯形图程序，并写出指令语句表。

解：设计的梯形图程序及指令语句表如图 5-3 所示。

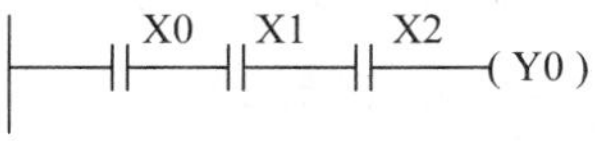

LD	X0
AND	X1
AND	X2
OUT	Y0

图 5-3　基本指令编程举例 5-1

5.1.3　触点的并联指令 OR、ORI

(1) OR(Or)：或指令。单个常开触点的并联连接指令。

ORI(Or Inverse)：或非指令。单个常闭触点的并联连接指令。

(2) 触点的并联指令说明。

① OR、ORI 指令用于单个触点与前面电路的并联。若将两个以上触点串联连接而电路块并联连接时，要用后面的 ORB 指令。

② OR、ORI 并联触头时，是从该指令的当前步开始，对前面的 LD、LDI 指令并联连接，该指令并联连接次数不限。

③ OR、ORI 指令总是将单个触点并联到它前面已连接好的电路两端。

④ OR、ORI 指令的目标元件为 X、Y、M、S、T、C。

(3) 用法示例：触点的并联指令的用法如图 5-4 所示。

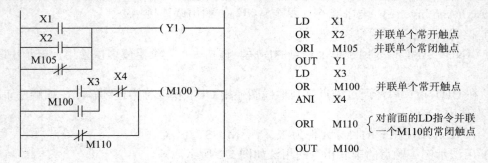

图 5-4　触点的并联指令的用法

例 5-2　假定有 3 个开关控制同一盏灯，要求 3 个开关任意一个闭合均可使灯点亮。3 个开关分别接 PLC 的输入端 X0、X1、X2，这盏灯连接 PLC 的输出端 Y0。请设计梯形图程序，并写出指令语句表。

解：设计的梯形图程序及指令语句表如图 5-5 所示。

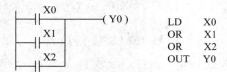

图 5-5　基本指令编程举例 5-2

5.1.4　电路块连接指令 ORB、ANB

(1) ORB(Or Block)：块或指令。电路块的并联连接指令。

当一个梯形图的控制线路由若干个先串联后并联的触点组成时，可将每个相串联的触头看作是一个块(串联电路块)。最上面块按触头串联方式编写，下面依次并联的块称作子块。子块第一个触头用 LD、LDI，其他串联触头用 AND、ANI。子块编完，加一条 ORB 指令作为结束。ORB 指令的用法示例如图 5-6 所示。

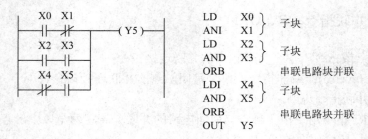

图 5-6　电路块的并联连接指令的用法

(2) ANB(And Block)：块与指令。电路块的串联连接指令。

当一个梯形图的控制线路由若干个先并联后串联的触点组成时，可将每个并联的触头看作一个块(并联电路块)。与左母线相连块按触头并联方式编写，后面依次串联的块称作子块。子块最上面触头用 LD、LDI，其他并联触头用 OR、ORI。每个子块编完，加一条

ANB 指令作为结束。ANB 指令的用法示例如图 5-7 所示。

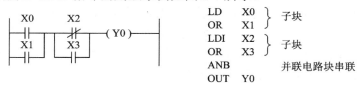

図 5-7 电路块的串联连接指令的用法

(3) 电路块连接指令的使用说明。

① ORB 将两个串联电路块相并联,ANB 将两个并联电路块相串联。ANB 或 ORB 指令执行完,相串联或并联的子块就成为了一个整体电路块,这时又可把它看成是一个子块。这个子块和其他的电路子块,又可以利用 ANB 或 ORB 指令进行电路块的串、并联。

② ORB、ANB 为无目标元件指令,可多次重复使用,但连续使用应限制在 8 次以下。

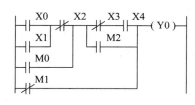

图 5-8 例题 5-3 的梯形图

例 5-3 请写出图 5-8 梯形图对应的指令语句表。

解: 图 5-8 梯形图对应的指令语句表如表 5-2 所示。

表 5-2 例题 5-3 的指令语句表

LD	X0	AND	X4
OR	X1	OR	M2
ANI	X2	ANB	
OR	M0	ORI	M1
LDI	X3	OUT	Y0

5.1.5 栈指令 MPS、MRD、MPP

栈指令有 MPS、MRD、MPP 三个,分别是进栈、读栈和出栈指令,它们用于多重输出电路分支电路处逻辑运算数据的存储和调用。FX 系列 PLC 有 11 个被称为栈的记忆运算中间结果的存储器,栈存储器与栈指令如图 5-9 所示。栈存储器对数据存储和调用方式采用先进后出的方式。

(1) MPS(Memory Push):进栈指令,运算存储。用于存储电路分支处运算结果,以便处理有线圈支路时调用。使用一次 MPS,就将当时运算结果压入栈第一层,原数据下移。再使用 MPS 指令,又将该时刻的运算结果送入栈的第一层存储,而将先前送入存储的数据依次移到栈的下一层。

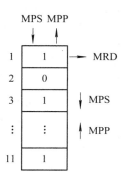

图 5-9 栈存储器与栈指令的功能

(2) MRD(Memory Read)：读栈指令，存储读出。使用一次 MRD，将栈第一层数据读出，栈内数据不移动。MRD 是读出最上层所存的最新数据的专用指令。

(3) MPP(Memory Pop)：出栈指令，存储读出与复位。使用 MPP 指令，读出栈最上层数据，最上层数据读出后从栈内清除，栈内其他各数据按顺序向上移动一层。

栈指令均为无目标元件的独立指令。栈指令的用法如图 5-10 所示，栈指令是进行图 5-10 所示的分支多重输出电路编程用的方便指令。利用 MPS 指令存储得出的运算中间结果，然后驱动 Y002。用 MRD 指令将该存储读出，再驱动输出 Y003。MRD 指令可多次编程，但是在打印、图形编程设备的画面显示方面有限制(并联回路 24 行以下)。最终输出回路以 MPP 指令替代 MRD 指令，从而在读出上述存储的同时将它复位。MPS 指令也可重复使用，MPS 指令与 MPP 指令的数量差额小于 11，但最终二者的指令数要一样。在图 5-10 所示的程序中，堆栈只使用了一层。

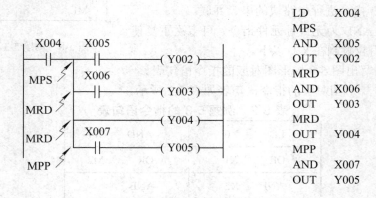

图 5-10 栈指令的用法

图 5-11 是一层栈电路及指令语句表。

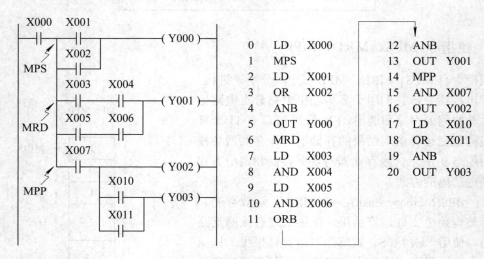

图 5-11 一层栈电路及指令语句表

图 5-12 是二层栈电路及指令语句表。

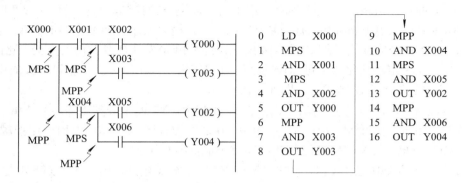

图 5-12 二层栈电路及指令语句表

图 5-13 是四层栈电路及指令语句表。如果改用图 5-13 中箭头所指电路，则不必采用栈指令，编程也很方便。

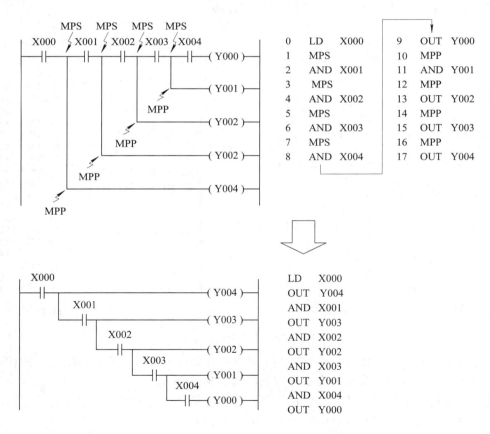

图 5-13 四层栈电路及指令语句表

5.1.6 主控和主控复位指令 MC、MCR

在编程时，经常会遇到许多线圈同时受一个或一组触点控制的情况，如果在每个线圈的控制电路中都串入同样的触点，将占用很多存储单元，用主控指令可以解决这一问题。

(1) MC(Master Control)：主控指令，用于对一段电路的控制，目标元件是 Y 和 M。

(2) MCR (Master Control Reset)：主控复位指令，用来表示被控制电路的结束。

MC、MCR 指令的应用示例如图 5-14 所示。图 5-14(a)为具有多重输出分支电路的梯形图形式，共由三个电路块组成，可以用前面讲过的栈指令写出指令表，也可以改成用 MC、MCR 指令来表达的梯形图形式，如图 5-14(b)所示。

图 5-14(b)所示的第一个电路块中，由 X0 控制 Y0、Y1 两个分支电路。当 X0＝1 时，主控触点 M0 接通，执行 MC N0 M0 到 MCR N0 之间的程序。当 X0＝0 时，主控触点 M0 不接通，MC N0 M0 到 MCR N0 之间的程序就不能被执行了。

在第二个电路块中，由 X3 控制 Y2、Y3、Y4 三个分支电路，由于 Y2 线圈分支电路无触点，可以直接用 MC 指令驱动 Y2。当 X3＝1 时，主控触点 Y2 接通，执行 MC N0 Y2 到 MCR N0 之间的电路。当 X3＝0 时，主控触点 Y2 不接通，不执行 MC N0 Y2 到 MCR N0 之间的程序。

图 5-14(a)和图 5-14(b)所示的控制效果是一样的。

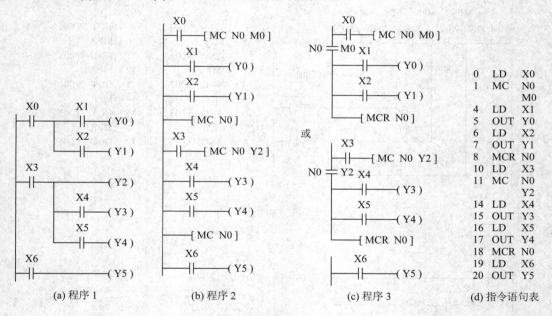

图 5-14　主控和主控复位指令的应用

如果用编程软件输入梯形图 5-14(b)时，编程软件会自动转换成图 5-14(c)所示的梯形图形式。主控指令梯形图相对应的指令语句表如图 5-14(d)所示。

栈指令适用于分支电路比较少的梯形图。而主控指令比较适用于有多个分支电路的梯形图，这样可以避免在中间分支电路上多次使用 MRD 指令。

图 5-14(b)所示的主控指令程序中没有嵌套结构，可以多次使用 N0 编制程序，N0 的使用次数不受限制。在有嵌套结构时，如图 5-15(b)所示，嵌套级 N 的编号应从 N0、N1、…、N7 逐步增大。

MC 和 MCR 指令是特殊输出指令，MC 和 MCR 指令必须成对使用。当 MC 的输入信号不接通时，不执行 MC 和 MCR 区间的指令，其中的积算型定时器、计数器、置位复位指令驱动的元件保持其当时的状态，其余的元件被复位，非积算型定时器和 OUT 指令驱动的元件变为 OFF。

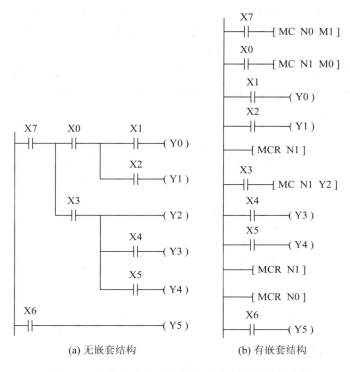

(a) 无嵌套结构　　　　　　　　(b) 有嵌套结构

图 5-15　有嵌套结构时主控和主控复位指令的应用

5.1.7　置位和复位指令 SET、RST

(1) SET(Set)：置位指令，使操作保持 ON 的指令。

(2) RST(Reset)：复位指令，使操作保持 OFF 的指令。

SET 和 RST 指令是特殊输出指令，可以使某一元件动作保持连续地输出或断开，还可以方便地对设备的工作状态进行标志和清除。

SET 的目标元件是 Y、M、S，用于使 Y、M、S 的线圈置位；RST 的目标元件是 Y、M、S、T、C 或者是字元件 D、V 和 Z，用于对 Y、M、S、T、C 的线圈和 D、V、Z 寄存器的复位。

置位和复位指令的用法如图 5-16 所示。

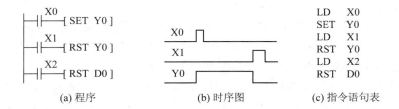

(a) 程序　　　　　　(b) 时序图　　　　　　(c) 指令语句表

图 5-16　置位和复位指令的用法

图 5-16(a)中 X0 的常开触点接通，Y0 变为 ON 并保持该状态，即使 X0 的常开触点断开，Y0 也仍然保持 ON 状态；当 X1 的常开触点闭合，Y0 变为 OFF 并保持该状态，即使 X1 的常开触点断开，Y0 也仍然保持 OFF 状态；当 X2 的常开触点闭合，数据寄存器 D0 数据清零。置位复位电路的功能如图 5-16(b)的时序波形图所示。对应的指令语句表如图 5-16(c)所示。

置位和复位指令的应用如图 5-17 所示。当 X0 的常开触点接通时，积算型定时器 T246 复位，X3 的常开触点接通时，计数器 C200 复位，使 T246 和 C200 的当前值分别被清零，对应元件的各触点复位。

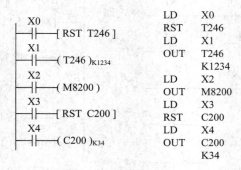

图 5-17　置位和复位指令的应用

5.1.8　脉冲指令 PLS、PLF

(1) PLS(Pulse rise)：上升沿脉冲指令。

(2) PLF(Pulse Fall)：下降沿脉冲指令。

PLS 和 PLF 指令是特殊输出指令，分别用于检测信号的上升沿和下降沿，并相应地在上升沿和下降时刻输出一个脉冲信号。PLS 和 PLF 指令的目标元件只能是 Y 和 M(不包括特殊辅助继电器)。

脉冲指令的应用如图 5-18 所示。

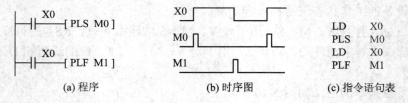

(a) 程序　　　　　　　(b) 时序图　　　　　　(c) 指令语句表

图 5-18　脉冲指令的应用

图 5-18(a)中的 M0 仅在 X0 的常开触点由断开变为接通(即 X0 的上升沿)时的一个扫描周期内为 ON，M1 仅在 X0 的常开触点由接通变为断开(即 X0 的下降沿)时的一个扫描周期内为 ON。相应的时序图和指令语句表如图 5-18(b)和图 5-18(c)所示。

脉冲指令和置位、复位指令的综合应用如图 5-19 所示。图 5-19(a)中，当 X0 的常开触点由 0 变为 1 时，M0 线圈通电，M0 触点闭合一个扫描周期，使 Y0 线圈置位。当 X1 的常开触点由 1 变为 0 时，M1 线圈通电，M1 触点闭合一个扫描周期，使 Y0 线圈复位。对应的时序图和指令语句表如图 5-19(b)和图 5-19(c)所示。

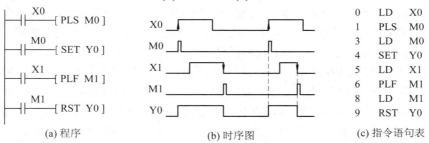

| (a) 程序 | (b) 时序图 | (c) 指令语句表 |

图 5-19 脉冲指令和置位、复位指令的综合应用

5.1.9 脉冲式触点指令 LDP、LDF、ANDP、ANDF、ORP、ORF

LDP、ANDP 和 ORP 是上升沿脉冲触点指令，在梯形图中对应触点的中间有一个向上的箭头，表示该对应触点仅在指定元件信号的上升沿接通一个扫描周期。

LDF、ANDF 和 ORF 是下降沿脉冲触点指令，在梯形图中对应触点的中间有一个向下的箭头，表示该对应触点仅在指定元件信号的下降沿接通一个扫描周期。

脉冲式触点指令的用法如图 5-20 所示。图 5-20(a)中，当 X0 的上升沿脉冲触点接通，即 X0 在由断开到接通的时刻，Y0 线圈输出；当 X1 的下降沿脉冲触点接通，即 X1 在由通到断开的时刻，Y0 线圈复位。该程序的控制功能与图 5-19 所示程序相同。对应的指令语句表如图 5-20(b)所示。

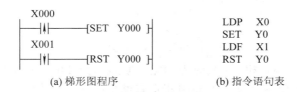

| (a) 梯形图程序 | (b) 指令语句表 |

图 5-20 脉冲式触点指令

脉冲式触点指令的目标元件是 X、Y、M、S、T、C。在梯形图中，脉冲式触点与普通触点可混合使用。用手持式编程器输入指令 LDP、ANDP 或 ORP 时，可先按 LD、AND 或 OR 指令键，再按 P/I 键；当输入指令 LDF、ANDF 或 ORF 时，可先按 LD、AND 或 OR 键，再按 F 键。

例 5-4 图 5-21 是脉冲式触点的应用示例。已知 X0 的波形，请画出 M1 和 Y0 的波形。

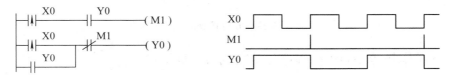

图 5-21 脉冲式触点的应用

解：图 5-21 所示程序的功能分析如下：

扫描第一行程序，在 X0 的第一个上升沿时刻，X0 的上升沿脉冲触点接通一个扫描周期，Y0 的初始状态为"0"，Y0 的常开触点断开，所以执行完第一行的程序后，M1 线圈的值为"0"。在第二行程序 Y0 的启保停电路中，X0 的上升沿脉冲触点和 M1 的常闭触点均闭合，使 Y0 线圈"通电"输出并保持。从 X0 上升沿之后的第二个扫描周期开始，因为 X0 的上升沿脉冲触点一直断开，M1 线圈的值一直为"0"。在 X0 的第二个上升沿时刻，X0 的上升沿脉冲触点和 Y0 的常开触点均闭合，所以在执行完第一行程序后，M1 线圈的值为"1"，其常闭触点断开，使 Y0 的线圈"断电"不输出。在 X0 第二个上升沿之后的第二个扫描周期和以后的扫描周期，X0 的上升沿脉冲触点断开，使 M1 线圈的值变为"0"，M1 常闭触点闭合，但是因为启保停电路的启动信号断开，Y0 线圈一直"断电"不输出。

在 X0 的第三个上升沿，重复第一个上升沿的过程，因此 Y0 线圈的状态交替变化，变化的频率是 X0 的两倍。这个电路有分频功能，与 FX 系列 PLC 的功能指令 ALT 指令(交替输出)的控制作用相同，可以实现用一个按钮控制设备的启动和停止。

5.1.10　逻辑运算结果取反指令 INV

INV(Inverse)：取反指令，用于将执行该指令之前的逻辑运算结果取反。如果之前的逻辑运算结果为 0，则执行完该指令后结果变为 1；如果之前的逻辑运算结果为 1，则执行完该指令后结果变为 0。INV 指令是无目标元件指令，在梯形图中用一条 45 短斜线表示，如图 5-22 所示。

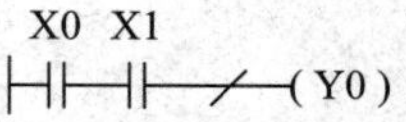

```
X0 X1                      LD    X0
─┤├─┤├──/──( Y0 )          AND   X1
                           INV
                           OUT   Y0
```

图 5-22　取反指令

在图 5-22 中，如果 X0 和 X1 同时为 ON，则 Y0 为 OFF；反之则 Y0 为 ON。INV 指令也可以用于 LDP、ANDF 等脉冲触点逻辑运算结果的取反。

用手持式编程器输入 INV 指令时，先按 NOP 键，再按 P/I 键。

取反指令的应用如图 5-23。图 5-23 中所示程序实现的控制功能与图 5-21 相同。请自行分析。

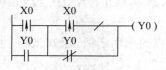

图 5-23　取反指令的应用

5.1.11　空操作指令 NOP 和程序结束指令 END

(1) NOP(Non processing)：空操作指令，使该步序进行空操作。NOP 指令为无目标元件指令，当对用户程序作清零操作后，存储器中的内容就全部变为 NOP 指令。

若在普通的指令与指令之间加入 NOP 指令，则 PLC 将无视其存在继续工作。该指令还可用于程序的修改。在编写程序时，可预先在程序中插入一些 NOP 指令，这样可使变更和增加程序时，减少程序步序号的变化。但需注意，若将程序中的 AND、ANI、OR、ORI 等指令改为 NOP 指令，会引起程序功能的重大变化，如图 5-24 所示。这点请务必注意。

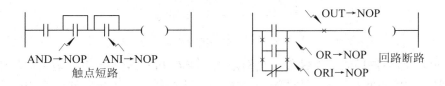

图 5-24　用空操作指令修改程序

(2) END(End)：程序结束指令。PLC 反复进行输入处理、程序执行和输出处理。若在程序的最后写入 END 指令，则 END 以后的其余 NOP 指令程序步不再执行，而直接进行输出处理。如图 5-25 所示。

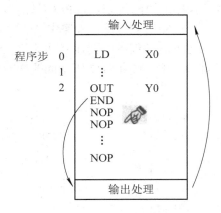

图 5-25　程序结束指令

在程序中没有 END 指令时，PLC 一直处理到最终的程序步，然后从第 0 步开始重复处理。END 指令还可以用于分段调试程序。在调试阶段，在各程序段插入 END 指令，可依次检出各程序段的动作。当在确认前面回路块的动作正确无误后，依次删去 END 指令。这种方法对程序的查错很有用处。插入 END 指令时应注意是否会影响被调试的那部分程序的完整性。

5.2　编程的注意事项

梯形图作为 PLC 的第一用户语言，被广大电气设计师们使用，并广泛应用于工业现场的控制领域。为了使初学 PLC 的人员能更快、更好地使用这种编程语言，下面介绍一些编程时的注意事项。

1. 避免双线圈输出

双线圈输出就是在同一个程序中，同一元件的线圈被使用了两次甚至多次。

请注意图 5-26 中的程序在多处使用同一线圈 Y3 的情况。

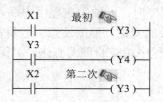

图 5-26　双线圈输出

根据 PLC 循环扫描的工作过程，我们知道，随着 PLC 从上而下扫描用户程序，输出映像寄存器里的值不断被刷新。如果一个程序中有两个相同的线圈，PLC 真正输出的是最后一个线圈的状态。

例如，X1 = ON，X2 = OFF。起初的 Y3，因 X1 接通，因此其映像存储区内的数值为1，输出 Y4 也接通。但是，第二次的 Y3，因其输入 X2 断开，因此其映像存储区内的数值为 0。因此，实际的外部输出为 Y3 = OFF、Y4 = ON。

双线圈输出并不违反输入程序的语法规则，但 PLC 只能按最后一个线圈的状态输出执行，会使程序的实际控制动作十分复杂。另外，程序中 Y3 线圈的通断状态除了对外部负载起作用外，通过它的触点，还可能对程序中其他元件的状态产生影响。因此，在编写控制程序时应避免出现双线圈输出，可按如图 5-27 所示的改变双线圈输出方法进行程序改进设计。

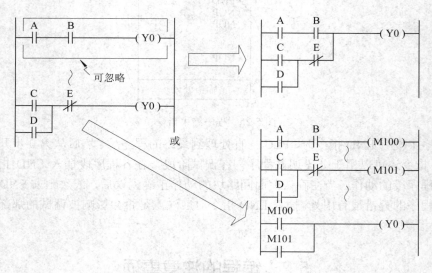

图 5-27　改变双线圈输出的方法

2．注意关联元件的相互位置

在同一个用户程序中，如果两个线圈的控制关系没有关联，则调整两个线圈的前后相互位置不会影响程序的输出结果。但如果两个线圈的控制关系有关联，则调整它们的相互位置会影响程序的执行结果，从而改变某些线圈的工作状态，编程时应特别注意。

例 5-5　图 5-28 中的 M0、M1，当输入信号 X1 如图所示时，M0 输出一个脉冲信号。如交换两行程序的前后位置后，请分析 M0 信号的变化情况。

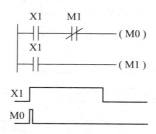

图 5-28 例 5-5 用图

解： 在图 5-28 所示的梯形图中，在 X1 上升沿之前，X1 的常开触点断开，M0 和 M1 均为 OFF，其波形用低电平表示。在 X1 的上升沿，X1 变为 ON，CPU 先执行第一行的程序。因为前一周期 M1 为 OFF，M1 的常闭触点闭合，所以 M0 变为 ON。执行第二行程序后，M1 变为 ON。从上升沿之后的第二个扫描周期开始，到 X1 变为 OFF 为止，M1 均为 ON，其常闭触点断开，使 M0 为 OFF。因此，M0 只是在 X1 的上升沿输出一个扫描周期。

如果交换图中上下两行的位置，在 X1 的上升沿，M1 的线圈先通电，M1 的常闭触点断开，因此 M0 的线圈不会通电。

3．对程序进行优化设计

在设计梯形图程序时，在不改变控制功能的前提下，应尽量将触点多的串联或并联电路块放在上面或左边，单个触点放在下面或右边，这样可简化和减少指令的使用，节省程序步，缩短程序的扫描周期。如图 5-29(a)所示的梯形图程序，有 16 条指令语句，并出现了栈指令。在不改变程序控制功能的前提下，将程序优化为如图 5-29(b)所示的梯形图程序，只有 7 条指令，并且全部是简单逻辑指令。

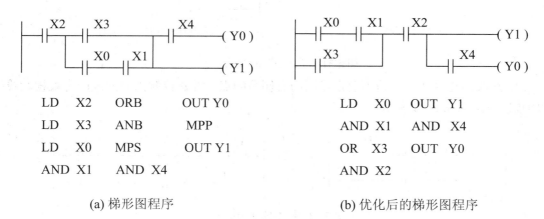

(a) 梯形图程序   (b) 优化后的梯形图程序

图 5-29 优化程序设计

4．注意指令语句表转换的正确顺序

PLC 对程序进行自上而下、自左而右的程序处理。梯形图与指令语句表转换时也按照这个顺序进行，如图 5-30 所示。

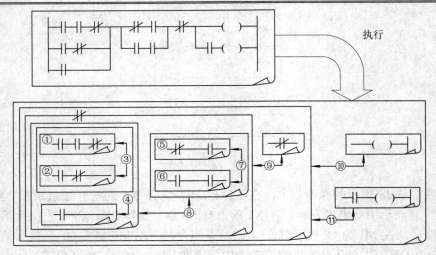

图 5-30 指令语句表转换的正确顺序

5．不能编程的电路的改进

(1) 桥式电路。如图 5-31(a)所示的桥式电路，通过改变双向电流流动的回路，将没有 D 时的回路和没有 B 时的回路并联连接，转换成如图 5-31(b)所示的梯形图程序即可。

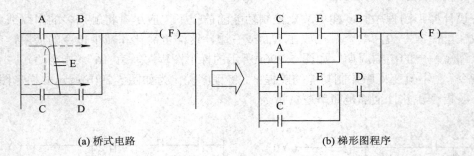

(a) 桥式电路　　　　　　　　　　　　　　(b) 梯形图程序

图 5-31 桥式电路的改进方法

(2) 线圈的连接位置。请不要在线圈的右侧写触点，并建议触点间的线圈先编程。线圈的连接位置如图 5-32 所示。

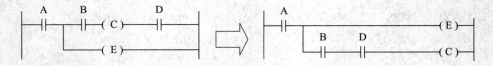

图 5-32 线圈的连接位置

6．注意指令的正确应用

输出类指令(如 OUT、MC、SET、RST、PLS 和 PLF 等大多数功能指令)应放在梯形图的最右边，它们不能直接与左侧母线相连。有的指令(如 END、MCR 指令)不能用触点驱动，必须直接与左侧母线或临时母线相连。

5.3 基本电路的编程

5.3.1 启停控制

电动机的启、停控制是最基本的控制要求，应用非常广泛。下面介绍几种常见的电动机启、停控制的 PLC 程序设计。

某电动机的单向连续运行由接触器 KM 控制，启动按钮是 SB1，停止按钮是 SB2。控制要求是，按下启动按钮 SB1，电动机启动，开始运转，按下停止按钮 SB2，电动机运转停止。PLC 的 I/O 地址的分配是：SB1—X0、SB2—X1、KM—Y0。即启动按钮 SB1 连接在 PLC 的 X0 输入端口，停止按钮 SB2 连接在 PLC 的 X1 输入端口，接触器线圈 KM 连接在 PLC 的 Y0 输出端口。PLC 的接线图如图 5-33 所示。

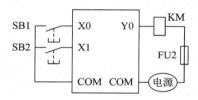

图 5-33 PLC 的外部接线图

PLC 控制电机启停实际连线图例

1. 启保停电路

启动保持停止电路，简称启保停电路，是梯形图设计中最典型的基本电路。图 5-34(a) 所示梯形图，就是一种启保停电路。图 5-34(b) 为其时序图。它包含了如下几个因素：

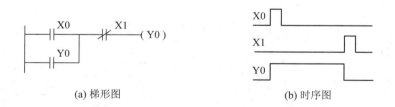

(a) 梯形图   (b) 时序图

图 5-34 启保停电路梯形图和时序图

(1) 输出线圈。每一个梯形图逻辑行都必须针对输出线圈控制，本例为输出线圈 Y0。

(2) 线圈得电的条件。梯形图逻辑行中除了线圈外，还有触点的组合，即线圈得电的条件，也就是使线圈置 1 的条件。本例中使线圈 Y0 = 1 的条件为启动按钮 X0 = ON。

(3) 线圈保持连续输出的条件。触点组合中使线圈输出得以连续保持的条件。本例中使线圈 Y0 保持连续输出的条件是与 X0 并联的 Y0 自锁触点闭合。

(4) 线圈断电的条件。即触点组合中使线圈由 1 变为 0 的条件，即使线圈断电的条件。本例中使线圈 Y0 断电的条件为 X1 常闭触点断开。

因此，根据控制要求，其梯形图为：启动按钮 X0 和停止按钮 X1 串联，并在启动按钮 X0 两端并联上自锁触点 Y0，然后串接输出线圈 Y0。当要启动时，按启动按钮 X0，使线圈 Y0 有输出并通过 Y0 自锁触点实现自锁：当要停止时，按停止按钮 X1，使输出线圈 Y0 断电复位。启动信号 X0 和停止信号 X1 控制线圈 Y0 使其按照要求得电和断电的动作过程可以用图 5-34(b)所示的时序图来表达。

图 5-35 所示的梯形图也是一种基本的启保停控制电路，控制 Y0 启动和停止的动作过程仍然与图 5-34(b)所示的时序图表述一致。但与图 5-34 所示的电路相比较不同的是，当启动信号和停止信号同时为 1 时，图 5-34 所示的电路输出为断电停止状态，而图 5-35 所示的电路输出为得电启动状态。我们把图 5-34 所示的电路称为停止优先式电路，把图 5-35 所示的电路称为启动优先式电路。

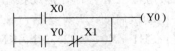

图 5-35　启保停电路(启动优先式电路)

在控制电路中常有各种保护电器，当电路发生故障时将发出停止信号，此时显然不能启动控制，所以在大多数控制电路中采用停止优先电路。

2. 置位、复位电路

图 5-36(a)是用 SET、RST 指令实现的启停控制，称为置位、复位电路。置位、复位电路包含了梯形图程序的两个要素，一个是使线圈置位并保持的条件，本例为启动按钮 X0 为 ON；另一个是使线圈复位并保持的条件，本例为停止按钮 X1 为 ON。因此，其梯形图为：启动按钮 X0、停止按钮 X1 分别驱动 SET、RST 指令。当要启动时，按启动按钮 X0，使输出线圈 Y0 置位并保持；当要停止时，按停止按钮 X1，使输出线圈 Y0 复位并保持。

置位电路、复位电路中启动信号 X0、停止信号 X1 和控制线圈 Y0 使其按照要求得电和断电的动作过程如图 5-36(b)所示。

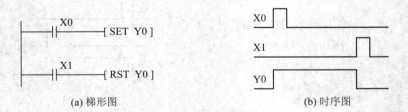

(a) 梯形图　　　　　　　　　　　　　(b) 时序图

图 5-36　置位、复位电路梯形图和时序图

图 5-37 所示的梯形图是另外一种形式的置位、复位电路，控制 Y0 启动和停止的动作过程与图 5-36(b)所示的时序图表达完全一致。但与图 5-36 所示的电路不同的是，图 5-36(a)所示的电路为停止优先式电路，图 5-37 所示的电路为启动优先式电路。

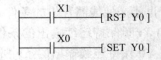

图 5-37　置位、复位电路(启动优先式电路)

对比启保停电路和置位、复位电路的启停控制设计方法不难看出，启保停电路和置位、复位电路中停止信号所用触点的类型不同。启

保停电路中的停止信号用的是常闭触点，置位、复位电路中停止信号用的是常开触点，但 PLC 的外部接线图完全一致，并且 PLC 的输入端口 X0 和 X1 连接的都是按钮的常开触点，如图 5-33 所示。这点请大家注意。

在基本的启、停控制的基础上，我们可以进行一些编程的拓展训练。

拓展训练 1：延时启动控制。

如图 5-38 所示，按下启动按钮 X0 后，延时 5 s，Y0 启动；按下停止按钮，Y0 停止。

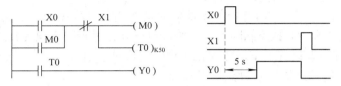

图 5-38　延时启动控制电路及时序图

拓展训练 2：按预先设定的运行时间定时工作。

如图 5-39 所示，按下启动按钮后，Y1 运行 15 s 后停止。

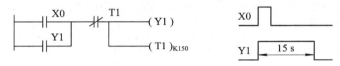

图 5-39　按预先设定的运行时间定时工作

拓展训练 3：按输入信号的上升沿或下降沿时刻启停电动机。

如图 5-40 所示，在信号 X0 的下降沿使 Y0 启动。

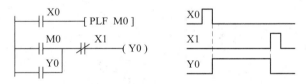

图 5-40　用信号的下降沿启动

拓展训练 4：电动机的多点控制。

如图 5-41 所示，是两地均可启停 Y0 的控制电路。其中 X0、X1 是两个启动信号，X2、X3 是两个停止信号。

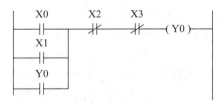

图 5-41　两地控制电路

5.3.2　联锁控制

在实际生产中，有许多设备是由多台电动机拖动的，这些电动机之间的电气控制会有相互关系要求。因此在程序设计中会涉及多个对象之间的联锁控制。下面分两种情况介绍常见的联锁控制程序的设计。

1．不能同时发生的运动之间的联锁控制

如两个被控制对象 Y1、Y2，它们分别控制两个方向相反的运动，如上下或左右等，这时必须保证 Y1、Y2 不能同时得电工作，否则会发生设备故障或生产安全事故。

设计方法 1：电气互锁的设计方法。

如图 5-42(a)所示，要使 Y1 和 Y2 不能同时被接通，可将 Y1 的常闭触点和 Y2 的常闭触点，分别串入 Y2 和 Y1 的控制回路中，通过电气互锁触点，实现 Y1、Y2 之间的联锁控制，保证在同一时间里只有一个对象 Y1 或 Y2 可以得电工作。

设计方法 2：用辅助继电器触点实现互锁。

如图 5-42(b)所示，要使 Y1、Y2 和 Y3 不能同时被接通，可将辅助继电器 M0 的常闭触点分别串接在启动信号 X1、X2、X3 的回路中。当 Y1、Y2 和 Y3 中任意一个对象得电工作，会使 M0 线圈得电，则 M0 的常闭触点保持断开状态，相当于切断了其他对象的启动回路，实现 Y1、Y2、Y3 之间的互锁，保证在同一时间里只有一个对象可以得电工作。

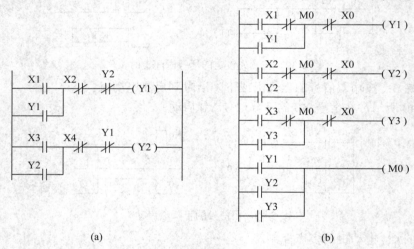

(a)　　　　　　　　　(b)

图 5-42　不能同时发生的运动之间的联锁设计

2．互为发生条件的联锁控制

控制要求：　Y0 接通后，Y1 才能被接通。

设计方法 1：在 Y1 的线圈回路中串入 Y0 的常开触点。

如图 5-43(a)所示，当启动信号 X0 接通，Y0 线圈得电工作，与 Y1 线圈串接的 Y0 的常开触点闭合，此时为 Y1 的启动做好了准备。当 Y1 的启动信号 X2 接通时，Y1 线圈即可得电工作，实现了 Y0 接通后 Y1 才能接通工作的顺序启动要求。

当 Y0 线圈断电停止时，Y1 线圈也断电停止工作，即须 Y0 工作时 Y1 才能工作。

设计方法 2：在 Y1 的启动回路中串入 Y0 的常开触点。

如图 5-43(b)的启动过程与图 5-43(a)相同，也是只有在 Y0 线圈先得电工作的情况下，当启动信号 X2 接通时，Y1 线圈才能得电工作。当 Y0 线圈断电停止时，Y1 线圈仍然得电

工作，除非停止信号 X3 接通，才能使 Y1 断电停止。也就是说，顺序启动之后，Y1 的工作状态与 Y0 是否工作无关。

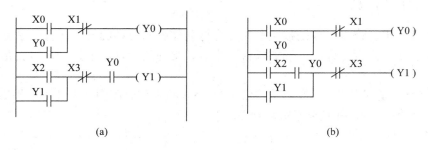

图 5-43　互为发生条件的联锁设计

5.3.3　顺序控制

在工业控制中存在着大量的顺序控制，如机床的自动加工，生产线的自动运行，机械手的动作等，都是按照固定的顺序进行动作的。

图 5-44 所示的是某自动生产设备的控制流程示意图。在这个控制系统中，有四个被控制对象 Y1、Y2、Y3、Y4，这 4 个对象是按照事先设定好的顺序依次动作的。启动过程：Y1、Y2、Y3、Y4 顺序启动，启动信号分别是 X1、X2、X3、X4；停止过程：后一个对象启动后，前一个对象自动停止工作，当信号 X5 接通时，Y4 停止。

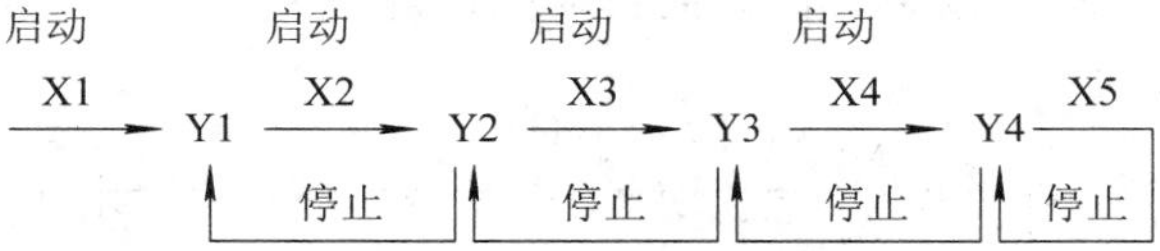

图 5-44　某自动生产设备的控制流程示意图

按照以上的控制要求，顺序控制程序如图 5-45 所示，控制程序实现了对 4 个对象的顺序启动和顺序停止。

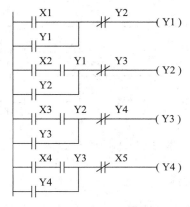

图 5-45　顺序控制程序

在这个控制系统中，各个被控制对象的运行工作时间的长短不是预先设定好的，实际运行时间与下一个控制对象启动信号的动作时刻密切相关。

5.3.4　自动循环控制

生产生活中也有许多对象是按照事先设定好动作顺序自动的循环运行，并且每个对象的工作时间也是事先设定好的。例如舞台艺术灯、交通信号灯、节目彩灯等就是典型的应用实例。

图 5-46 所示是四只节日彩灯 Y1、Y2、Y3、Y4 的工作时序图。彩灯的工作周期为 4 s，四只彩灯依次点亮 1 s，并且要求循环往复工作。

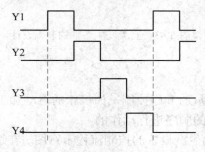

图 5-46　彩灯的工作时序图

按照以上的控制要求，设计的自动循环控制程序如图 5-47 所示。初始脉冲 M8002 用于程序的启动信号，定时器 T1、T2、T3、T4 分别用来控制四只灯的工作时间，依靠 T4 的常开触点实现了四只彩灯按照工作周期自动的循环往复工作。

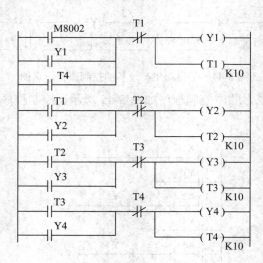

图 5-47　自动循环控制程序

5.3.5　自动和手动控制的切换

在实际的生产设备中，常有自动和手动控制要求。自动控制主要用于设备的自动运行，手动控制主要用于设备的调试和检修。

图 5-48 是用主控指令实现的自动和手动程序切换的示例。

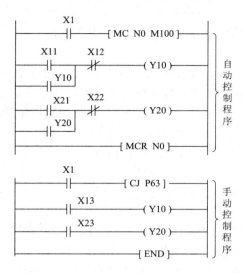

图 5-48　自动和手动控制的切换设计

5.3.6　定时器和计数器的应用

1. 振荡电路(闪烁电路)

振荡电路产生脉冲宽度可调的通断时序脉冲，应用在脉冲发生器或闪光报警电路中。

(1) 振荡电路工作时序图 1 如图 5-49 所示。用两种方法设计的梯形图程序如图 5-50 所示。

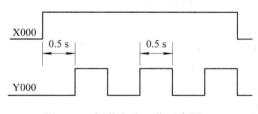

图 5-49　振荡电路工作时序图 1

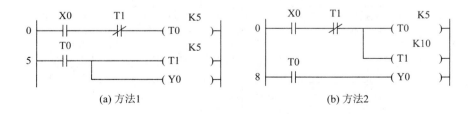

(a) 方法1　　　　　　　　　　　(b) 方法2

图 5-50　振荡电路 1 的两种梯形图设计方法

图 5-50(a)用是两个定时器 T0、T1 分别计时的方法进行时间控制。设开始时 X0 为 OFF，T0 和 T1 的线圈均断电，X0 的常开触点接通后，T0 的线圈通电，0.5 s 后定时时间到，T0 的常开触点接通，使 Y0 变为 ON，同时 T1 的线圈通电，开始定时。0.5 s 后 T1 的定时时

间到，它的常闭触点断开，使 T0 的线圈断电，T0 的常开触点断开，使 Y0 变为 OFF，同时使 T1 的线圈断电。在下一个扫描周期，因为 T1 的常闭触点接通，T0 又开始定时，以后 Y0 的线圈将这样周期性地通电和断电，直到 X0 变为 OFF。Y0 通电和断电的时间分别等于 T1 和 T0 的设定值。

图 5-50(b)是通过两个定时器 T0、T1 的连续输出并且累积计时的方法进行控制。当 X0 的常开触点接通后，定时器 T0、T1 的线圈同时得电，并且开始分别计时。0.5 s 后定时器 T0 的常开触点闭合，使 Y0 线圈得电，1 s 后 T1 的常闭触点断开，使 T0、T1 线圈断电，此时 T0 的常开触点断开，使 Y0 变为 OFF，同时 T1 的常闭触点又闭合。在下一个扫描周期，因为 T1 的常闭触点闭合，T0、T1 线圈又重新开始通电计时，以后 Y0 的线圈将这样周期性地通电和断电，直到 X0 变为 OFF。

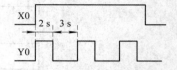

图 5-51　振荡电路工作时序图 2

(2) 振荡电路工作时序图 2 如图 5-51 所示。用两种方法设计的梯形图程序如图 5-52 所示。

图 5-52(a)用是两个定时器 T0、T1 分别计时的方法进行时间控制；图 5-52(b)是通过两个定时器 T0、T1 的连续输出并且累积计时的方法进行控制。

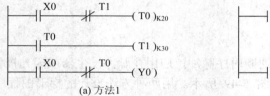
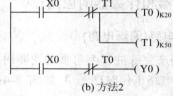

(a) 方法1　　　　　　　　　　　(b) 方法2

图 5-52　振荡电路 2 的两种梯形图设计方法

2．自动顺序启动

(1) 控制要求：电动机 M1 启动 5 s 后电动机 M2 启动，电动机 M2 启动 5 s 后电动机 M3 启动；按下停止按钮时，电动机全部停止运行。

(2) PLC 的 I/O 地址分配：X1：启动按钮，X0：停止按钮；Y1：电动机 M1，Y2：电动机 M2，Y3：电动机 M3。

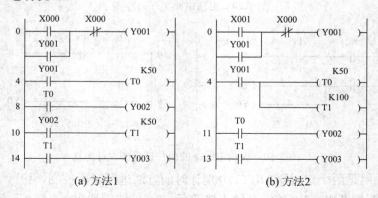

(a) 方法1　　　　　　　　　　　(b) 方法2

图 5-53　三台电动机的自动顺序启动控制

(3) 梯形图方案设计：该控制系统要求三台电动机按照预先设定好的时间自动顺序启动，控制中涉及时间控制，可以采用定时器分段计时和定时器连续输出累积计时的方法设计。用两种方法设计的控制程序如图 5-53 所示。

3．自动交替启动运行

(1) 控制要求：电动机 M1 启动运行，工作 10 s 后停机，紧接着电动机 M2 自动启动运行，工作 5 s 后停机，然后 M1、M2 按如此步序继续交替工作；按下停止按钮，电动机 M1、M2 全部停止运行。

(2) PLC 的 I/O 地址分配：X0：启动按钮，X1：停止按钮；Y1：电动机 M1，Y2：电动机 M2。

(3) 梯形图方案设计：该控制系统要求两台电动机自动交替投入运行。按照预先设定好的运行时间自动切换，控制中仍然涉及时间控制，采用定时器分段计时和定时器连续输出累积计时的方法设计的控制程序如图 5-54 所示。

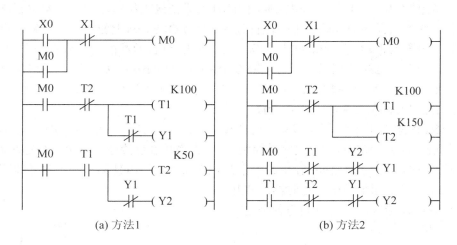

(a) 方法1   (b) 方法2

图 5-54   两台电动机自动交替投入运行

在图 5-54(a)中，当 X0 接通时，M0 线圈得电，所以 T1、Y1 线圈也得电。10 s 后定时器 T1 的常闭触点断开，使 Y1 线圈断电，同时定时器 T1 的常开触点闭合，使 Y2、T2 线圈得电；5 s 后，定时器 T2 的常闭触点断开，第二次循环开始。

在图 5-54(b)中，当 X0 接通时，M0 线圈得电，所以 Y1、T1、T2 的线圈也同时得电，并且定时器 T1、T2 开始分别计时。10 s 后定时器 T1 的常闭触点断开，使 Y1 线圈断电，同时定时器 T1 的常开触点闭合，使 Y2 线圈得电；5 s 后，定时器 T2 的常闭触点断开，Y2、T1、T2 线圈断电，第二次循环开始。

4．定时范围的扩展

FX 系列 PLC 定时器的设定值 K 都有一个最大值，如 100 ms 定时器的定时范围为(0.1～3276.7) s，10 ms 定时器的定时范围为(0.01～327.67) s。若控制中所需要的延时时间超出选定定时器的最大范围，则需通过定时范围的扩展设计，来满足控制中的时间要求。

图 5-55 介绍了两种定时范围扩展的设计方法。

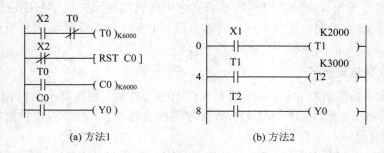

(a) 方法1　　　　　　　　　　(b) 方法2

图 5-55　定时范围扩展的设计方法

图 5-55(a)的程序设计采用了计数器配合定时器以获得较长时间的延时。当 X2 为 OFF 时，T0 和 C0 均处于复位状态，它们不能工作。X2 为 ON 时，其常开触点接通，T0 开始定时，600 s 后 100 ms 定时器 T0 的定时时间到，它的常闭触点断开，使它自己复位。复位后 T0 的当前值变为 0，下一个扫描周期因为 T0 的常闭触点接通，它的线圈重新通电，又开始定时。T0 将这样周而复始地工作，直到 X2 变为 OFF。从上面的分析可知，程序最上面一行是一个窄脉冲发生器，脉冲的周期等于 T0 的设定值，脉冲的宽度只有一个扫描周期。T0 产生的脉冲序列送给 C0 计数，计满 6000 个数(即 1000 h)后，C0 的当前值等于设定值，它的常开触点闭合，Y0 线圈得电。设 T0 和 C0 的设定值分别为 K_T 和 K_C，对于 100 ms 定时器，总的定时时间为 $T = 0.1 K_T K_C \text{ (s)}$。

图 5-55(b)的程序设计采用了多个定时器接力延时的方法。当 X1 为 ON 时，第一个定时器 T1 线圈通电开始定时，T1 定时时间到，T1 的常开触点接通，使第二个定时器 T2 线圈通电开始定时，T2 定时时间到，T2 的常开触点接通，可再使第三个定时器线圈通电继续定时，如此下去，用最后一个定时器的常开触点去控制对象，最终的延时时间为各个定时器的定时之和。

例 5-6　有一条产品包装生产线，用光电开关(X1)检测传送带上通过的产品并计数后送入产品包装箱。有产品通过时 X1 为 ON，当通过的产品数量达到 4 件时，装满的包装箱被气缸推出，重新开始下一个包装(Y0)。如果在连续 10 s 内没有产品通过，则发出灯光报警信号(Y1)，如果在连续 20 s 内没有产品通过，则灯光报警的同时发出声音报警信号(Y2)，用 X0 输入端的开关解除报警信号。请设计梯形图程序。

解：这是一个计数器和定时器的综合应用程序设计。C0 计数器用于循环计数，T1、T2 定时器用于灯光报警和声音报警的计时。包装生产线的控制程序如图 5-56 所示。

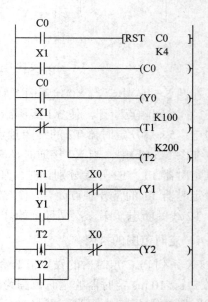

图 5-56　包装生产线的控制程序

5.3.7　二分频电路

用 PLC 对一个信号实现分频的方法很多。下面介绍几种用不同的指令实现的二分频控制电路。二分频电路也可以用于单个按钮控制电动机的启动和停止。

1. 用置位、复位指令实现的二分频电路

图 5-57 所示是用置位、复位指令实现的二分频电路的两种控制程序设计。

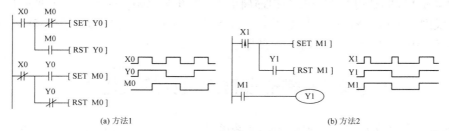

图 5-57　二分频电路(置位、复位指令)

图 5-57(a)所示程序的动作过程如下：

当初始状态 X0 的常开触点未闭合时，X0 = 0，Y0 = M0 = 0；

当 X0 = 1 时，Y0 由 SET 置 1；

当 X0 由 1 变为 0 时，X0 的常闭触点闭合，此时 Y0 的常开触点闭合，M0 由 SET 置 1，Y0 仍置 1；

当第二次 X0 = 1 时，Y0 由 RST 置 0，M0 仍置 1；

当 X0 再次由 1 变为 0 时，X0 常闭触点闭合，此时 Y0 的常闭触点闭合，M0 由 RST 置 0。

以后不断重复上述过程。Y0 和 M0 都是输入 X0 的二分频，但 Y0 和 M0 的相位不同。时序图如图 5-57(a)所示。

图 5-57(b)所示程序的动作过程如下：

当 X1 = 1 时，X1 产生一个扫描周期的脉冲使 M1 置位，由于第一个扫描周期未执行到 Y1 线圈，Y1 的常开触点断开，不执行 RST M1 指令，之后 M1 触点闭合使 Y1 线圈得电。

当 X1 = 0 时，由于 M1 置位，Y1 线圈仍得电。

当第二次 X1 = 1 时，M1 由 RST 置 0，Y1 线圈失电。当 X1 = 0 时，Y1 线圈仍失电。时序图如图 5-57(b)所示。

2. 用脉冲指令实现的二分频电路

图 5-58 所示是用脉冲指令实现的二分频电路的两种控制程序设计。

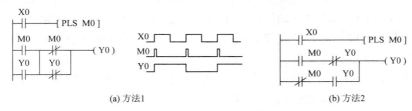

图 5-58　二分频电路(脉冲指令)

图 5-58(a)所示程序的动作分析如下：

当 X0 第一次闭合时，M0 产生一个扫描周期的脉冲，在第一个扫描周期内，Y0 线圈由 M0 常开触点和 Y0 常闭触点而得电。在第二个扫描周期内，M0 常开触点断开，M0 常闭触点闭合，由于在第一个扫描周期内 Y0 线圈得电，所以 Y0 常开触点闭合，Y0 线圈由 M0 常闭触点和 Y0 常开触点自锁继续保持得电。

当 X0 第二次闭合时，M0 产生一个扫描周期的脉冲，在第一个扫描周期内，M0 常闭触点断开，Y0 线圈失电。在第二个扫描周期内，M0 常闭触点闭合，由于在第一个扫描周期内 Y0 线圈已失电，Y0 常开触点断开，Y0 线圈仍不得电。时序图如图 5-58(a)所示。

图 5-58(b)所示程序的动作请读者自行分析。

5.4　梯形图程序设计的技巧

梯形图程序设计是指用户根据控制系统的功能要求进行 PLC 程序编写的过程。即以 PLC 的指令为基础，根据被控制对象的具体控制要求和现场的输入、输出设备信号状态，结合具体的 PLC 的编程软元件，画出 PLC 梯形图，进而写出指令语句表的过程。一般情况下，梯形图程序设计有许多种方法，如何从这些方法中掌握程序设计的技巧，这不是一件容易的事，它需要编程人员在熟练掌握 PLC 基本电路编程的基础上，积累实际的 PLC 控制系统编程经验，并熟悉各类生产过程的工艺流程，这样程序设计的技巧才会慢慢提高。

下面介绍几种常用的程序设计的方法供大家参考。

5.4.1　转换法

1．基本方法

转换法就是将继电接触器控制电路图转换成与原有控制功能相同的 PLC 的 I/O 外部接线图和梯形图程序。这种程序设计方法在机床设备控制系统的电气改造中使用较多。

用 PLC 改造继电接触器控制系统时，因为原有的继电接触器控制系统经过长期使用和考验，已经被证明能完成系统要求的控制功能，而继电接触器电路图与梯形图在表示方法和分析方法上非常相似，因此可以根据继电接触器电路图来设计梯形图，即将继电接触器电路图"翻译"为具有相同功能的 PLC 的 I/O 外部硬件接线图和梯形图程序。因此根据继电接触器电路图来设计梯形图是一条捷径。使用这种设计方法时应注意梯形图是 PLC 的程序，它是一种软件，而继电接触器电路是由硬件电器元件组成的，梯形图和继电接触器电路有很大的区别，例如在继电接触器电路图中，有的继电器可以同时动作，而 PLC 的 CPU 是串行工作的，即 CPU 同时只能处理 1 条指令。另外，PLC 外部接线图和梯形图只能替代继电接触器电路图中控制电路的功能，主电路是不能替代的，这点请大家注意。

这种设计方法一般不需要改动设备的控制面板，保持了系统原有的外部特性，操作人员不用改变长期形成的操作习惯。

在分析 PLC 控制系统的功能时，可以将它想象成一个继电接触器控制系统中的控制箱，其外部接线图描述了这个控制箱的外部接线。梯形图是这个控制箱的内部"线路图"，梯形图中的输入继电器和输出继电器是这个控制箱与外部世界联系的"接口继电器"，这样就可以用分析继电接触器电路图的方法来分析 PLC 控制系统。在分析和设计梯形图时可以将输入继电器的触点想象成对应的外部输入器件的触点或电路，将输出继电器的线圈想象成对应的外部负载的线圈。外部负载的线圈除了受梯形图的控制外，还可能受外部触点的控制。

2．设计步骤

(1) 了解和熟悉被控对象的工艺过程和机械设备的动作情况，根据继电接触器电路图分析和掌握控制系统的工作原理，这样才能做到在设计和调试控制系统时心中有数。

(2) 确定 PLC 的输入信号和输出负载，画出 PLC 的 I/O 外部接线图。继电接触器电路图中的交流接触器和电磁阀等执行器件用 PLC 的输出继电器来控制，它们的线圈接在 PLC 的输出端。按钮、限位开关、接近开关、光电开关等用来给 PLC 提供控制命令和反馈信号，它们的触点接在 PLC 的输入端。继电接触器电路图中的中间继电器和时间继电器的功能用 PLC 内部的辅助继电器和定时器来完成，它们与 PLC 的输入继电器和输出继电器无关。

画出 PLC 的 I/O 外部接线图后，同时也确定了 PLC 的各输入信号和输出负载对应的输入继电器和输出继电器的元件号，即 PLC 的 I/O 端口地址分配。

(3) 确定与继电接触器电路图的中间继电器、时间继电器对应的梯形图中的辅助继电器 M 和定时器 T 的元件号。

第(2)步和第(3)步建立了继电接触器电路图中的硬件电器元件和梯形图中的软元件之间的对应关系，为梯形图的设计打下了基础。

(4) 根据上述对应关系画出 PLC 梯形图。

3．转换法的应用举例

例 5-7　分析图 5-59 所示的继电接触器电路图的工作原理，请将该电路图转换为功能相同的 PLC 的 I/O 外部接线图和梯形图。

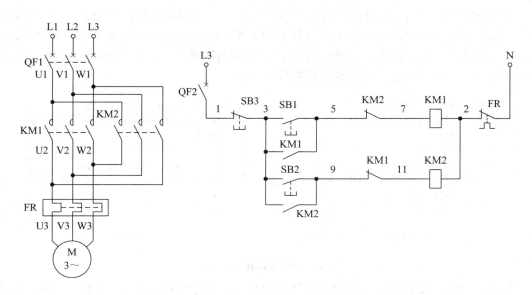

图 5-59　例 5-7 的电路图

解: ① 分析电路图工作原理。图 5-59 是三相异步电动机电气互锁的正、反转控制电路图。KM1 和 KM2 分别是正转接触器和反转接触器；SB1、SB2 分别是正、反转启动按钮，SB3 是停止按钮，FR 是热继电器用于对电动机 M 的过载保护。

电动机的工作过程如下：合上 QF2、QF1，为电动机的运转做好准备。按下 SB1，KM1 线圈通电并自锁，电动机 M 正转；当按下 SB3 或 FR 动作时，KM1 线圈断电，电动机 M 停止运转。按下 SB2，KM2 线圈通电并自锁，电动机 M 反转；当按下 SB3 或 FR 动作时，KM2 线圈断电，电动机 M 停止运转。在图 5-59 中，电动机的正反转不能直接切换。

② 确定输入/输出信号。根据上述分析，其输入信号有 SB1、SB2、SB3、FR；输出负载有 KM1、KM2。输入信号、输出负载与 PLC 中软元件的对应关系为：SB3(常开触点)用 PLC 中的输入继电器 X0 来代替，SB1 用 PLC 中的输入继电器 X1 来代替，SB2 用 PLC 中的输入继电器 X2 来代替，FR(常开触点)用 PLC 中的输入继电器 X3 来代替。KM1 线圈用 PLC 中的输出继电器 Y1 来代替，KM2 线圈用 PLC 中的输出继电器 Y2 来代替。

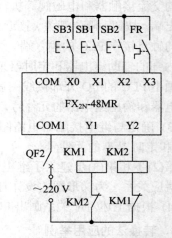

③ 画出 PLC 的外部接线图。根据 I/O 信号的对应关系，同时考虑 KM1 和 KM2 是电动机的正、反转接触器线圈，为保护线路安全，防止外部硬件故障(KM1 或 KM2 主触点可能因故障发生熔焊而断不开)时，造成主电路短路，必须在 PLC 输出端的外部电路 KM1、KM2 的线圈前增加其常闭触点作硬件电气互锁，画出 PLC 的 I/O 外部接线如图 5-60 所示。

图 5-60　PLC 的 I/O 外部接线图

④ 梯形图转换及优化。根据上述对应关系，可以对照继电接触器控制电路一一对应地转换，画出与图 5-59 逻辑功能相对应的梯形图如图 5-61(a)所示，再依据梯形图的绘图原则做进一步的修改完善，优化后的梯形图程序如图 5-61(b)所示。在梯形图转换时，请注意梯形图中触点和线圈的画法与继电接触器电路的不同。

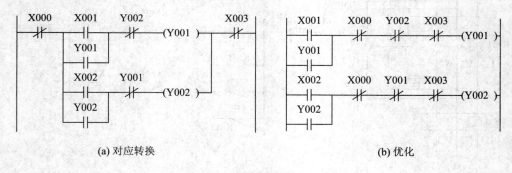

(a) 对应转换　　　　　　　　　　　　　(b) 优化

图 5-61　梯形图的转换和优化

例 5-8　图 5-62 是经适当简化的某铣床的继电接触器控制电路图。请将该电路图转换为功能相同的 PLC 的外部接线图和梯形图。

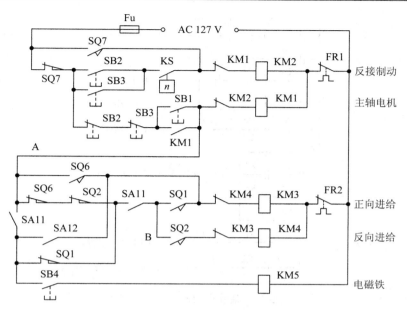

图 5-62　某铣床的继电接触器控制电路图

解：图 5-62 中，主轴电动机用接触器 KM1 控制，KM2 用于控制主轴电动机的反接制动，进给电动机用 KM3 和 KM4 控制，KS 是速度继电器。图 5-63 和图 5-64 是用转换法设计的具有相同功能的 PLC 的 I/O 外部接线图和梯形图。

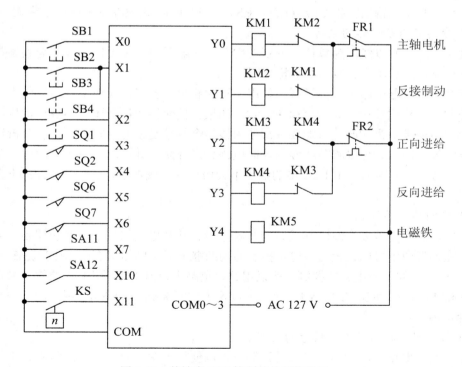

图 5-63　某铣床 PLC 控制的外部接线图

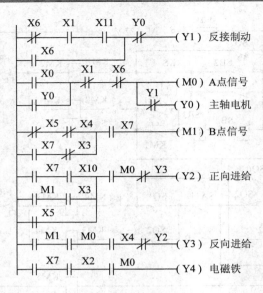

图 5-64　某铣床 PLC 控制的梯形图

4．设计注意事项

在将继电接触器电路图转换成梯形图时应注意以下的问题：

1) 应遵守梯形图语法规则

在继电接触器电路中，触点可以放在线圈的左边，也可以放在线圈的右边，但是梯形图中，线圈和特殊输出类指令(如 OUT、RST、SET 等)必须放在梯形图的最右边。

2) 分离交织在一起的电路

设计梯形图时以线圈为单位，分别考虑继电接触器电路图中每个线圈受到哪些触点和电路的控制，然后画出相应的等效梯形图。

在继电接触器电路中，为了减少使用的器件和少用触点，从而节省硬件成本，各个线圈的控制电路往往互相关联，交织在一起，如果直接转换成梯形图而不进行优化，那么在将梯形图写成指令语句时，可能要多次使用栈指令等较复杂的逻辑指令，且分析这样的电路比较麻烦。因此，可以将各线圈的控制电路分离开来设计，这样设计后的程序中可能会多用一些触点，但因为使用 PLC 中的触点不会增加硬件成本，对系统的运行也不会有什么影响。

3) 中间单元的设置

在梯形图中，若多个线圈都受某一些触点串、并联电路的复杂电路的控制，为了简化电路，在梯形图中可以设置用该电路控制的辅助继电器。例如图 5-62 中的 KM3~KM5 都受到 A 点之前的一段电路的控制，所以用这段电路来控制 M0，用 M0 的常开触点来控制 KM3~KM5 线圈对应的 Y2~Y4；此外还设置了控制 KM3 和 KM4 的中间单元 M1，如图 5-64 梯形图所示。

4) 常闭触点提供的输入信号的处理

设计输入电路时，应尽量采用常开触点，以便梯形图中对应触点的常开、常闭类型与继电器电路图中的相同。如果只能使用常闭触点，则梯形图中对应触点的常开、常闭类型应与继电接触器电路图中的相反。例如图 5-60 中的 FR 常开触点接在 X3 端子上，所以图 5-59 中的 FR 常闭触点在图 5-61 中对应的是 X3 的常闭触点；如果将图 5-60 中的 FR 常开触点改为常闭触点接在 X3 端子上，则图 5-59 中的 FR 常闭触点在图 5-61 的梯形图中对应的 X3 就应为常开触点。

5) 热继电器触点的处理

图 5-62 中的 FR 是作过载保护用的热继电器，采用手动复位的热继电器的常闭触点可以像图 5-63 那样接在 PLC 的输出回路，仍然与接触器的线圈串联，这种方案可以节约 PLC 的一个输入点。如果热继电器采用自动复位方式，图 5-63 这种接法将会导致过载保护后电动机自动重新运转，因此必须将热继电器的触点接在 PLC 的输入端，如图 5-60 所示，用梯形图程序来实现电动机的过载保护。

6) 软件互锁与硬件互锁

为了防止控制正反转的两个接触器同时动作，造成三相电源短路，除了在梯形图程序中设置相应的电气互锁环节外，还应在 PLC 的外部输出回路设置硬件互锁电路，确保设备安全运行。

7) 时间继电器瞬动触点的处理

时间继电器除了有延时触点外，有的还带有瞬动触点。对于有瞬动触点的时间继电器，可以在梯形图中对应的定时器的线圈两端并联辅助继电器的线圈，用辅助继电器的触点来代替时间继电器的瞬动触点。

8) 尽量减少 PLC 的输入和输出信号

PLC 的价格与 I/O 的点数有关，减少输入输出信号使用的 I/O 点数是降低硬件费用的主要措施。在继电接触器电路中，如果几个输入元件触点的串并联电路只出现一次或总是作为一个整体多次出现，可以将它们作为 PLC 的一个输入信号，只占用 PLC 的一个输入点。某些器件的触点如果在继电接触器电路中只出现一次，并且与 PLC 输出端的负载串联(如具有手动复位功能的热继电器的常闭触点)，不必将它们作为 PLC 的输入信号，可以将它们放在 PLC 外部的输出回路，仍与相应的外部负载串联。另外，继电接触器控制系统中某些相对独立且比较简单的部分，可以用继电接触器电路控制,这样同时减少了所需的 PLC 的输入和输出点。

5.4.2　经验法

1. 基本方法

经验法类似于通常设计继电器电路图的方法，即在一些典型电路的基础上，根据被控对象对控制系统的具体要求进行梯形图程序设计，设计出的程序有时需要经过多次反复地修改和调试，最后才能得到一个较为满意的结果。这种方法没有普遍的规律可以遵循，针对同一个控制系统要求，不同的设计师可能设计出不同的程序，设计所用的时间、设计的质量与设计者的经验有很大的关系。电气设计手册中给出了大量的常用继电接触器控制电路，要注意多看、参考学习一些设计的程序，并在实践中不断丰富自己的设计经验。

2. 设计步骤

(1) 明确系统的控制功能要求及输入、输出信号的情况，确定具体的输入和输出设备。

(2) 合理地为控制系统中的信号分配 PLC 的 I/O 地址，画出 PLC 的 I/O 外部接线图。

(3) 对于一些控制要求比较简单的输出信号，可直接写出它们的控制条件，依照启保停电路的编程方法完成相应输出信号的编程；对于控制条件较复杂的输出信号，可借助辅助继电器来编程。

(4) 对于较复杂的控制，要正确分析控制要求，确定各输出信号的关键控制点。在以运行位置为主的控制中，关键点为引起输出信号状态改变的位置点；在以时间为主的控制中，关键点为引起输出信号状态改变的时间节点。

(5) 确定了关键点后，用启保停电路的编程方法或基本电路的梯形图，编写出各输出信号的梯形图。

(6) 在完成关键点梯形图的基础上，针对系统的控制要求，画出其他输出信号的梯形图。

在以上步骤的基础上，审查已经编写的梯形图程序，进一步地修改、完善和优化。

3．经验法的设计举例

例 5-9　图 5-65 是运煤小车运行的工作示意图。假设图中的小车开始时停在左限位开关 SQ1 处。按下右行启动按钮 SB1，小车右行，到达限位开关 SQ2 处时停止运行(此时加煤料斗开始为小车自动加煤)，10 s 后定时时间到，小车自动返回起始位置。要求该小车在设定好的运行区间内自动运煤，并能在运行过程中按照要求直接改变运行方向。请设计控制小车运行的梯形图程序，并绘制出 PLC 的外部接线图。

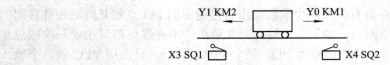

图 5-65　运煤小车运行的工作示意图

解：(1) 设计思路分析：该运煤小车能右行和左行，并且在运行过程中能按照要求直接改变运行方向，即拖动小车运行的电动机应具有正反转控制功能，并且正反转应能直接切换。因此，小车的梯形图程序设计，可在电动机机械互锁的正反转典型控制线路的基础上，再按照功能要求补充和增加时间控制功能，以及在运行区间的极限位置小车直接转向的控制功能。

(2) 确定输入和输出信号，并分配 PLC 的 I/O 端口地址。根据上述分析，其输入信号有右行启动按钮 SB1、左行启动按钮 SB2、停止按钮 SB3、左限位开关 SQ1、右限位开关 SQ2、电动机的过载保护信号 FR；输出负载有正转(右行)用接触器 KM1、反转(左行)用接触器 KM2。

输入信号的端口地址分配如下：

SB1—X0，SB2—X1，SB3—X2，SQ1—X3，SQ2—X4，FR—X5。

输出信号的端口地址分配如下：

KM1—Y0，KM2—Y1。

(3) 绘制的 PLC 的外部接线图和梯形图程序如图 5-66 所示。

在电动机正反转 PLC 控制系统的基础上，绘制出满足要求的 PLC 外部接线图和梯形图如图 5-66 所示。

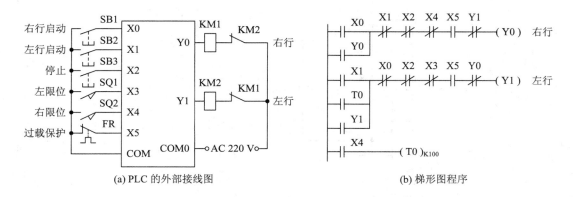

(a) PLC 的外部接线图　　　　　　　　(b) 梯形图程序

图 5-66　运煤小车的 PLC 程序设计

为了使小车向右的运动自动停止，将右限位开关对应的 X4 的常闭触点与控制右行的 Y0 的线圈串联。为了在右端使小车暂停 10 s，用 X4 的常开触点来控制定时器 T0 的线圈，T0 的定时时间到时，其常开触点闭合，给控制 Y1 的启保停电路提供启动信号，使 Y1 的线圈通电，小车自动返回。小车离开 SQ2 所在的位置后，X4 的常开触点断开，T0 被复位。回到 SQ1 所在位置时，X3 的常闭触点断开，使 Y1 的线圈断电，小车停在最开始的位置。

例 5-10　某三相异步电动机循环正反转的控制要求如下：按下启动按钮，电动机正转 3 s，停 2 s，反转 3 s，停 2 s，如此循环 5 个周期，然后自动停止。在电动机运行过程中，按下停止按钮或热继电器动作，电动机都停止。请完成该电动机的 PLC 程序设计。

解：(1) 设计思路分析。根据题目的控制要求可知，这是一个设备按照事先设定好的动作时间顺序步进的控制程序设计。正转 3 s，停 2 s；反转 3 s，停 2 s 的时间控制可分别用四个定时器 T0、T1、T2、T3 连续输出累积计时的方法实现，而循环控制可用振荡电路的方法来实现，循环次数的计数，可用计数器 C1 来完成。

另外，正转接触器 KM1 得电的条件为按下启动按钮 SB1，正转接触器 KM1 失电的条件为按下停止按钮 SB2、热继电器 FR 动作、T0 延时到或计数次数到；

反转接触器 KM2 得电的条件为 T1 延时到，反转接触器 KM2 失电的条件为按下停止按钮 SB2、热继电器 FR 动作、T2 延时到或计数次数到。

因此，可在启保停电路的基础上，再增加一个起循环控制作用的电路和计数电路，修改完善即可。

(2) 确定输入和输出信号，并分配 PLC 的 I/O 端口地址。

根据控制要求分析，输入信号有启动按钮 SB1、停止按钮 SB2、电动机的过载保护信号 FR；输出负载有正转接触器 KM1、反转接触器 KM2。

输入、输出信号的端口地址分配如下：

SB1—X1，SB2—X0，FR—X2；

KM1—Y1，KM2—Y2。

(3) 绘制的电动机主电路和 PLC 的外部接线图如图 5-67 所示。

(4) PLC 梯形图程序设计如图 5-68 所示。

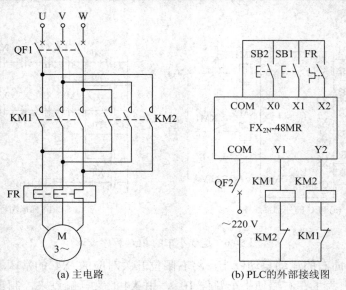

(a) 主电路　　　　(b) PLC的外部接线图

图 5-67　电动机循环正反转的电气控制设计

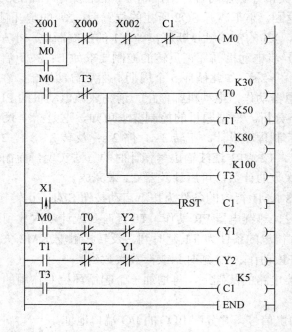

图 5-68　定时器连续输出累积计时的循环控制梯形图设计

5.4.3　时序图法

时序图是信号随时间变化的图形，横坐标为时间轴，纵坐标为输出信号的值，取值为 0 或 1。以这种图形为基础，进行 PLC 梯形图程序设计的方法，称为时序图法。针对典型的顺序控制系统，用基于时序图的方法进行程序的分析设计，是一种非常实用有效的设计方法。

1．设计步骤

(1) 根据控制要求，画出时序图，建立输入/输出信号准确的时间对应关系。

(2) 确定时间区间，找出时间的变化节点。即输出信号应出现变化的点，并以这些点为界限，把时段划分成若干时间节拍。

(3) 设计这些时间节拍(即用辅助继电器 M、定时器 T 设计定时用的逻辑程序)。

(4) 确定各被控对象与时间节拍的逻辑关系。

以上(3)、(4)两个步骤编写的梯形图程序组合起来，就是设计完成的控制程序。

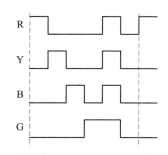

2．时序图法的应用举例

例 5-11　请设计四色节日彩灯循环闪亮的 PLC 控制程序。四组彩灯闪亮的工作周期如下：红、黄、蓝、绿的四色彩灯依次闪亮 1 s，接着同时闪亮 1 s，再同时暗 1 s。

解：(1) 根据四色彩灯的工作过程，可能知道四色彩灯的工作周期是 6 s。按照各彩灯与时间对应关系绘制出的彩灯工作时序图，如图 5-69 所示。

图 5-69　四色彩灯的工作时序图

(2) 找出时间变化节点，划分时间节拍。根据绘制的时序图可以看出，在彩灯的一个工作周期内，每 1 秒处的输出信号状态均有变化，即每一秒处都是一个时间变化节点。因此就把彩灯的一个工作周期划分成了六个时间区间，六个区间分别用 M1、M2、M3、M4、M5、M6 表示，时间的宽度都是 1 s。

(3) 设计时间节拍。我们把六个时间区间 M1～M6 按照先后顺序，设计成顺序输出的节拍脉冲如图 5-70(a)所示。六个顺序输出的节拍脉冲的梯形图程序如图 5-70(b)所示。

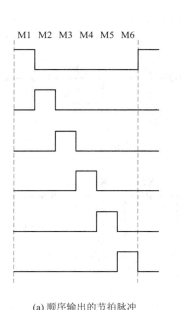

(a) 顺序输出的节拍脉冲

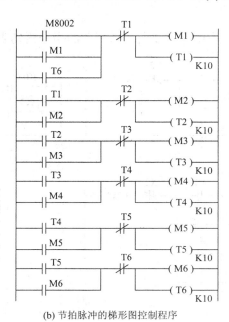

(b) 节拍脉冲的梯形图控制程序

图 5-70　时序图法程序设计分析

(4) 确定各色彩灯与节拍脉冲的逻辑关系。各色彩灯与节拍脉冲的逻辑关系组合如下：
R = M1 + M5，Y = M2 + M5，B = M3 + M5，G = M4 + M5。

(5) 分配 I/O 地址，编写被控对象与节拍脉冲逻辑关系的梯形图控制程序。

PLC 的 I/O 地址分配如下：红灯 R—Y1，黄灯 Y—Y2，蓝灯 B—Y3，绿灯 G—Y4。

按照第(4)项的逻辑关系要求，编写出的第二部分梯形图程序如图 5-71 所示。

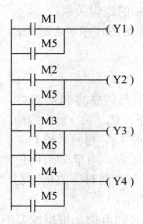

图 5-71　时序图法设计的第二部分程序

(6) 将以上两部分梯形图组合在一起，即是设计完成的四色节日彩灯的控制程序。

习　　题

5-1　写出图 5-72 所示梯形图的指令语句表。

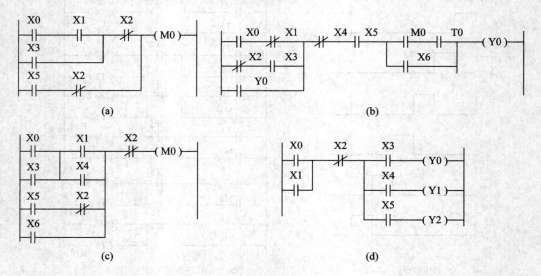

图 5-72　习题 5-1 图

5-2 写出图 5-73 所示梯形图的指令语句表。

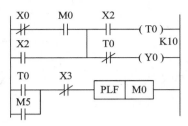

图 5-73 习题 5-2 图

5-3 写出图 5-74 所示梯形图的指令语句表。

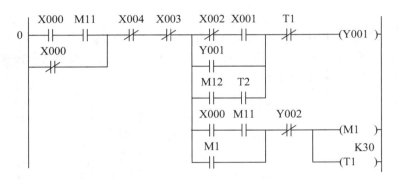

图 5-74 习题 5-3 图

5-4 根据图 5-75 的指令表画出对应的梯形图。

指令表:

0	LD	X000	10	OUT	Y004
1	AND	X001	11	MRD	
2	MPS		12	AND	X005
3	AND	X002	13	OUT	Y005
4	OUT	Y000	14	MRD	
5	MPP		15	AND	X006
6	OUT	Y001	16	OUT	Y006
7	LD	X003	17	MPP	
8	MPS		18	AND	X007
9	AND	X004	19	OUT	Y007

(a)

指令表:

0	LD	X000	11	ORB	
1	MPS		12	ANB	
2	LD	X001	13	OUT	Y001
3	OR	X002	14	MPP	
4	ANB		15	AND	X007
5	OUT	Y000	16	OUT	Y002
6	MRD		17	LD	X010
7	LD	X003	18	OR	X011
8	AND	X004	19	ANB	
9	LD	X005	20	ANI	X012
10	AND	X006	21	OUT	Y003

(b)

图 5-75 习题 5-4 图

5-5 将图 5-76 所示的梯形图转换成主控指令表达的梯形图,并写出指令语句表。

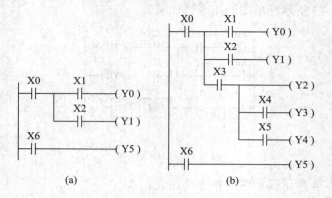

图 5-76　习题 5-5 图

5-6　图 5-77 梯形图中的 X1、X2、X3 都是按钮，分析这三个按钮对 Y0 的控制作用。

5-7　如将图 5-78 所示的梯形图作为三人抢答器电路。请问如果两个按钮 X1 和 X2 同时按下，将会出现什么样的结果？

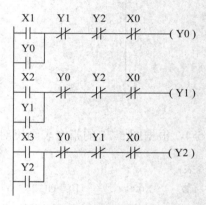

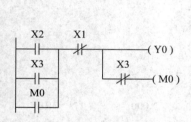

图 5-77　习题 5-6 图

图 5-78　习题 5-7 图

5-8　分析图 5-79 所示的两个梯形图，说明控制过程，绘出 X0 与 Y0 的工作时序图。并用脉冲指令来替换图中的脉冲触点指令，保证控制功能一致。

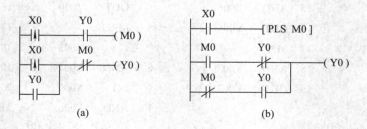

图 5-79　习题 5-8 图

5-9　读图 5-80 梯形图程序，根据给出的输入信号时序图，画出对应的输出信号时序图。

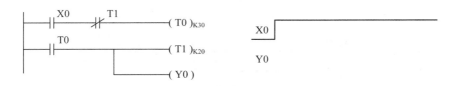

图 5-80 习题 5-9 图

5-10 图 5-81 梯形图中的 X0 为按钮，Y0 为 KM 用来控制一台电动机。分析梯形图程序，回答以下问题：

(1) 根据输入信号的时序波形画出对应输出 Y0 的时序波形。

(2) 分析软继电器 M8002、C0 的功能。C0 的 K 常数值为什么要设置为 2，如果设置为 3 会对电动机的控制有什么影响？

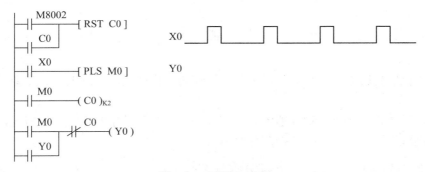

图 5-81 习题 5-10 图

5-11 根据控制要求，设计梯形图程序。

(1) 当 X0、X1 同时动作时 Y0 得电并自锁，当 X2、X3 中有一个动作时 Y0 失电。

(2) 当 X0 动作时 Y0 得电并自锁，10 s 后 Y0 失电。

5-12 用一个按钮控制一盏灯，要求按 5 次灯亮，再按 5 次灯灭。请设计梯形图程序。

5-13 洗手间小便池在有人使用时光电开关使 X0 为 ON，冲水控制系统在使用者使用 3 s 后令 Y0 为 ON，冲水 2 s，使用者离开后冲水 3 s。根据控制要求绘制的时序波形图如图 5-82 所示。请设计梯形图程序。

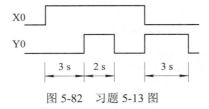

图 5-82 习题 5-13 图

5-14 有一条生产线，用光电开关(X1)检测传送带上通过的产品，有产品通过时 X1 为 ON，如果在连续 10 s 内没有产品通过，则发出灯光报警信号，如果在连续 20 s 内没有产品通过，则灯光报警的同时发出声音报警信号，用 X0 输入端的开关解除报警信号，请设计梯形图程序，画出 PLC 的 I/O 外部接线图。

5-15 某职业技术学院门口装饰的三组节日彩灯工作时序图如图 5-83 所示，请设计梯形图程序。

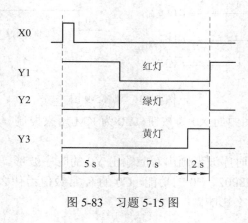

图 5-83　习题 5-15 图

拓　展　题

5-1　请观察交通路口信号灯，记录各信号灯的工作情况，绘制工作时序图，自主设计 PLC 控制程序。

5-2　请观察商业区建筑物外墙的霓虹灯闪亮、移位及时序变化的工作情况，拟定一个合理的控制要求，自主设计 PLC 控制程序。

实训项目 5-1　GX Developer 编程软件的使用

1. 实训目的

(1) 熟悉 GX Developer 编程软件界面。

(2) 掌握梯形图的基本输入操作。

(3) 掌握使用编程软件编辑和调试程序的基本操作。

(4) 进一步理解掌握基本指令的使用方法。

2. 实训器材

(1) 计算机一台(已安装 GX Developer 编程软件)。

(2) 三菱 FX 系列 PLC 一台。

(3) PLC 和计算机连接专用电缆一根。

3. 实训指导

1) 编程软件简介

三菱 PLC 编程软件有好几个版本。FXGP/WIN-C 是专门 FX 系列 PLC 使用的编程软件，该软件占用的空间小，安装后约为 2 MB，功能较强。目前最新的 GX Developer 编程软件适用于日本三菱公司 Q 系列、QnA 系列、A 系列以及 FX 系列的所有 PLC，软件界面更友好、功能更强大、使用更方便。该编程软件支持在线和离线编程，并具有软元件注释、声明、注解及程序监视、调试、故障诊断、程序检查等功能。此外，具有突出的运行写入功能，而不需要频繁操作 STOP/RUN 开关，方便程序调试。该编程软件简单易学，具有丰富的工具箱，直观形象的视窗界面，并可直接设定 CC-link 及其他三菱网络的参数。

GX Developer 编程软件的运行环境为 Windows 95/Windows 98/Windows 2000 或 Windows XP。

2) 运行 GX Developer 编程软件

在计算机上安装好 GX Developer 编程软件后，点击运行软件，进入如图 5-84 所示界面。

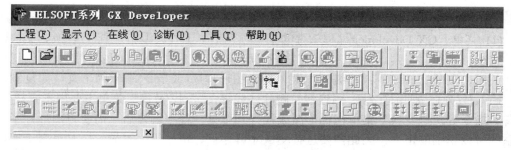

图 5-84 GX Developer 编程软件运行后的界面

此时可以看到该窗口工具栏中除了"新建"和"打开"按钮可见以外，其余按钮均不可见。单击图 5-84 中" □ "按钮，或执行"工程"菜单中的"创建新工程"命令，可创建一个新工程，出现如图 5-85 所示的建立新工程画面。

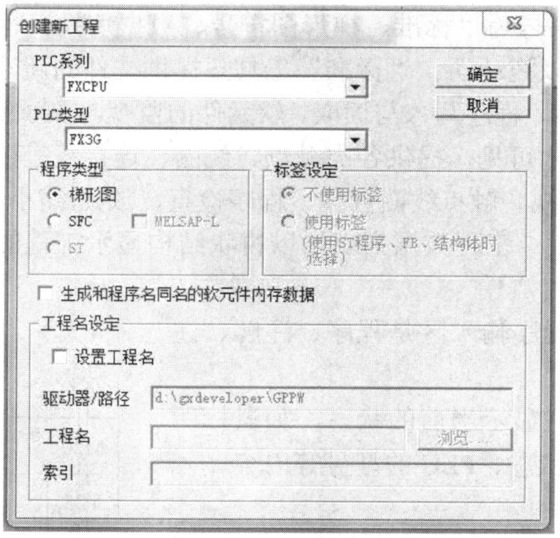

图 5-85 建立新工程画面

按图 5-85 所示选择 PLC 所属系列和类型。此外，设置项还包括程序类型，即梯形图或 SFC 图，设置文件的保存路径和工程名称等。注意 PLC 系列和 PLC 型号两项是必须设置项，且须与所连接的 PLC 一致，否则程序将可能无法写入 PLC。设置好上述各项后，进入程序编辑界面。

3) 编程软件的基本界面和菜单组成

软件程序编辑界面如图 5-86 所示。该界面主要包括菜单、工具条、工程数据列表栏、程序输入区、状态栏等部分。

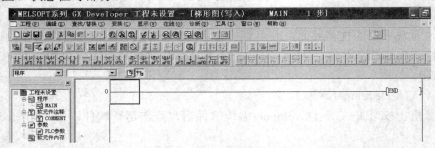

图 5-86　软件程序编辑界面

(1) 菜单。GX Developer 编程软件的菜单项包括"工程、编辑、查找/替换、变换、显示、在线、诊断、工具、窗口、帮助"等下拉菜单。"工程"菜单可执行工程的创建、打开、关闭、删除、打印等；"编辑"菜单提供图形程序(或指令)编辑的工具，如复制、粘贴、插入行(列)、删除行(列)、画连线、删除连线等；"查找/替换"菜单主要用于查找/替换设备、指令等；"变换"菜单在梯形图编程方式可见，程序编好后，需要将图形程序转化为系统可以识别的指令，因此需要进行变换才可存盘、传送等；"显示"菜单用于梯形图与指令之间切换，注释、声明和注解的显示或关闭等；"在线"菜单主要用于实现计算机与 PLC 之间的程序的传送、监视、调试及检测等；"诊断"菜单主要用于 PLC 诊断、网络诊断及 CC-link 诊断；"工具"菜单主要用于程序检查、参数检查、数据合并、清除注释或参数等；"帮助"菜单主要用于查阅各种出错代码等功能。

(2) 工具条。工具条分为"标准、梯形图符号、数据切换、程序、注释"等工具，它们在视图中的位置是可以拖动的。"标准"工具条提供文件的新建、打开、保存、打印、复制、粘贴、软元件查找、程序写入与读取、软元件的监视与测试等功能；"梯形图符号"工具条只在图形编程时才可见，提供各类触点、线圈、连接线等图形符号；"程序"工具条提供程序的读/写、监视、触点线圈查找、程序检查、放大/缩小显示等快捷按钮。

(3) 工程数据列表栏。工程数据列表栏以树状结构显示工程的各项内容，如程序、软元件注释、参数等。

(4) 程序输入区。程序输入区是程序、注解、注释、参数等输入的区域。

(5) 状态栏。状态栏显示当前的状态，如鼠标所指按钮功能提示、读写状态、PLC 的型号等内容。

4) 程序的输入

(1) 梯形图程序的输入。下面通过如图 5-87 所示的具体实例，说明用编程软件在计算机上编制梯形图程序的操作步骤。

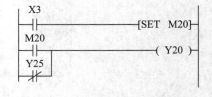

图 5-87　梯形图程序

步骤 1：为创建梯形图程序，首先要确保在写入模式。

方法：直接写入指令/用工具按钮创建程序。

步骤 2：转换已创建的梯形图程序。

在步骤 1 中，可按"编辑"下拉菜单，选中"写入模式"，或按 F2 快捷键，或按工具条中的"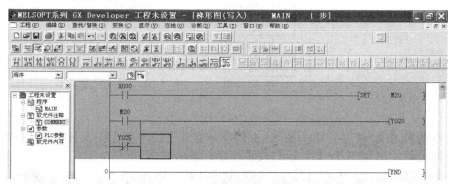"按钮，使其为写模式(查看状态栏)，然后单击工具条中的"　"按钮，选择梯形图显示，即程序在编写区中以梯形图的形式显示，再将光标放入程序输入区，如图 5-86中所示，当前为蓝色方框。

　　梯形图程序的输入有两种方法。一种方法是用键盘操作，直接写入指令。在图 5-86 的程序输入区位置输入 L—D—空格—X—3—按 Enter 键(或单击确定)，则 X3 的常开触点就在程序输入区域中显示出来，然后再输入 SET　M20、LD　M20、OUT　Y20、ORI　Y25，即绘制出如图 5-88 所示的程序。

图 5-88　程序转换前的画面

　　注意：在输入的时候要注意阿拉伯数字 0 和英文字母 O 的区别，另外在输入定时器、计数器的常数 K 前应加一空格。

　　梯形图程序编制完后，在写入 PLC 之前，必须进行变换。在步骤 2 中，单击要进行程序转换的窗口，使其激活，然后单击"变换"下拉菜单中的"变换"命令，或直接按 F4快捷键，或按工具条中的"　"按钮，完成转换。此时程序输入区由灰色状态变为白色状态，可以存盘或传送。在程序转换中若有错误出现，程序出错区域保持灰色，此时应检查程序。

　　梯形图程序的另一种输入方法是用工具按钮创建程序。即通过鼠标和键盘操作，用鼠标选择"梯形图符号"工具条中对应的图形符号，再键入其软元件和软元件号，输入完毕按回车键即可。

　　(2) 指令表程序的输入。指令表程序的输入即直接输入编程指令，并以指令的形式显示。对于图 5-87 所示的梯形图，其指令语句表程序在屏幕上的显示如图 5-89 所示。输入指令的操作与上述介绍的用键盘输入指令的方法完全相同，只是显示不同，且指令语句表程序不需进行程序转换。可在梯形图显示与指令表显示之间切换(Alt＋F1 键)。

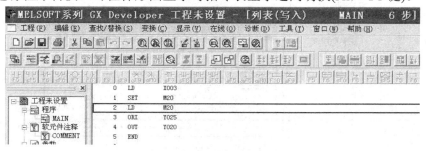

图 5-89　指令语句表程序输入画面

(3) SFC 程序的输入。下面以如图 5-90 所示的 SFC 程序实例，说明用 GX Developer 编程软件编制顺序功能图程序的操作步骤。

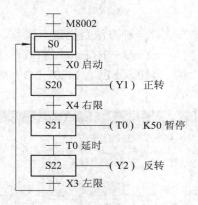

图 5-90　SFC 程序实例

如果要输入 SFC 程序，需在图 5-85 的"建立新工程界面"中，选择程序类型为 SFC 图，点击确定后，出现图 5-91 所示的设置程序标题块界面。

图 5-91　设置程序标题块界面

双击序号为 0 的块标题栏处，进入块信息设置界面如图 5-92 所示。选择块类型为梯形图块，输入一个块标题名称，如"LD1"，点击执行按钮，进入图 5-93 所示梯形图程序块输入界面。光标放在工程数据列表栏，双击程序"MAIN"处，又进入块信息设置界面，再选择块类型为 SFC 块，输入一个块标题名称，如"SFC1"，点执行按钮，进入图 5-94 所示 SFC 程序块输入界面。光标放在工程数据列表栏的"程序 MAIN"处双击鼠标左键，可随意进入块信息界面在梯形图块"LD1"和 SFC 块"SFC1"之间切换。

图 5-92　块信息设置界面

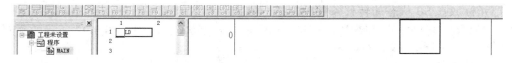

图 5-93　梯形图程序块输入界面

图 5-94　SFC 程序块输入界面

用鼠标左键双击梯形图块"LD1"，进入梯形图程序块输入界面，输入表示使初始状态 S0 置位的梯形图程序并进行程序转换，如图 5-95 所示。

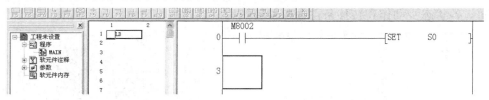

图 5-95　输入梯形图程序块

用鼠标左键双击 SFC 块"SFC1"，进入 SFC 程序块输入界面。依次用鼠标左键双击光标处，输入 SFC 各状态步序号和缺省的转移条件，建立起 SFC 程序的总体序列框架，如图 5-96 所示。

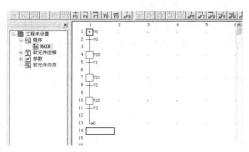

图 5-96　建立 SFC 程序总体序列框架

把光标放在各状态步或转移条件的位置处，在右边的程序输入区可输入对应状态的动作或具体的转移条件。例如，把光标放在状态步 S20，对应的动作应是输出 Y1，则在右区直接输入 OUT Y1 并按 F4 进行程序转换，出现如图 5-97 所示的画面。

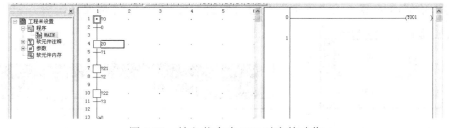

图 5-97　输入状态步 S20 对应的动作

把光标放在 S0 状态的转移条件位置处，S0 向目标 S20 转移的条件是 X0 接通，则在右区输入 LD X0 TRAN，按回车键，再按 F4 键进行程序转换，出现如图 5-98 所示的画面。

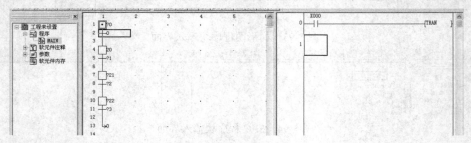

图 5-98　输入 S0 状态的转移条件

同样方法，把各个状态步对应的动作和转移条件全部输入并转换后，出现图 5-99 所示的画面。各状态步动作和转移条件输入并转换后，该处的"问号标志"消失。

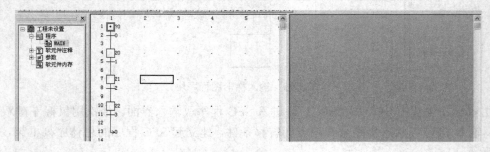

图 5-99　SFC 程序全部输入完成的界面

检查各处程序输入正确后，双击工程数据列表栏的"程序 MAIN"处，重新进入块信息界面，按 F4 快捷键完成程序转换，SFC 程序编制结束。

5) 编辑操作

(1) 程序的修改。若要将图 5-100 中的 SET M20 改为 RST M20，具体操作步骤如下。

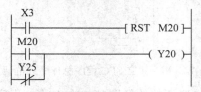

图 5-100　要修改的程序

步骤 1：首先要确保右下角为改写模式。

步骤 2：双击编辑区域(要修改的地方)如图 5-101 所示，出现程序输入窗口如图 5-102所示，键入要修改内容，按"确定"按钮，如图 5-103 所示，完成修改内容。

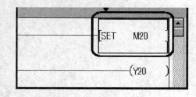

图 5-101　双击编辑区域

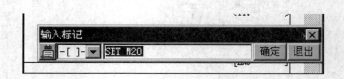

图 5-102　程序输入窗口

图 5-103　键入要修改内容

(2) 剪切和复制梯形图块。具体步骤如下所示。

步骤 1：单击要复制或剪切的内容(垂直拖拉，单行用水平拖拉后选定内容变蓝)。

步骤 2：指定要复制的线位置处，则线以下对应行部分内容被粘贴。

(3) 插入或删除一条线。将光标放在要插入或删除的线处，单击鼠标右键显示菜单。

插入：在当前光标线的上一行插入。

删除：删除当前光标线。

(4) 创建或删除一条规则线。

① 创建。

步骤 1：单击"⬛"工具条按钮。

步骤 2：从开始位置向结束位置拖动鼠标，如图 5-104 所示。注意：垂直规则线在光标左侧创建。

步骤 3：释放鼠标左键，规则线被创建，如图 5-105 所示。

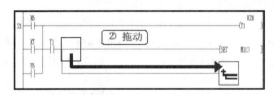

图 5-104　从开始位置拖动鼠标

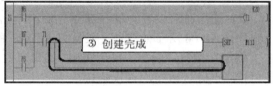

图 5-105　释放鼠标左键

② 删除。

步骤 1：单击工具条"⬛"按钮。

步骤 2：拖拉要删除的部分。

(5) 程序描述。程序描述用于阐述以下内容：

① 创建软元件注释以描述每个软元件的意义和应用。

② 创建声明以描述梯形图块的功能。

③ 创建说明以描述线圈和应用程序指令。

例如：创建软元件注释，可描述梯形图程序中每一软元件的应用。

步骤 1：单击工程数据列表栏→软元件注释→COMMENT→出现窗口。

步骤 2：在软元件名栏中分别输入 X、Y、M 等，对应写入注释。

步骤 3：在"显示"下拉菜单中，点击"注释显示"项。

(6) 元件的查找和替换。具体操作如下所示。

查找：在"查找/替换"下拉菜单中，点击"软元件查找"项。

替换：在"查找/替换"下拉菜单中，点击"软元件替换"项。

(7) 打印。如果要将编制好的程序打印出来，可按以下几步进行：

① 单击"工程"菜单中的"打印机设置"，根据对话框设置打印机；

② 执行"工程"菜单中的"打印"命令;

③ 在选项卡中选择梯形图或指令列表;

④ 设置要打印的内容,如主程序、注释、声明等;

⑤ 设置好后,可以进行打印预览,如符合打印要求,则执行"打印"。

(8) 保存、打开工程。当程序输入编辑完毕后,必须先进行转换,然后单击工具条中的"保存"按钮或点击"工程"下拉菜单中的"保存"或"另存为"命令项。系统会提示(如果新建时未设置)保存的路径和工程的名称,设置好路径和键入工程名称再单击"保存"即可。当需要打开保存在计算机中的程序时,单击工具条中的"打开工程"按钮,在弹出的窗口中选择保存的驱动器和工程名称再单击"打开"即可。

(9) 其他功能。如要执行单步执行功能,即单击"在线"下拉菜单中的"调试"项中的"步执行"命令,可以使 PLC 一步一步地依程序向前执行,从而判断程序是否正确。还有,在线修改、改变 PLC 的型号、梯形图逻辑测试等功能。

6) 程序的传送

若要将在计算机上用 GX Developer 编好的程序写入到 PLC 中的 CPU,或将 PLC 中 CPU 的程序读到计算机中,一般需要以下几个步骤:

(1) PLC 与计算机的连接。正确连接计算机(已安装好 GX Developer 编程软件)和 PLC 的编程电缆(专用电缆),特别是 PLC 接口方向不要弄错,否则容易造成损坏。

(2) 进行通信设置。程序编制完后,单击"在线"下拉菜单中的"传输设置"项后,出现如图 5-106 所示的窗口,设置好 PC I/F 和 PLC I/F 的各项设置,其他项保持默认,单击"确定"按钮。例如,采用 USB 接口通信,双击"串行/USB"图标,选择"USB(内置端口)",点确认按钮,再次确认。

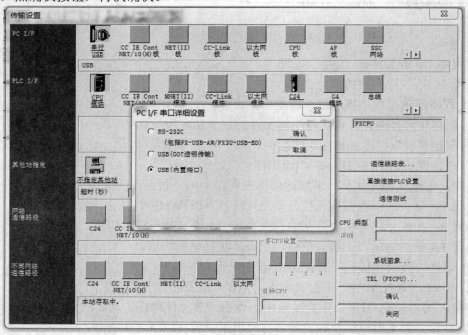

图 5-106　通信设置

(3) 程序写入、读出。若要将计算机中编制好的程序写入到 PLC，单击"在线"下拉菜单中的"PLC 写入"项，则出现如图 5-107 所示窗口，根据出现的对话窗进行操作。选中主程序 MAIN，再单击"开始执行"按钮即可。若要将 PLC 中的程序读出到计算机中，执行"PLC 读取"操作。

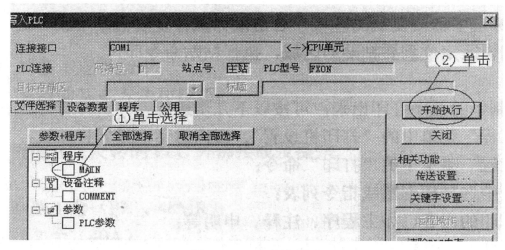

图 5-107 PLC 写入界面

7) 程序监视

选择"开始"→"监视"→"开始监视"命令，梯形图进行监视状态，如图 5-108 所示。

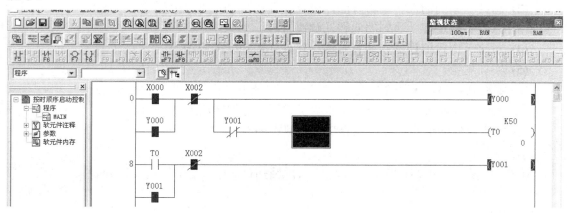

图 5-108 梯形图的监视状态

梯形图(或指令语句表、SFC 图)在监控状态下时，再选择"停止监视"命令，PLC 就退出了监视状态。

在监控状态下，凡是接通的触点和得电的线圈均以蓝色条块显示，还能显示 T、C、D 等字元件的当前值，可以很方便地观察和分析各部分电路的工作状态。

选择"开始"→"监视→"软元件批量"命令，进入对梯形图中各种软元件的监视状态，输入将要监控的软元件，窗口就显示出各个软元件的工作状态。如图 5-109 所示。

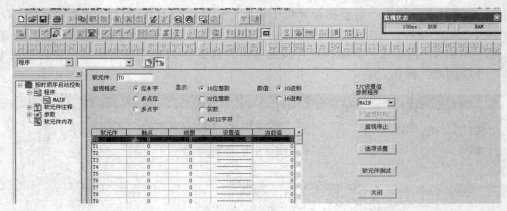

图 5-109　PLC 软元件的监视

4. 实训内容和步骤

(1) 使用 GX Developer 编程软件，熟悉主要界面和菜单组成。

(2) 掌握程序的输入、编辑方法。

(3) 掌握计算机与 PLC 间的程序传送。

(4) 学生结合基本指令进行程序输入及执行操作(完成闪烁电路等四个应用程序)，观察运行结果，掌握正确的调试方法和步骤。

5. 实训报告要求

(1) 叙述 GX Developer 软件的主要功能、基本界面和菜单组成。

(2) 总结程序的输入和编辑方法，以及计算机与 PLC 间的程序传送方法。

(3) 总结实验过程中遇到的问题及解决方法。

(4) 对比手持式编程器和计算机编程软件使用功能的不同。

(5) 实训思考。

① 编程软件显示无法完成与 PLC 通信。可能是什么原因？

② 编程软件能否在指令表程序显示模式下进行程序监视？

③ 编程软件的诊断和程序检查功能有何不同？

实训项目 5-2　电动机循环正反转的 PLC 控制

1. 实训目的

(1) 掌握电动机正反转的 PLC 控制原理和方法。

(2) 掌握 PLC 基本指令的使用方法。

(3) 理解电动机循环正反转的程序功能，积累识读梯形图的经验。

(4) 掌握 PLC 的 I/O 外部接线方法以及程序调试的步骤。

2. 实训器材

(1) 三菱 FX 系列 PLC 1 台(含配套用编程电缆)。

(2) 计算机 1 台(已安装编程软件)或手持式编程器 1 只。

(3) 控制电器 1 套(含单极、三极低压断路器各 1 只，交流接触器 2 只，热继电器 1 只，红色按钮 1 只，绿色按钮 1 只)。

(4) 电气控制实训台 1 个(含电工工具 1 套、三相异步电动机 1 台、连接导线若干)。

3. 实训要求

设计一个用 PLC 的基本指令来控制电动机循环正反转的控制系统。控制要求如下：按下启动按钮 SB1，电动机正转 3 s，停 2 s，反转 3 s，停 2 s，如此循环 5 个周期，然后自动停止。在电动机运行过程中，按下停止按钮 SB2 或当热继电器 FR 动作，电动机都停止。

4. PLC 控制系统设计

(1) 用 PLC 控制电动机正反转的方法。要用 PLC 完成对电动机的正反转控制，需要两个正反转控制用接触器 KM1、KM2，并按照电动机正反转的继电接触器控制线路图连接好主电路。将其他的输入、输出信号正确连接在 PLC 的 I/O 端口，通过用 PLC 的软件程序控制 KM1、KM2 的线圈按照要求通电和断电，就可实现对电动机的控制。

按照控制要求绘制的电动机循环正反转工作时序图如图 5-110 所示。

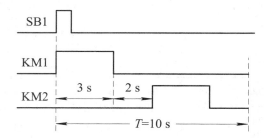

图 5-110　电动机循环正反转工作时序图

(2) 程序设计思路分析。根据题目的控制要求及绘制的时序图可知，这是一个典型的自动循环控制，即电动机是按照事先设定好的动作时间和动作顺序，并以一定的工作周期自动地进行正转和反转的循环运行，动作的顺序是：正转 3 s，停 2 s，反转 3 s，停 2 s。

在编写程序时，每一步的动作时间分别用定时器 T1、T2、T3、T4 控制，定时时间到，就用这个定时器的常开触点启动下一步动作，用这个定时器的常闭触点停止该步动作。一个工作周期完成后，再用最后一个定时器的常开触点作为第一步动作的启动信号，可实现循环工作。循环次数的计数，可用计数器 C0 来完成。要求电动机循环工作 5 次后自动停止，就用计数器 C0 的常闭触点作为电动机的停止信号。

(3) 确定输入、输出信号，分配 I/O 端口地址。根据控制要求，输入信号有三个：启动按钮 SB1、停止按钮 SB2、热继电器 FR。

输出信号有两个：正转接触器 KM1、反转接触器 KM2。

PLC 的 I/O 端口地址分配如下：

SB1—X1，SB2—X0，FR—X2；KM1—Y1，KM2—Y2。

(4) 系统接线图。绘制主电路和 PLC 的外部接线图如图 5-111 所示。

(5) PLC 梯形图程序如图 5-112 所示。

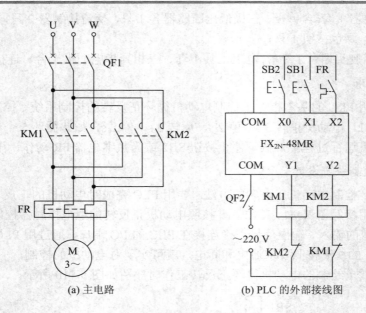

(a) 主电路　　　　　(b) PLC 的外部接线图

图 5-111　电动机循环正反转电气系统接线图

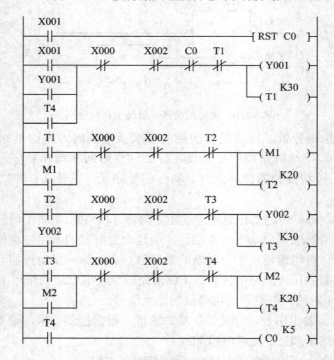

图 5-112　电动机循环正反转控制梯形图程序

5. 系统调试

(1) 输入程序。通过编程软件或手持式编程器将控制程序正确输入 PLC 中。

(2) 静态调试。按图 5-111 所示的 PLC 的 I/O 接线图正确连接好输入设备，进行 PLC

的模拟静态调试。按下启动按钮 X1，观察 PLC 对应输出端口的指示灯状态，正确的情况是：Y1 亮 3 s 后熄灭 2 s，然后 Y2 亮 3 s 后熄灭 2 s，循环 5 次，在此期间，只要按停止按钮 X0 或热继电器 X2 动作，输出端口指示灯都不亮(程序停止)。否则，检查并修改程序，直至指示正确。

(3) 动态调试。

① 正确连接好输出设备。合上 QF2，接通 PLC 输出端的负载电源。按下启动按钮 X1，观察交流接触器 KM1、KM2 是否按要求动作；否则，检查线路连接情况，直至输出端所连接负载动作正确。

② 按主电路线路正确连接好电动机。合上 QF1，接通电动机电源。按下启动按钮 X1，观察电动机是否按要求动作；否则，检查线路连接情况，直至电动机动作正确。

通电后注意观察各种现象，如有异常，要立刻断开电源，并检查原因。未查明原因不得强行送电。通电调试结束后，断开 QF1、QF2。

(4) 按要求修改、调试和保存程序(改变运行时间、循环次数等)。

6. 实训报告要求

(1) 对实训的主要内容进行整理。(包括控制要求、I/O 端口分配、接线图、梯形图功能的注释说明等)。

(2) 对程序调试过程进行总结，说明出现的故障及排除情况。

(3) 实训思考。

① PLC 的 Y1、Y2 输出端回路为何要连接 KM1、KM2 的电气互锁触点？如果不连，是否合适？如何给电动机的运行情况加指示灯？

② 在自动循环正反转功能要求的基础上，如何增加正转和反转的点动控制？

③ 试用其他编程方法设计程序。

实训项目 5-3　电动机 Y-△启动的 PLC 控制

1. 实训目的

(1) 掌握电动机 Y-△启动的 PLC 控制原理和方法。

(2) 掌握 PLC 基本指令的使用方法。

(3) 理解电动机 Y-△启动的 PLC 控制程序功能。

(4) 掌握电动机 Y-△启动的 PLC 外部接线方法和调试方法。

2. 实训器材

(1) 三菱 FX 系列 PLC 1 台(含配套用编程电缆)。

(2) 计算机 1 台(已安装编程软件)或手持式编程器 1 只。

(3) 控制电器 1 套(含单极、三极空气开关各 1 只，交流接触器 3 只，热继电器 1 只，红色按钮 1 只，绿色按钮 1 只)。

(4) 电气控制实训台 1 个(含电工工具 1 套、三相异步电动机 1 台、连接导线若干)。

3. 实训要求

设计一个用 PLC 的基本指令来控制电动机 Y-△ 启动的控制系统。控制要求如下：按下启动按钮 SB1，接触器 KM1、KM2 通电，电动机绕组接成星形降压启动，5 s 后，接触器 KM2 失电、KM3 得电，电动机绕组接成三角形全压运行。按下停止按钮 SB2 或当热继电器 FR 动作，电动机停止。

4. PLC 控制系统设计

(1) PLC 的 I/O 端口地址分配如下。

启动按钮 SB1—X1；停止按钮 SB2—X2；主接触器 KM1—Y0；星形接触器 KM2—Y1；三角形接触器 KM3—Y2。

(2) 系统接线图。主电路和 PLC 的外部接线图如图 5-113 所示。

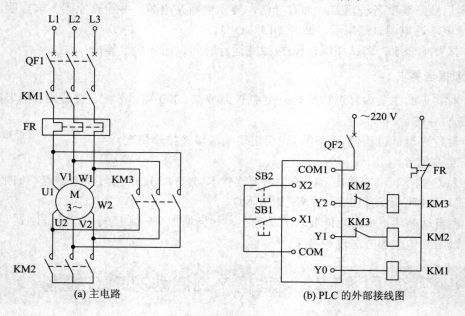

(a) 主电路　　　　　　　　　(b) PLC 的外部接线图

图 5-113　电动机 Y-△ 启动的电气系统接线图

(3) PLC 梯形图程序设计。梯形图程序如图 5-114 所示。

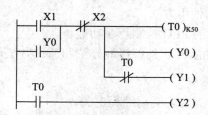

图 5-114　电动机 Y-△ 启动控制梯形图程序

启动时按下启动按钮 X1，Y0 线圈得电自锁，同时 Y1 线圈、定时器 T0 线圈得电，驱动接触器 KM1、KM2 线圈得电，电动机 M 接成 Y 形启动。T0 线圈通电后开始计时，5 s 后 T0 常闭触点断开 Y1，T0 常开接点接通 Y2，电动机 M 由星形接线改接成三角形接线全压运行。

在梯形图中 Y1 和 Y2 的互锁由 T0 的常开和常闭触点来实现,可以省略 Y1 和 Y2 的常闭触点互锁,但在 PLC 的外部输出负载回路中不能把与 KM2、KM3 线圈串联的电气互锁触点省略。该问题的原因在第 2 章中已讲过,PLC 输出端的负载回路中的互锁触点除具有电气互锁作用外还可以起到主触点在切换过程中消除电弧的作用以及防止主触点熔焊而引起的故障等,而在梯形图中的互锁接点是没有这些功能的,这点请大家注意。

电动机的过载保护采用热继电器,用热继电器的常闭触点串接在 PLC 输出端的接触器线圈回路中,过载时直接断开接触器线圈。

5. 系统调试

(1) 输入程序。通过编程软件或手持式编程器将控制程序正确输入 PLC 中。

(2) 静态调试。按图 5-113 所示的 PLC 的 I/O 接线图正确连接好输入设备,进行 PLC 的模拟静态调试。按下启动按钮 SB1(X1),观察 PLC 对应输出端口的指示灯状态,正确的情况是:Y0、Y1 亮 5 s 后,Y1 熄灭,Y2 亮。在此期间,只要按停止按钮 SB2(X2),输出端口指示灯都不亮(程序停止)。否则,检查并修改程序,直至指示正确。

(3) 动态调试。

① 正确连接好输出设备。合上 QF2,接通 PLC 输出端的负载电源。按下启动按钮 SB1(X1),观察交流接触器 KM1、KM2、KM3 是否按要求动作;正确的情况是:KM1、KM2 线圈得电,5 s 后,KM2 失电,KM3 得电。在此期间,只要按停止按钮 SB2(X2)或按 FR 的测试按钮,接触器都失电。否则,检查线路连接情况,直至输出端所连接负载动作正确。

② 按主电路线路正确连接好电动机。合上 QF1,接通电动机电源。按下启动按钮 X1,观察电动机是否按要求动作;否则,检查线路连接情况,直至电动机动作正确。

通电后注意观察各种现象,如有异常,要立刻断开电源,并检查原因。未查明原因不得强行送电。通电调试结束后,断开 QF1、QF2。

(4) 按要求修改、调试和保存程序(改变定时时间等)。

6. 实训报告要求

(1) 对实训的主要内容进行整理。(包括控制要求、I/O 端口分配、接线图、梯形图功能的注释说明等)。

(2) 对程序调试过程进行总结,说明出现的故障及排除情况。

(3) 实训思考。

① 如果不在 PLC 的输出端回路中连接 FR 的常闭触点,还可用什么方式进行过载保护?

② 试用其他编程方法设计程序。

实训项目 5-4　数码管循环点亮的 PLC 控制

1. 实训目的

(1) 掌握 PLC 基本指令的应用。

(2) 掌握 PLC 编程的基本方法和技巧。

(3) 掌握 PLC 的输出端连接数码管的正确方法，调试程序、积累经验。

2. 实训器材

(1) 三菱 FX 系列 PLC 1 台(含配套用编程电缆)。

(2) 计算机 1 台(已安装编程软件)或手持式编程器 1 只。

(3) 输入、输出元器件 1 套(七段或八段数码管一只、红色按钮 1 只，绿色按钮 1 只)。

(4) 电气控制实训台 1 个(含电工工具 1 套、连接导线若干)。

3. 实训内容和控制要求

(1) 项目 1：设计用 PLC 的基本指令来控制数码管循环显示数字的控制系统。控制要求如下：

① 按下启动按钮 SB1，数码管开始显示 0，延时 1 s 后显示 1，再延时 1 s 后显示 2，再延时 1 s 后显示 3、……、显示 9，再延时 1 s 后显示 0，如此循环显示。

② 按下停止按钮 SB2，数码管停止显示。

(2) 项目 2：设计三人抢答器并用数码管显示抢答器选手号码的 PLC 控制系统。(选做。)

4. PLC 控制系统设计

(1) 数码管介绍。数码管是利用了 LED(发光二极管)组合而成的显示设备，可以显示 0～9 等 10 个数字和小数点，使用非常广泛。数码管按段数可分为七段数码管和八段数码管，八段数码管比七段数码管多了一个发光单元(多一个小数点显示)；按能显示多少个"8"可分为 1 位、2 位、4 位等数码管。这类数码管分为共阴极与共阳极两种，共阴极就是把所有 LED 的阴极连接到共同接点 COM，而每个 LED 的阳极分别为 a、b、c、d、e、f、g 及 dp(小数点)。当数码管的 COM 端接电源负极，某一字段 LED 的阳极接电源正极时，该字段就点亮。否则不亮。通过控制各个 LED 的亮灭来显示数字。

(2) 确定输入、输出信号，分配 I/O 端口地址。

① 输入信号有 2 个：启动按钮 SB1、停止按钮 SB2。

② 输出信号有 7 个：数码管的七个 LED 灯 a、b、c、d、e、f、g，共阳极。

③ PLC 的 I/O 端口地址分配如下：

SB1—X1，SB2—X0；a—Y1、b—Y2、c—Y3、d—Y4、e—Y5、f—Y6、g—Y7。

(3) 程序设计。根据控制要求，可采用定时器连续输出并累积计时的方法，数码管的显示由时间来控制，使编程的思路变得简单，对初学 PLC 编程的人来说，非常实用。数码管显示数字是通过各个输出点的 LED 灯组合而成，显示的数字与各输出点的对应关系(1 表示点亮，0 表示不亮)如图 5-115 的时序表图所示。图中 M0 是计时用的连续信号，T0～T9 用于每个数字变化时刻点的累积时间的定时。被控制的每个 LED 灯的对应输出 Y1～Y7，就可与 M0、T0～T9 的相应触点建立起组合逻辑关系。按照以上的思路，设计的梯形图程序如图 5-116 所示。

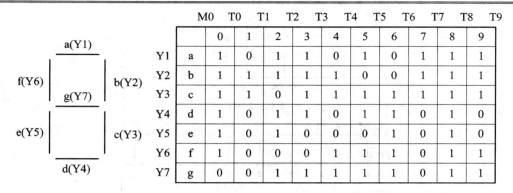

图 5-115　数码管显示的数字与各 LED 灯组合对应的时序表图

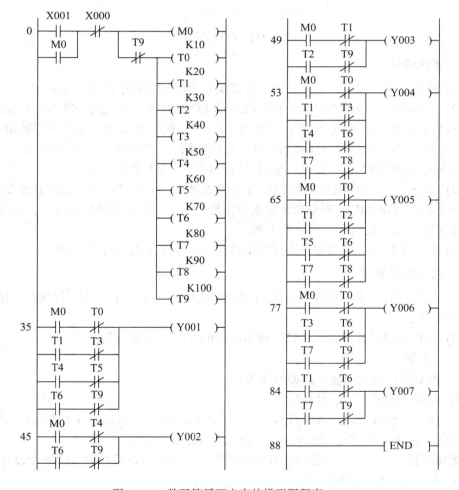

图 5-116　数码管循环点亮的梯形图程序

(4) 绘制接线图。PLC 的外部接线图如图 5-117 所示，注意数码管的公共端接电源负极。

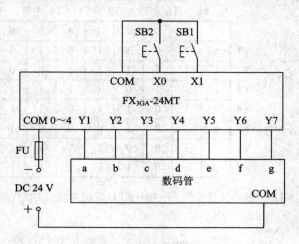

图 5-117　PLC 的外部接线图

5. 系统调试

(1) 输入程序。通过编程软件或手持式编程器将控制程序正确输入 PLC 中。

(2) 静态调试。按图 5-117 所示的 PLC 的 I/O 接线图正确连接好输入设备 SB1、SB2，进行 PLC 的模拟静态调试。按下启动按钮 SB1(X1)，观察 PLC 对应输出端口的指示灯状态，应该按照图 5-115 对应的时序表图点亮。在此期间，只要按停止按钮 SB2(X0)，输出端口指示灯都不亮(程序停止)。否则，检查并修改程序，直至指示正确。

(3) 动态调试。正确连接好输出设备七段数码管，接通 PLC 输出端的直流 24 V 负载电源。按下启动按钮 SB1，观察数码管是否按控制要求正确的循环显示数字，否则，检查线路连接情况，直至数码管显示动作正确。

(4) 按要求修改、调试和保存程序(改变显示时间、数字显示方式等)。

6. 实训报告要求

(1) 对实训的主要内容进行整理。(包括控制要求、I/O 端口分配、接线图、梯形图功能的注释说明等)。

(2) 对程序调试过程进行总结，说明出现的故障及排除情况。

(3) 实训思考。

① 若数码管为共阴极，应如何接线?

② 试用其他编程方法设计程序。

③ 按下启动按钮后，数码管显示 1，延时 3 s 显示 2，再延时 4 s 显示 3，并且一直显示不变化。按下停止按钮，停止显示。请设计梯形图程序。

选做项目: "设计三人抢答器并用数码管显示抢答器选手号码"的参考设计

(1) I/O 端口地址分配如下。

1#抢答者 SB1—X1；2#抢答者 SB2—X2；　3#抢答者 SB3—X3；主持人 SB4—X0。

七段数码管：a—Y1、　b—Y2、c—Y3、d—Y4、e—Y5、f—Y6、g—Y7。

(2) PLC 梯形图程序设计如图 5-118 所示。

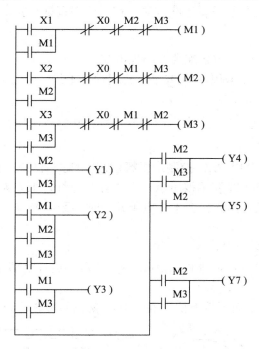

图 5-118　用数码管显示三个抢答者序号的梯形图

(3) PLC 外部接线图如图 5-119 所示。

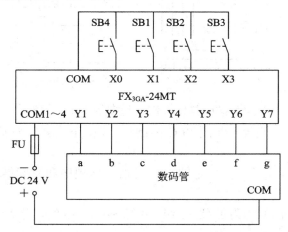

图 5-119　数码管显示抢答者序号的 PLC 外部接线图

实训项目 5-5　舞台艺术灯的 PLC 控制

1. 实训目的

(1) 熟练掌握 PLC 基本指令的应用。

(2) 熟练掌握 PLC 基本编程方法和技巧。

(3) 熟练掌握 PLC 的外部设备接线方法，积累程序调试经验。

2. 实训器材

(1) 三菱 FX 系列 PLC 1 台(含配套用编程电缆)。

(2) 计算机 1 台(已安装编程软件)或手持式编程器 1 只。

(3) 舞台艺术灯演示板 1 块。

(4) 电气控制实训台 1 个(含电工工具 1 套、连接导线若干)。

3. 实训内容和控制要求

(1) 项目 1：设计一个用 PLC 控制一组舞台艺术灯按要求闪亮的控制系统。舞台艺术灯的外形组合情况如图 5-120 演示板所示。它共有 8 道灯，上方为呈拱形的 5 道灯，下方为呈阶梯形的 3 道灯。当打开舞台艺术灯电源开关时，要求 0～7 号舞台艺术灯的点亮情况如下：

① 7 号灯每隔 1 s 亮一次。

② 6、5、4、3 号灯由内而外依次点亮 1 s，然后 4 道灯全部亮 1 s，再全部暗 1 s，然后重复以上过程。

③ 2、1、0 号灯由上而下按下依次点亮 1 s，然后重复以上过程。

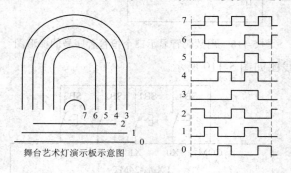

舞台艺术灯演示板示意图

图 5-120　舞台艺术灯演示板及工作时序图

(2) 项目 2 (选做)：设计一个用 PLC 控制红、绿、黄三组彩灯循环点亮的控制系统。控制要求如下：

① 按下启动按钮，彩灯按规定的五个组别工作顺序和时间循环点亮，循环次数为 30 次。

② 彩灯分组闪亮的顺序为 1 组→2 组→3 组→4 组→5 组，分组情况如表 5-3 所示。

③ 具有急停功能。

表 5-3　彩灯的分组情况

组别	每组工作时间	红灯	绿灯	黄灯
1	2	亮	灭	灭
2	3	亮	亮	灭
3	2	亮	亮	亮
4	2	灭	亮	亮
5	1	灭	灭	亮

4. PLC 控制系统设计

(1) 确定输入、输出信号，分配 I/O 端口地址。根据舞台艺术灯的控制要求，没有说明要用按钮启动舞台灯工作，因此本例可用 M8002 初始脉冲作为程序的启动信号，无需具体连接其他输入设备。

① 输出信号有 8 个：舞台艺术灯演示板上的 0～7 号灯。

② PLC 的 I/O 端口地址分配如下：

7#—Y0、6#—Y1、5#—Y2、4#—Y3、3#—Y4、2#—Y5、1#—Y6、0#—Y7。

(2) 程序设计分析。用时序波形图法设计的舞台艺术灯的梯形图程序如图 5-121 所示。工作周期是 6 s，我们将一个工作周期分为六个节拍 M1～M6，每个节拍 1 s。程序设计分两步，先设计出按顺序输出的六个节拍 M1～M6，再设计出被控制的 0～7 号灯与六个节拍的逻辑关系即可。

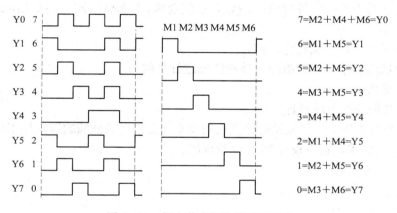

图 5-121　舞台艺术灯的梯形图程序

按时序波形图法设计出的控制程序如图 5-122 所示。

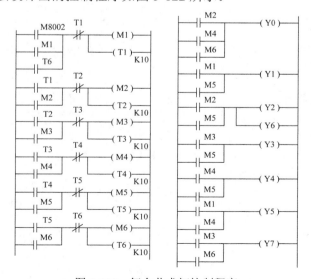

图 5-122　舞台艺术灯控制程序

5. 系统调试

(1) 输入程序。通过编程软件或手持式编程器将控制程序正确输入 PLC 中。

(2) 静态调试。本例程序中没有外部输出信号，不需要连接启动按钮。把 PLC 工作模式钮拨至"RUN"模式，开始运行程序，观察 PLC 对应输出端口的指示灯状态，应该按照图 1 对应的时序表图点亮。把 PLC 工作模式钮拨至"STOP"模式，PLC 输出端口指示灯不亮。否则，检查并修改程序，直至指示正确。

(3) 动态调试。正确连接好舞台艺术灯演示板，接通 PLC 输出端的直流 24 V 负载电源。把 PLC 工作模式钮拨至"RUN"模式，开始运行程序，观察舞台灯是否按控制要求顺序正确闪亮。否则，检查程序和线路连接情况，直至数码管显示动作正确。

(4) 按要求修改、调试和保存程序(可改变点亮时间、增加启动和停止信号等)。

6. 实训报告要求

(1) 对实训的主要内容进行整理。(包括控制要求、I/O 端口分配、接线图、梯形图功能的注释说明等)。

(2) 对梯形图设计方法进行总结。

(3) 对调试过程中出现的故障及排除情况进行总结。

(4) 实训思考。

① 试用其他编程方法设计程序。

② 各种彩灯有闪亮、移位及时序变化的要求。观察建筑外墙的霓虹灯工作情况，拟定一个合理的控制要求，自主设计 PLC 控制程序。

第 6 章　步进梯形图指令及应用

[学习导入]

在前面章节中我们介绍过 PLC 的常用编程语言有三种——梯形图、指令语句表和顺序功能图。顺序功能图编程语言主要适合于什么控制系统的编程？有什么特点？又是如何使用的呢？

顺序功能图(Sequential Function Chart，简称 SFC)是描述控制系统的控制过程、功能和特性的一种图形语言，为越来越多的电气技术人员所接受。所谓顺序控制，就是按照生产工艺的流程顺序，在各个输入信号及内部软元件的作用下，使各个执行机构(Actuator)自动有序地运行，如机床的自动加工、自动生产线的运行、机械手的动作等。

FX 系列 PLC 除了基本指令以外，还有两条步进梯形图指令 STL 和 RET，主要用于顺序逻辑控制，是基于顺序功能图设计梯形图程序的步进型指令，其目标元件是状态器 S。本章介绍步进梯形图指令及顺序功能图编程方法。

6.1　顺序功能图和步进梯形图指令

6.1.1　顺序功能图

顺序功能图也叫状态转移图，是一种符合 IEC 60848：2002 和 GB/T 21654—2008 标准中定义的顺序功能表图的通用流程图语言。状态转移图编程直观，读图方便，主要由"状态步"、"转移条件"和"驱动负载"三部分组成。

状态转移图演示动画

1. 顺序功能图

一个顺序控制过程可分为若干个阶段，这些阶段称为状态。状态与状态之间由转移条件分隔。相邻两状态之间的转移条件满足时，就实现转移，即上面状态的动作结束而下一状态的动作开始。

图 6-1 是一个彩灯控制的顺序功能图，彩灯输出的时序波形图如图 6-2 所示。状态继电器用线框表示，图中 S0 为初始状态，用双线框表示，其他状态用单线框表示。框内是状态继电器元件号，状态继电器之间用有向线段连接。其中从上到下、从左到右的箭头可以省去不画，有向线段上的垂直短线和它旁边标注的文字符号或逻辑表达式表示状态转移条件，例如，T1 常开触点为 S0 到 S20 的转移条件，T2 常开触点为 S20 到 S21 的转移条件。状态方框右侧连接的水平横线及线圈表示该状态驱动的输出信号，即为状态驱动的负载。

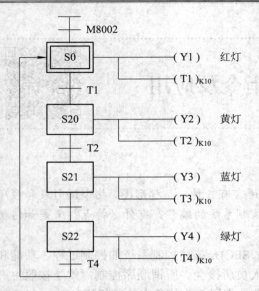

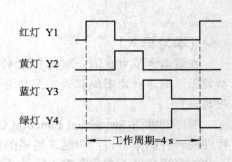

图 6-1　彩灯控制的顺序功能图　　　　　图 6-2　彩灯输出的时序波形图

图 6-1 的状态转移和驱动过程描述如下。

当 PLC 开始运行时，M8002 产生一个初始脉冲使初始状态 S0 激活(置 1)，输出 Y1，同时驱动定时器 T1 开始计时。当 T1 计时时间到，T1 常开触点接通，状态就由 S0 转移到 S20，使 S20 激活，Y2 接通，T2 开始计时，而 S0 状态自动复位，Y1、T1 断开复位。后面的状态 S21、S22 与此相似。S22 激活时，Y4 接通，T4 开始计时，当 T4 计时时间到，T4 常开触点接通，状态就由 S22 转移到 S0，使初始状态 S0 又激活，实现循环。

2．顺序功能图的特点

由上可知，步进顺控的编程过程就是设计顺序功能图的过程，其一般思路为：将一个复杂的控制过程分解为若干个工作状态，搞清楚各状态的工作细节(即各状态的功能、转移条件和转移方向)，再依据总的控制顺序要求，将这些状态联系起来，就形成了顺序功能图。顺序功能图具有如下特点。

(1) 可以将复杂的控制任务或控制过程分解成若干个状态，有利于程序的结构化设计。

(2) 相对某一个具体的状态来说，控制任务简单了，给局部程序的编制带来了方便。

(3) 整体程序是局部程序的综合，只要清楚各状态需要完成的动作、状态转移条件和转移方向，就可以进行顺序功能图的设计。

(4) 顺序功能图程序很容易理解，可读性很强，能清楚地反映全部控制的工艺过程。

3．设计顺序功能图的方法和步骤

顺序功能图的设计步骤如下：

(1) 将整个控制过程按任务要求分解，其中的每一个工序都对应一个状态，并分配状态继电器。

(2) 分析清楚每个状态的功能、作用。状态的功能是通过状态元件驱动各种负载来完成的，负载可由状态元件直接驱动，也可由其他软元件触点的逻辑组合后再驱动。

(3) 找出每个状态的转移条件和方向，即在什么条件下将下一个状态"激活"。状态的转移条件可以是单一触点，也可以是多个触点的串、并联组合。

(4) 根据控制要求或工艺要求，画出顺序功能图。

4．状态继电器

状态继电器(S)是构成顺序功能图的基本元素，是 PLC 的软元件之一。FX₀ₛ 系列 PLC 的状态继电器分为初始状态 S0～S9、一般状态 S10～S63；FX₂ₙ 系列 PLC 的状态继电器分为初始状态 S0～S9、返回状态 S10～S19、一般状态 S20～S499、掉电保持状态 S500～S899、信号报警状态 S900～S999；其他系列详见表 4-9。

6.1.2　步进梯形图指令

FX 系列 PLC 有两条步进梯形图指令：一条是步进开始指令 STL，一条是步进结束指令 RET。利用这两条指令，可以很方便地编写步进梯形图和指令语句表程序。

1．STL 指令

STL 步进开始指令用于"激活"某个状态，其步进梯形图符号为"─┤├─"。在梯形图上体现为从主母线上引出的状态触点，有建立子母线的功能，以使该状态的所有操作都在子母线上进行，顺序功能图、步进梯形图和指令语句表的对应关系如图 6-3 所示。

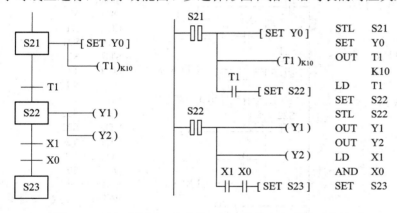

图 6-3　顺序功能图、步进梯形图和指令语句表的对应关系　　步进梯形图转换沉演示动画

STL 触点一般是与左侧母线相连的常开触点，当某一步被"激活"成为活动步时，对应的 STL 触点接通，它右边的"电路"被处理。当该步后面的转移条件满足时，执行转移，后续步对应的状态继电器被"激活"，同时原活动步对应的状态继电器被自动复位，原活动步对应的 STL 触点断开，其后面的负载线圈复位，但是 SET 指令驱动的线圈除外，如上图中当由状态 S21 转移到 S22 时，Y1、Y2 被接通，Y0 仍然保持接通。STL 触点驱动的"电路块"具有 3 个功能，即对负载的驱动处理、转移条件和转移目标。

2．RET 指令

RET 指令用于返回主母线，其梯形图符号为"─[RET]"。为防止出现逻辑错误，在步进梯形图的结尾必须使用 RET 步进返回指令。

图 6-4 所示的是旋转工作台系统。图 6-4 中的旋转工作台用凸轮(Cam)和限位开关(Limit Switch)来实现自动控制。在初始状态时左限位开关 X2 为 ON，按下启动按钮 X0，Y1 变为 ON，电动机驱动工作台沿顺时针正转，转到右限位开关 X1 所在位置时暂停 1 s，延时时间

到，则 Y2 变为 ON，工作台反转，回到在限位开关 X2 所在位置时停止转动，系统回到初始状态。

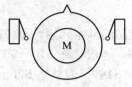

图 6-4　旋转工作台系统

工作台一个周期内的运动由四步组成，即初始状态、正转状态、暂停状态、反转状态，可以由 S0、S20、S21、S22 四个状态器表示。旋转工作台的顺序功能图程序以及对应的步进梯形图和指令语句表如图 6-5 所示。

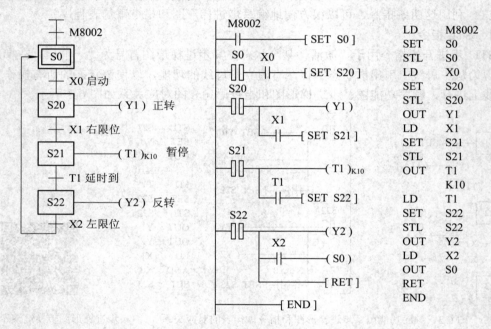

图 6-5　旋转工作台的顺序功能图、步进梯形图和指令语句表

6.2　多分支顺序功能图

6.2.1　单一顺序的 SFC 图

1. 单一顺序 SFC 图的特点

所谓单一顺序的顺序功能图就是指状态转移只可能有一种顺序，没有其他的可能。如旋转工作台用凸轮和限位开关来实现自动控制的控制过程，就只有一种顺序，即 S0→S20→S21→S22→S0，这就是典型的单一顺序控制，由单一顺序构成的顺序功能图就叫做单一顺序的顺序功能图(SFC)。

2．编程方法与步骤

一般单流程程序的编程方法和步骤如下：

(1) 根据控制要求，列出 PLC 的 I/O 分配表，画出 I/O 接线图；

(2) 将整个工作过程按工作步序进行分解，每个工作步序对应一个状态，并分配相应的状态继电器；

(3) 理解每个状态的功能和作用，即设计驱动程序；

(4) 找出每个状态的转移条件和转移方向；

(5) 画出控制系统的顺序功能图程序；

(6) 根据顺序功能图写出指令语句表。

3．编程实例

例题 6-1　彩灯控制系统。

(1) 控制要求：图 6-6 是彩灯工作的时序波形图。按下启动按钮后，三盏彩灯 HL1、HL2、HL3 按照图 6-6 所示的时序波形被点亮，随时按下停止按钮，系统停止工作。

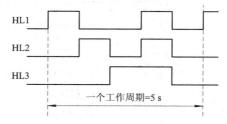

图 6-6　彩灯工作的时序波形图

(2) I/O 地址分配如表 6-1 所示。

表 6-1　彩灯控制系统 I/O 地址分配表

输　入		输　出	
启动按钮 SB0	X0	HL1	Y1
停止按钮 SB1	X1	HL2	Y2
		HL3	Y3

(3) PLC 的外部接线图。

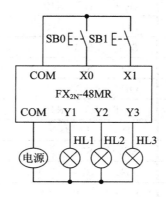

图 6-7　彩灯控制 PLC 的外部接线图

(4) 顺序功能图程序。由彩灯的时序图可知，可以将一个周期的工作过程分为五个状态 S21～S25，初始状态 S0 可以用于停止时状态复位。彩灯控制顺序功能图程序如图 6-8 所示。

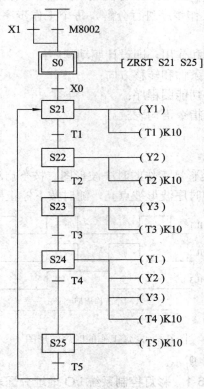

图 6-8 彩灯控制顺序功能图程序

(5) 指令语句表如表 6-2 所示。

表 6-2 彩灯控制语句表程序

LD	X1		STL	S22		OUT	Y2	
OR	M8002		OUT	Y2		OUT	Y3	
SET	S0		OUT	T2 K10		OUT	T4 K10	
STL	S0		LD	T2		LD	T4	
ZRST	S21 S25		SET	S23		SET	S25	
LD	X0		STL	S23		STL	S25	
SET	S21		OUT	Y3		OUT	T5 K10	
STL	S21		OUT	T3 K10		LD	T5	
OUT	Y1		LD	T3		OUT	S21	
OUT	T1 K10		SET	S24		RET		
LD	T1		STL	S24		END		
SET	S22		OUT	Y1				

6.2.2　选择顺序的 SFC 图

1. 选择顺序 SFC 图的特点

由两个及以上的分支程序组成，但只能从中选择一个分支执行的程序，称为选择顺序的顺序功能图程序。图 6-9 是具有 3 个分支的选择性流程的顺序功能图程序。

其特点如下：

(1) 从 3 个流程中选择执行哪一个流程由转移条件 X0、X1、X2 决定。

(2) 分支转移条件 X0、X1、X2 不能同时接通，哪个先接通，就执行哪条分支。

(3) 当 S20 被激活，一旦 X0 接通，程序就向 S21 转移，则 S20 复位。因此即使以后 X1 或 X2 再接通，S31 或 S41 也不会被激活。

(4) 汇合状态 S50，可由 S22、S32、S42 中任意一个驱动激活。

2. 顺序功能图、步进梯形图、指令语句表的转换

选择性分支的编程与一般状态的编程一样，先进行驱动处理，然后进行转移处理，所有的转移处理按顺序执行。选择性汇合的编程先进行汇合前状态的驱动处理，然后按顺序向汇合状态进行转移处理。图 6-9 的选择顺序的顺序功能图对应的步进梯形图和指令语句表如图 6-10 所示。

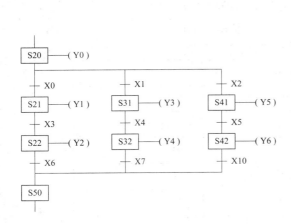

图 6-9　选择性流程的顺序功能图程序

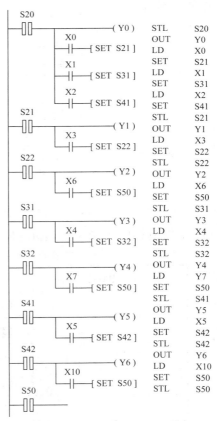

图 6-10　选择顺序的步进梯形图和指令语句表

3．编程实例

例题 6-2　电动机正反转的控制

(1) 控制要求：用步进指令设计电动机正反转控制程序。按正转启动按钮 SB1，电动机正转，按停止按钮 SB0 电动机停止；按反转启动按钮 SB2，电动机反转，按停止按钮 SB0，电动机停止；且热继电器具有保护功能。

(2) I/O 地址分配如表 6-3 所示。

表 6-3　电机正反转控制系统 I/O 地址分配表

输　入		输　出	
停止按钮 SB0(常开)	X0	正转接触器 KM1	Y1
正转启动按钮 SB1	X1	反转接触器 KM2	Y2
反转启动按钮 SB2	X2		
热继电器 FR(常开)	X3		

(3) 顺序功能图程序。根据控制要求，电动机的正反转控制是一个具有两个分支的选择性流程，分支转移条件是正转启动按钮 X1 和反转启动按钮 X2，汇合的条件是热继电器 X3 或者停止按钮 X0，初始状态 S0 由初始脉冲 M8002 驱动。电机正反转控制的顺序功能图程序如图 6-11 所示。

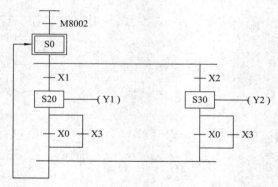

图 6-11　电机正反转控制的顺序功能图和指令语句表

(4) 根据图 6-11 的顺序功能图，其指令语句表如表 6-4 所示。

表 6-4　电机正反转控制指令语句表

LD	M8002	STL	S20	LD	X0
SET	S0	OUT	Y1	OR	X3
STL	S0	LD	X0	OUT	S0
LD	X1	OR	X3	RET	
SET	S20	OUT	S0	END	
LD	X2	STL	S30		
SET	S30	OUT	Y2		

6.2.3　并行顺序的 SFC 图

1. 并行顺序 SFC 的特点

由两个及以上的分支程序组成的,但必须同时执行各分支的程序,称为并行顺序的 SFC 程序。图 6-12 是具有 3 个支路的并行流程程序,其特点如下:

(1) 当 S20 已被激活,则只要分支转移条件 X0 接通,3 个流程同时并行执行(即 S21、S31、S41 同时被激活),没有先后之分。

(2) 当各流程的动作全部结束时(先执行完的流程要等待全部流程动作完成),只要 X1 变为 ON,则汇合状态 S50 动作,S22、S32、S42 全部复位。若其中一个流程没有执行完,S50 就不可能动作,另外,并行流程程序在同一时间可能有两个及两个以上的状态处于激活状态。

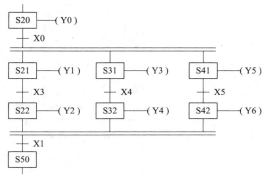

图 6-12　并行流程的顺序功能图程序

2. 顺序功能图、步进梯形图和指令语句表的转换

并行顺序 SFC 的编程与选择顺序 SFC 编程一样,先进行驱动处理,然后进行转移处理,所有的转移处理按顺序执行。根据并行分支的编程方法,首先对 S20 进行驱动处理,然后按第一分支(S21、S22)、第二分支(S31、S32)、第三分支(S41、S42)的顺序进行转移处理。并行分支汇合的编程是先进行汇合前状态的驱动处理,然后按顺序向汇合状态进行转移处理。图 6-12 所示的并行顺序的顺序功能图对应的步进梯形图和指令语句表如图 6-13 所示。

3. 编程实例

例题 6-3　双头钻床的 PLC 控制

(1) 控制要求: 双头钻床 (Drill Machine)用来加工圆盘状零件上均匀分布的 6 个孔如图 6-14 所示。操作人员将工件放好后, 按下启动按钮, 工件被夹紧, 夹紧后压力继电器为 ON,此时两个钻头(Bit)

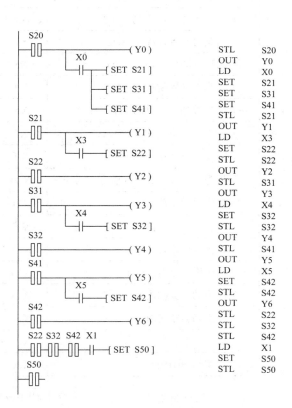

图 6-13　并行顺序的步进梯形图和指令语句表

同时开始进给。大钻头钻到设定的深度(SQ1)时，钻头上升，升到设定的起始位置(SQ2)时，停止上升；小钻头钻到设定的深度(SQ3)时，钻头上升，升到设定的起始位置(SQ4)时，停止上升。两个钻头都到位后，工件旋转120°，旋转到位时 SQ5 为 ON，然后又开始钻第二对孔。3 对孔都钻完后，工件松开，当松开到位时，限位开关 SQ6 为 ON，系统返回初始位置。系统具有急停、复位功能。

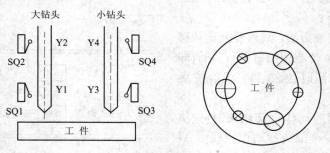

图 6-14 双头钻床的工作示意图

(2) I/O 地址分配如表 6-5 所示。

表 6-5 双头钻床控制系统 I/O 地址分配表

输　入		输　出	
压力继电器(夹紧工件时为 ON)	X0	大钻头下降	Y1
大钻头下降到位检测(SQ1)	X1	大钻头上升	Y2
大钻头上升到位检测(SQ2)	X2	小钻头下降	Y3
小钻头下降到位检测(SQ3)	X3	小钻头上升	Y4
小钻头上升到位检测(SQ4)	X4	夹紧工件	Y5
工件旋转到位检测(SQ5)	X5	放松工件	Y6
工件松开到位检测(SQ6)	X6	工件旋转	Y7
自动模式启动按钮(SB0)	X7		
工作模式选择开关(ON 为手动模式)	X10		
大钻头手动下降(SB1)	X11		
大钻头手动上升(SB2)	X12		
小钻头手动下降(SB3)	X13		
小钻头手动上升(SB4)	X14		
工件手动夹紧(SB5)	X15		
工件手动放松(SB6)	X16		
工件手动旋转(SB7)	X17		
停止按钮(SB10)	X20		

(3) 顺序功能图程序。根据控制要求和 I/O 地址分配，双头钻床控制的顺序功能图程序如图 6-15 所示。

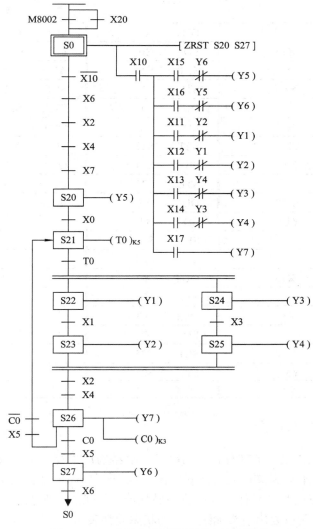

图 6-15　双头钻床控制的顺序功能图程序

(4) 指令语句表如表 6-6 所示。

表 6-6　双头钻床控制指令语句表

LD	M8002	MPP		STL	S23
OR	X20	AND	X17	STL	S25
SET	S0	OUY	Y7	LD	X2
STL	S0	LDI	X10	AND	X4
ZRST	S20　S27	AND	X6	SET	S26
LD	X10	AND	X2	STL	S26
MPS		AND	X4	OUT	Y7
AND	X15	AND	X7	OUT	C0　K3
ANI	Y6	SET	S20	LD	C0
OUT	Y5	STL	S20	AND	X5

续表

MRD		OUT	Y5	SET	S27
AND	X16	LD	X0	LDI	C0
ANI	Y5	SET	S21	AND	X5
OUT	Y6	STL	S21	SET	S21
MRD		OUT	T0 K5	STL	S27
AND	X11	LD	T0	OUT	Y6
ANI	Y2	SET	S22	LD	X6
OUT	Y1	SET	S24	OUT	S0
MRD		STL	S22	RET	
AND	X12	OUT	Y1	END	
ANI	Y1	LD	X1		
OUT	Y2	SET	S23		
MRD		STL	S23		
AND	X13	OUT	Y2		
ANI	Y4	STL	S24		
OUT	Y3	OUT	Y3		
MRD		LD	X3		
AND	X14	SET	S25		
ANI	Y3	STL	S25		
OUT	Y4	OUT	Y4		

6.2.4 跳转顺序的 SFC 图

凡是不连续的状态之间的转移都称为跳转。从结构形式看，跳转分为向后跳转、向前跳转、向其他程序跳转，跳转的几种形式如图 6-16 所示。如果是单支跳转，可以直接用箭头连线到所跳转的目的状态元件，或用箭头加跳转目的状态元件表示。但是如果有两支跳转，因为不能交叉，所以要用箭头加跳转目的状态元件表示。不论是哪种形式的跳转流程，凡是跳转都用 OUT 指令而不用 SET 指令。

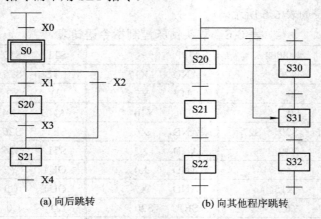

图 6-16 跳转的几种形式

对于图 6-16(a)，当 S0 执行后，分成两条路径：

(1) 若 X1 先接通，则由 S0 跳到 S20 执行；此时就算 X2 接通，S21 也无法执行。因为程序已到 S20。之后若 X3 接通，则由 S20 跳到 S21 执行。

(2) 当 X2 先接通，则直接由 S0 跳到 S21 执行，称为状态跳转。

状态跳转的目的地，一般均无限制，只要条件符合，就可以跳离原来的状态而进入另一步状态。

6.3　SFC 图编程的注意事项

(1) 与 STL 触点相连的触点应使用 LD 或 LDI 指令，即 LD 点移到 STL 触点的右侧，直到出现下一条 STL 指令或出现 RET 指令，RET 指令使 LD 点返回左侧母线。各个 STL 触点驱动的电路一般放在一起，最后一个电路结束时一定要用 RET 指令。

(2) 初始状态可由其他状态驱动，但运行开始时，必须用其他方法预先做好驱动，否则状态流程不可能向下进行。一般用控制系统的初始条件，若无初始条件，可用 M8002 或 M8000 进行驱动。

(3) STL 触点可以直接驱动或通过别的触点驱动 Y、M、S、T 等元件的线圈和应用指令。驱动负载使用 OUT 指令时，若同一负载需要连续在多个状态下驱动，则可在各个状态下分别输出，也可以使用 SET 指令将负载置位，等到负载不需要驱动时，用 RST 指令将其复位。

(4) 由于 CPU 只执行活动步对应的程序，因此，使用 STL 指令时允许双线圈输出，即不同的 STL 触点可以驱动同一软元件的线圈，但是同一软元件的线圈不能在同时为活动步的状态内出现。在有并行流程的顺序功能图中，应特别注意这一问题。另外，状态继电器 S 在顺序功能图中不能重复使用，否则会引起程序执行错误。

(5) 在步的活动状态的转移过程中，相邻两步的状态继电器会同时打开一个扫描周期，可能会引发瞬时的双线圈问题。所以，要特别注意如下两个问题：

① 定时器在下一次运行之前，应将它的线圈"断电"复位后才能开始下一次的运行，否则将导致定时器的非正常运行。所以，同一定时器的线圈不可以在相邻的步使用，否则在步的活动转移时，该定时器的线圈还没来得及断开，又被下一活动步启动并开始计时，这样，导致定时器的当前值不能复位，从而导致定时器的非正常工作。

② 为了避免不能同时接通的两个输出(如控制异步电动机正反转的交流接触器线圈)同时动作，除了在梯形图中设置软件互锁外，还应在 PLC 外部设置硬件互锁电路。

(6) 并行流程或选择流程中每一分支状态的支路数不能超过 8 条，总的支路数不能超过 16 条。

(7) 若为顺序不连续转移(即跳转)，不能使用 SET 指令进行状态转移，应改用 OUT 指令进行状态转移。

(8) STL 触点右边不能紧跟着使用入栈指令 MPS。STL 指令不能与 MC、MCR 指令一起使用。在 FOR、NEXT 结构及子程序和中断程序中，不能有 STL 程序块，但 STL 程序块中可允许使用最多 4 级嵌套的 FOR、NET 指令。虽然并不禁止在 STL 触点驱动的电路块中使用 CJ 指令，但是为了不引起附加的、不必要的程序流程混乱，建议不要在 STL 程序中使用跳转指令。

(9) 需要在停电恢复后继续维持停电前的运行状态时，FX$_{2N}$ 系列 PLC 可以使用 S500～S899 停电保持状态继电器。

6.4　步进指令的应用实例

1. 十字路口交通信号灯控制

(1) 控制要求：设计一个用 PLC 控制的十字路口交通灯的控制系统。十字路口交通信号灯工作的时序波形图如图 6-17 所示，其控制要求如下：按下启动按钮，东西方向的绿灯 G1 亮 10 s，黄灯 Y1 亮 5 s，红灯 R1 亮 15 s；南北方向对应的红灯 R2 亮 15 s，绿灯 G2 亮 10 s，黄灯 Y2 亮 5 s。按下停止按钮，所有信号灯都熄灭。

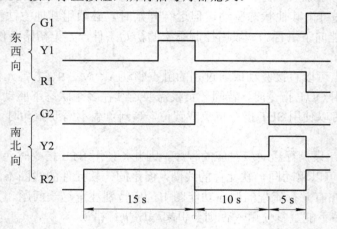

图 6-17　十字路口交通信号灯工作的时序波形图

(2) I/O 地址分配如表 6-7 所示。

表 6-7　交通灯控制系统 I/O 地址分配表

输　入		输　出	
地址	功能	地址	功能
X0	启动按钮 SB0	Y0	东西向绿灯 HL1
X1	停止按钮 SB1	Y1	东西向黄灯 HL2
		Y2	东西向红灯 HL3
		Y4	南北向绿灯 HL4
		Y5	南北向黄灯 HL5
		Y6	南北向红灯 HL6

(3) PLC 的外部接线图如图 6-18 所示。

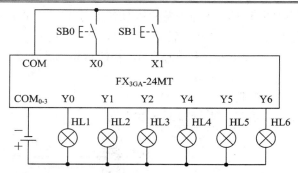

图 6-18 十字路口交通信号灯控制的 PLC 外部接线图

(4) 顺序功能图程序。

东西方向和南北方向的信号灯的动作过程可以看成单一顺序控制过程,可以采用单一流程的顺序功能图程序的编程方法,根据 I/O 地址分配和控制要求,交通控制系统的顺序功能图程序如图 6-19 所示。

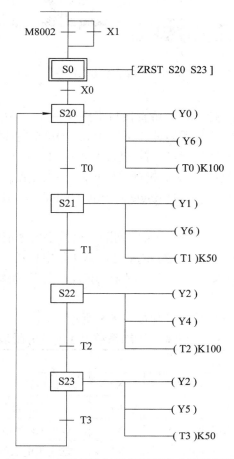

图 6-19 交通灯控制系统的顺序功能图程序

程序运行以后,通过 M8002 和 X1 激活初始状态 S0,状态 S20 到 S23 被复位;按下启动按钮(X0),S20 被激活,输出 Y0 (东西向绿灯)、Y6 (南北向红灯)、T0 计时开始,当 T0

常开触点闭合，由状态 S20 转移到 S21，输出 Y1(东西向黄灯)、Y6(南北向红灯)、T1 计时开始，当 T1 常开触点闭合，由状态 S21 转移到 S22，以下状态的执行过程与前面的状态相似。系统运行过程中，如果按下停止按钮(SB1)，初始状态 S0 被激活，其他状态被复位，等待重新启动。

2．机械手搬运工件的控制

机械手(Manipulator)搬运工件系统如图 6-20 所示。

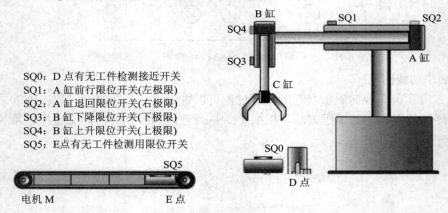

图 6-20 机械手搬运工件系统

(1) 控制要求如下：

① 工件的补充使用人工控制，即可直接将工件放在 D 点(SQ0 动作)。

② 只要 D 点一有工件，机械手臂即先下降(B 缸动作)将之抓取(C 缸动作)后上升(B 缸复位)，再将它搬运(A 缸动作)到 E 点上方，机械手臂再次下降(B 缸动作)后放开(C 缸复位)工件，机械手臂上升(B 缸复位)，最后机械手臂再回到原点(A 缸复位)。

③ A、B、C 缸均为单作用气缸(Single Acting Cylinder)，使用单电控电磁阀(Solenoid Valve)控制的方式。

④ C 缸抓取或放开工件，都须有 1 s 的间隔，机械手臂才能动作。

⑤ 当 E 点有工件且 B 缸已上升到 SQ4 时，输送带电机启动以运走工件，经 2 s 后输送带马达自动停止。工件若未完全运走(计时未到)时，则应等待输送带电机停止后 B 缸才能下移放工件。

(2) 机械手控制系统的 I/O 地址分配如表 6-8 所示。

表 6-8 机械手控制系统 I/O 地址分配表

输　入		输　出	
D 点有无工件检测接近开关(SQ0)	X0	A 缸电磁阀(YV1)	Y0
A 缸前行限位开关(左极限 SQ1)	X1	B 缸电磁阀(YV2)	Y1
A 缸退回限位开关(右极限 SQ2)	X2	C 缸电磁阀(YV3)	Y2
B 缸下降限位开关(下极限 SQ3)	X3	输送带电机用接触器(KM)	Y3
B 缸上升限位开关(上极限 SQ4)	X4		
E 点有无工件检测用限位开关(SQ5)	X5		

(3) PLC 的外部接线图如图 6-21 所示。

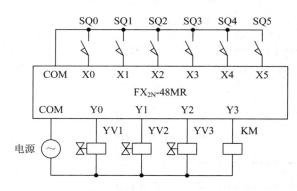

图 6-21　机械手控制系统 PLC 的外部接线图　　　　　机械手控制演示动画

(4) 顺序功能图程序。根据 I/O 地址分配和控制要求，机械手控制系统的顺序功能图程序如图 6-22 所示，其对应的步进梯形图程序如图 6-23 所示。

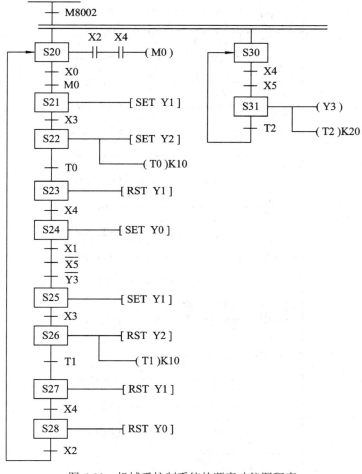

图 6-22　机械手控制系统的顺序功能图程序

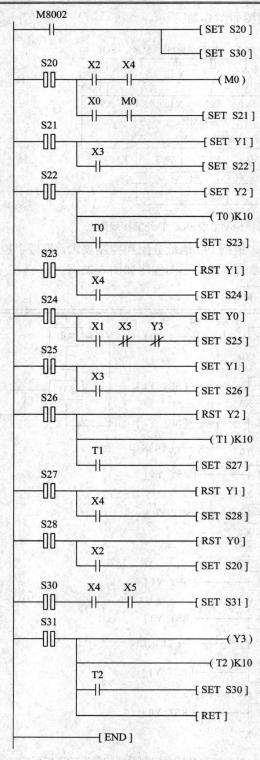

图 6-23 机械手控制系统的步进梯形图程序

3．流水线大小球分类控制系统

(1) 控制要求：在生产过程中，经常要对流水线上的产品进行分拣，图 6-24 是分拣系统的结构示意图，用于分拣小球和大球的机械装置。工作顺序是按下启动按钮，机械臂在原点位置向下运行，吸住球，向上运行，向右运行，向下运行，释放球，向上和向左运行至左上点(原点)。

吸住球和释放球的时间均为 1 s。如果吸住的是大球，限位开关 SQ2 断开；如果吸住的是小球，限位开关 SQ2 接通。将小球放在左侧的箱子中，由 SQ4 检测，将大球放在右侧的箱子中，由 SQ5 检测。

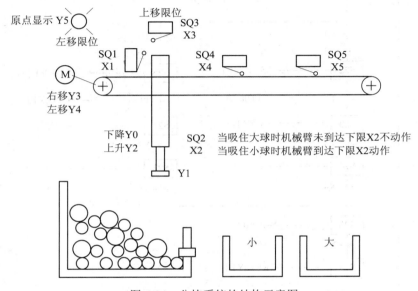

图 6-24　分拣系统的结构示意图

(2) I/O 地址分配如表 6-9 所示。

表 6-9　分拣生产线控制系统 I/O 地址分配表

输入信号		输出信号	
启动按钮 SB0	X0	机械臂下降	Y0
机械臂左限位开关 SQ1	X1	吸住球	Y1
机械臂下限位开关 SQ2	X2	机械臂上升	Y2
机械臂上限位开关 SQ3	X3	机械臂右行	Y3
放小球位置检测开关 SQ4	X4	机械臂左行	Y4
放大球位置检测开关 SQ5	X5	机械臂原点指示	Y5

(3) 顺序功能图程序。根据工艺要求，该控制流程可根据 SQ2 的状态(即对应的大、小球)有两个分支，此处应为分支点，且属于选择性分支。分支在机械臂下降之后根据 SQ2 的通断，分别将球吸住、上升、右行到 SQ4 或 SQ5 处下降，此处应为汇合点。然后再释放、上升、左移到原点。分拣系统顺序功能图程序如图 6-25 所示。

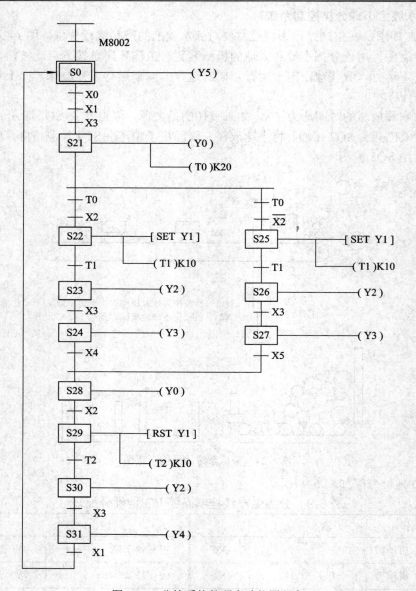

图 6-25　分拣系统的顺序功能图程序

4. 按钮式人行道交通信号灯控制

(1) 控制要求：按钮式人行道交通信号灯控制示意图如图 6-26 所示。正常情况下，汽车通行，即行车道绿灯亮，人行道红灯亮。当行人想过马路时，则按下按钮 SB1 或 SB2，过 30 s 后，行车道交通灯从绿灯变为黄灯，黄灯亮 10 s 后，红灯亮 5 s，然后人行道由红灯变绿灯；人行道绿灯亮 15 s 后，绿灯开始闪烁，设定值为 5 次，每次周期为 1 s，闪 5 次后，人行道变红灯，人行道红灯亮 5 s 以后，行车道由红灯变绿灯。人行道和行车道交通信号灯时序波形图如图 6-27 所示。

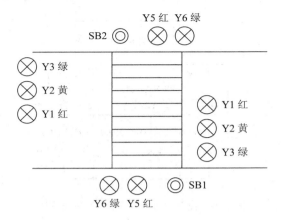

图 6-26　交通信号灯控制示意图

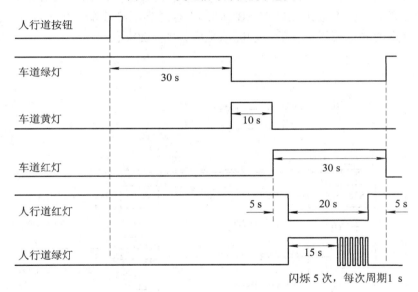

图 6-27　交通信号灯时序波形图

(2) I/O 地址分配如表 6-10 所示。

表 6-10　交通灯控制系统 I/O 地址分配表

输入信号		输出信号	
人行道按钮 SB1	X0	行车道红灯(HL1)	Y1
人行道按钮 SB2	X1	行车道黄灯(HL2)	Y2
		行车道绿灯(HL3)	Y3
		人行道红灯(HL4)	Y5
		人行道绿灯(HL5)	Y6

(3) PLC 的外部接线图如图 6-28 所示。

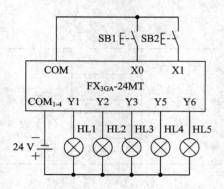

图 6-28 交通灯系统 PLC 的外部接线图

(4) 顺序功能图程序。根据控制要求，当未按下人行道按钮 SB1 或 SB2 时，人行道红灯和车道绿灯亮；当按下按钮 SB1 或 SB2 时，人行道指示灯和车道指示灯同时开始运行，是具有两个分支的并行流程。其顺序功能图程序如图 6-29 所示。

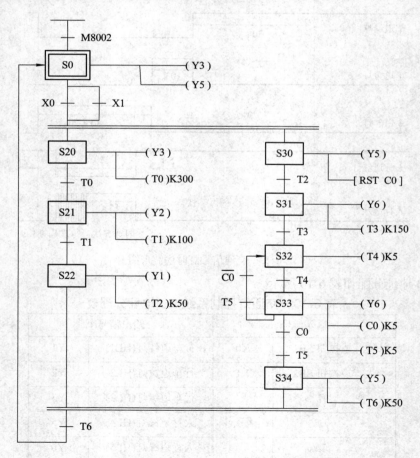

图 6-29 按钮式人行道交通灯的顺序功能图程序

习　题

6-1　将下列顺序功能图转化为步进梯形图并写出指令语句表。

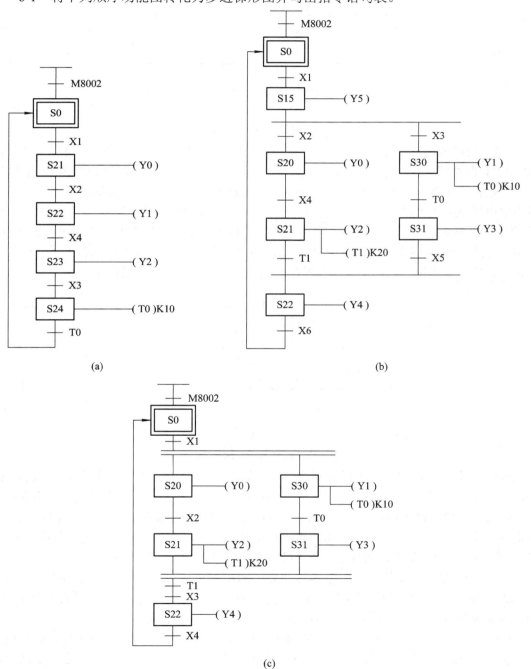

(a)　　　　　　　　　　　　　　(b)

(c)

图 6-30　习题 6-1 图

6-2 按照图 6-31 所示的 PLC 输出时序波形图，设计顺序功能图程序。

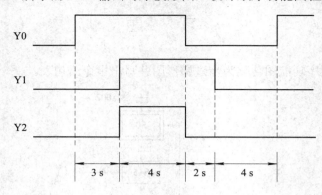

图 6-31 PLC 输出时序波形图

6-3 板料剪切系统如图 6-32 所示，当在初始状态时，压钳和剪切装置在上限位置；X0 和 X1 为"1"状态。按下启动按钮 X10，工作过程如下：首先使板料右行(Y0 为"1"状态，限位开关 X3 为"1"状态)，然后压钳下行(Y1 为"1"状态并保持)。压紧板料后，压力继电器 X4 为"1"状态，压钳保持压紧。剪切装置开始下行(Y2 为"1"状态)。剪断板料后，X2 变为"1"状态，压铅和剪刀同时上行(Y3 和 Y4 为"1"状态，Y1 和 Y2 为"0"状态)，它们分别碰到限位开关 X0 和 X1 后，分别停止上行，停止后，又开始下一个周期工作，剪切完 5 块板料后停止工作并停在初始状态。请设计其顺序功能图程序。

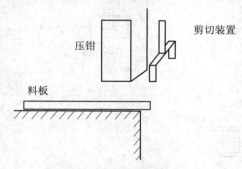

图 6-32 板料剪切系统示意图

6-4 初始状态时某压力机的冲压头停在上面，限位开关 X2 为 ON，按下启动按钮 X0，输出继电器 Y0 控制的电磁阀线圈通电，冲压头下行。压到工件后压力升高，压力继电器动作，使输入继电器 X1 变为 ON，Y0 变为 OFF。用 T1 保压延时 5 s 后，Y1 变为 ON，上行电磁阀线圈通电，冲压头上行。返回到初始位置时碰到限位开关 X2，系统回到初始状态，Y1 变为 OFF，冲压头停止上行。请设计控制系统的顺序功能图程序。

6-5 四台电动机动作时序如图 6-33 所示。M1 的循环动作周期为 34 s，M1 动作 10 s 后 M2、M3 启动，M1 动作 15 s 后，M4 动作，M2、M3、M4 的循环动作周期也为 34 s，用步进顺控指令，设计其顺序功能图程序，并写出对应的步进梯形图程序。

6-6 有一小车运行过程如图 6-34 所示。小车原位在后退终端，当小车压下后限位开关 SQ1 时，按下启动按钮 SB，小车前进，当运行至料斗下方时，前限位开关 SQ2 动作，此时打开料斗给小车加料，延时 8 s 后关闭料斗，小车后退返回，SQ1 动作时，打开小车底门卸料，6 s 后结束，完成一次动作。如此循环。请设计其顺序功能图程序。

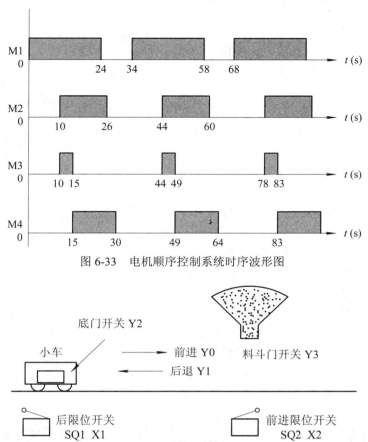

图 6-33　电机顺序控制系统时序波形图

图 6-34　小车运料系统示意图

6-7　某机电一体化生产系统，完成零件的加工、装配、分类的过程。工件分大工件和小工件，每种工件分黑白两种颜色(当工件为白色时传感器发出高电平信号)。工件装配完成以后(小工件装入大工件)，系统可以根据不同的颜色组合将工件放到不同的仓库中。I/O地址如下：

X0：大工件颜色(X0 = 1 为白色)，X1：小工件颜色(X1 = 1 为白色)，X2：送料是否完毕(X2 = 1 表示送料完毕)；Y0：送入仓库一，Y1：送入仓库二，Y2：送入仓库三，Y3：送入仓库四。请设计工件装配完成后，进行分类送料的顺序功能图程序。

拓　展　题

6-1　液体混合装置如图 6-35 所示。上限位、下限位和中限位液位传感器被淹没时为ON，电磁阀 A、B 和 C 的线圈通电时打开，断电时关闭。初始状态时容器是空的，各阀门均关闭，各传感器均为 OFF。按下启动按钮后，打开阀 A，液体 A 流入容器，中限位开关变为 ON 时，关闭阀 A，打开阀 B，液体 B 流入容器。液面达到上限位开关时，关闭阀 B，电动机 M 开始运行，搅拌液体，60 s 后停止搅拌，打开阀 C，放出混合液，液面降至下限位开关之后再过 5 s，容器放空，关闭阀 C，打开阀 A，又开始下一周期的操作。按下停止按钮，在当前工作周期的操作结束后，才停止操作(停在初始状态)。画出 PLC 的外部接线图和控制系统的顺序功能图，设计出梯形图程序。

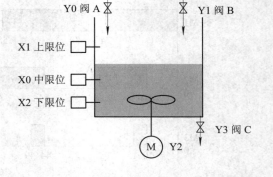

图 6-35　液体混合装置示意图

6-2　有一工业用洗衣机，其工作顺序如下：

(1) 启动按钮后给水阀就开始给水；

(2) 当水位到水满传感器位置时给水阀就停止给水；

(3) 波轮开始正转 5 s，然后反转 5 s，再正转 5 s，一共转 5 min；

(4) 出水阀开始出水；

(5) 出水 10 s 后停止出水，同时声光报警器报警，告知工作人员来取衣服；

(6) 按停止按钮则声光报警器停止，并结束整个工作过程。

请：(1) 根据控制要求，完成 I/O 地址分配。

　　(2) 设计出顺序功能图程序。

实训项目 6-1　单流程的 SFC 应用——机械手的 PLC 控制

1. 实训目的

(1) 熟悉步进控制指令的编程方法。

(2) 掌握单流程程序的编制。

(3) 掌握机械手的程序设计及其外部接线。

2. 实训器材

(1) 可编程控制器(FX2N-48MR)1 台。

(2) 机械手模拟显示模块 1 块。

(3) 实训控制台 1 个。

(4) 电工常用工具 1 套。

(5) 手持编程器或计算机 1 台。

(6) 连接导线若干。

3. 实训要求

设计一个用 PLC 控制的将工件从 A 点搬运到 B 点的机械手控制系统。其控制要求如下：

(1) 手动操作。每个动作均能单独操作，用于将机械手复位至原点位置。

(2) 自动连续运行。在原点位置按启动按钮时，机械手按图 6-36 连续工作一个周期，一个周期的工作过程如下。

原点位置→下降→夹紧工件→上升→右移→下降→放开工件→上升→左移到原点位置，夹紧工件和放开工件动作的完成由时间控制。

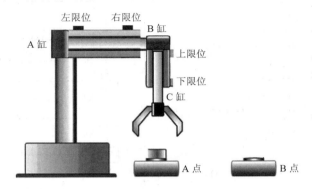

图 6-36　机械手动作示意图

(3) 特例说明。机械手爪由单电控电磁阀控制，电磁阀线圈得电手爪夹紧，失电手爪打开，原点位置手爪打开。

4. 软件程序

(1) I/O 地址分配。机械手控制系统 I/O 地址分配如表 6-11 所示。

表 6-11　机械手控制系统 I/O 地址分配表

输　入		输　出	
X0	自动/手动转换	Y0	夹紧/放开
X1	停止	Y1	上升
X2	自动启动	Y2	下降
X3	上限位	Y3	左移
X4	下限位	Y4	右移
X5	左限位	Y5	原点指示
X6	右限位		
X7	手动向上		
X10	手动向下		
X11	手动向左		
X12	手动向右		
X13	手动夹紧		

(2) 顺序功能图程序。根据系统的控制要求及 PLC 的 I/O 地址分配，其系统顺序功能图程序如图 6-37 所示。

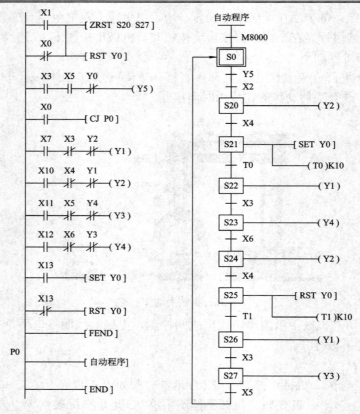

图 6-37　机械手控制系统顺序功能图程序

5. 系统接线图

根据系统的控制要求及 PLC 的 I/O 地址分配，其系统接线图如图 6-38 所示。

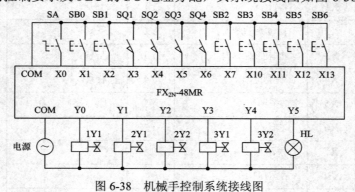

图 6-38　机械手控制系统接线图

6. 系统调试

(1) 输入程序。

(2) 静态调试。按图 6-38 所示的系统接线图正确连接好输入设备，进行 PLC 的模拟静态调试，观察 PLC 的输出指示灯是否按要求指示，否则，检查并修改程序，直至指示正确。

(3) 动态调试。按接线图正确连接好输出设备，进行系统的动态调试，先调试手动程序，后调试自动程序，观察机械手能否按要求动作，否则，检查线路或修改程序，直至机械手按控制要求动作。

7. 实训报告要求

1) 实训总结

(1) 描述机械手的动作情况，总结操作要领。

(2) 画出机械手的工作流程图。

2) 实训思考

若在右限位增加一个光电检测传感器，检测 B 点是否有工件，若无工件，则下降，若有工件，则不下降，请在此基础上设计程序。

实训项目 6-2　选择性流程的 SFC 应用——分拣与分配生产线的 PLC 控制

1. 实训目的

(1) 熟悉步进控制指令的编程方法。

(2) 掌握选择性流程 SFC 程序的编制。

(3) 掌握自动分拣线程序设计方法。

2. 实训器材

(1) 可编程控制器(FX$_{2N}$-48MR)1 台。

(2) 实训控制台 1 个。

(3) 电工常用工具 1 套。

(4) 手持编程器或计算机 1 台。

(5) 连接导线若干。

3. 实训要求

物料传送装置如图 6-39 所示。启动开关闭合，同时当入料口光电传感器检测到物料时，电机(24VDC)启动，皮带开始输送工件；当 1 号料槽检测传感器检测到金属物料时，电机停止，推料气缸动作，将金属物料推入 1 号料槽；当 2 号料槽检测传感器检测到白色物料时，旋转气缸动作，将白色物料导入二号料槽；当物料为黑色，直接被导入三号料槽。启动开关断开时，传送装置停止工作。

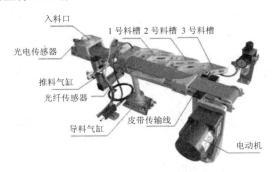

图 6-39　物料传送装置示意图

4．软件程序

(1) I/O 地址分配。物料分拣系统 I/O 地址分配如表 6-12 所示。

表 6-12　物料分拣控制系统 I/O 地址分配表

输　入		输　出	
地址	功　能	地址	功　能
X0	入料口物料有无检测光电传感器(SQ0)	Y0	电机启动继电器(KA)
X1	料槽一检测传感器(SQ1)	Y1	推料气缸(单电控电磁阀 YV1 控制)
X2	料槽二检测传感器(SQ2)	Y2	导料气缸(单电控电磁阀 YV2 控制)
X3	推料伸出限位传感器(SQ3)		
X4	推料缩回限位传感器(SQ4)		
X5	导料转出限位传感器(SQ5)		
X6	导料转回限位传感器(SQ6)		
X10	启动开关(SA)		

(2) 顺序功能图程序。采用选择性流程顺序功能图的设计思想，设计控制程序。根据控制要求和 I/O 地址分配，顺序功能图程序如图 6-40 所示。

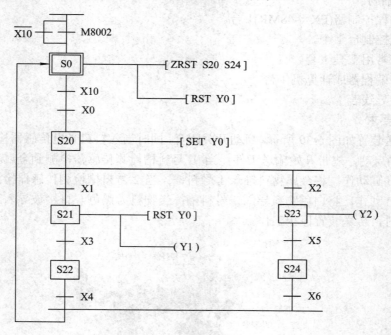

图 6-40　物料传送分拣控制系统顺序功能图程序

5．系统接线图

根据系统 I/O 地址分配，完成系统接线图。

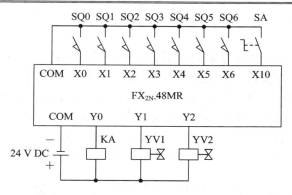

图 6-41 物料传送分拣控制系统接线图

6．系统调试

(1) 输入程序。

(2) 静态调试。正确连接好输入设备，进行 PLC 的模拟静态调试，观察 PLC 的输出指示灯是否按要求指示，否则，检查并修改程序，直至指示正确。

(3) 动态调试。按接线图正确连接好输出设备，进行系统的动态调试，观察传送装置能否按要求动作，否则，检查线路或修改程序，直至传送装置按控制要求动作。

7．实训报告要求

1) 实训总结

(1) 总结选择性流程的编程要领。

(2) 将物料分拣控制顺序功能图转换成指令语句表。

2) 实训思考

在分配生产线工作过程中突然停电，要求来电后按照停电前的状态继续运行，请设计其控制程序。

实训项目 6-3　并行性流程的 SFC 应用——十字路口交通灯的 PLC 控制

1．实训目的

(1) 熟悉步进控制指令的编程方法。

(2) 掌握并行流程 SFC 程序的编制。

(3) 掌握交通信号灯程序设计方法及其外部接线。

2．实训器材

(1) 可编程控制器 1 台。

(2) 交通灯模拟显示模块 1 块。

(3) 实训控制台 1 个。

(4) 电工常用工具 1 套。

(5) 手持编程器或计算机 1 台。

(6) 连接导线若干。

3．实训要求

设计一个用 PLC 控制的十字路口交通灯的控制系统。其控制要求如下：

(1) 自动运行。自动运行时，按下启动按钮，十字路口交通信号灯控制的时序波形图如图 6-42 所示，东西方向的绿灯 G1 亮 15 s，闪烁 10 s，黄灯 Y1 闪烁 5 s，红灯 R1 亮 30 s；相应的南北方向红灯 R2 亮 30 s，绿灯 G2 亮 15 s，闪烁 10 s，黄灯 Y2 闪烁 5 s。绿灯、黄灯闪烁的周期为 1 s。按一下停止按钮，所有信号灯都熄灭。

(2) 手动运行。手动运行时，两方向的黄灯同时闪烁，周期为 1 s。

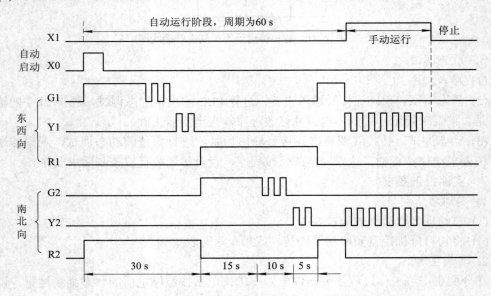

图 6-42　十字路口交通信号灯工作的时序波形图

4．软件程序

(1) I/O 地址分配。I/O 地址分配如表 6-13 所示。

表 6-13　交通灯控制系统 I/O 地址分配表

输　入		输　出	
地址	功　　能	地址	功　　能
X0	自动运行启动按钮	Y0	东西向绿灯
X1	手动/自动转换开关	Y1	东西向黄灯
X2	停止按钮	Y2	东西向红灯
		Y4	南北向绿灯
		Y5	南北向黄灯
		Y6	南北向红灯

(2) 顺序功能图程序。东西方向和南北方向的信号灯的动作过程可以看成是两个独立顺序控制过程，可以采用并行性分支与汇合的编程方法，其顺序功能图程序如图 6-43 所示。

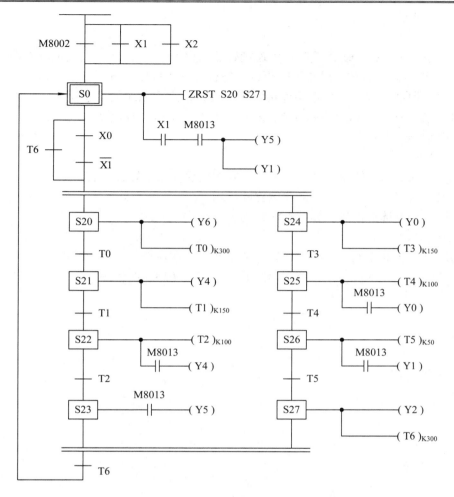

图 6-43　十字路口交通灯控制的顺序功能图程序

5. 系统接线图

图 6-44 是交通灯控制系统的接线图。

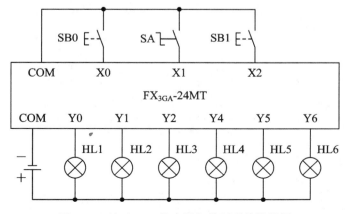

图 6-44　基于 PLC 的交通灯控制系统接线图

6. 系统调试

(1) 输入程序。

(2) 静态调试。按系统接线图正确连接好输入设备,进行 PLC 的模拟静态调试,观察 PLC 的输出指示灯是否按要求指示,否则,检查并修改程序,直至指示正确。

(3) 动态调试。按接线图正确连接好输出设备,进行系统的动态调试,观察交通灯能否按要求工作,否则,检查线路或修改程序,直至交通灯按控制要求动作。

7. 实训报告要求

1) 实训总结

(1) 描述该交通灯的动作情况,并与实际的交通灯系统比较,有何区别?

(2) 比较用梯形图和顺序功能图编程的优劣。

(3) 比较一下选择性流程和并行流程的区别。

2) 实训思考

(1) 通过与实际交通灯系统的比较,请设计一个在功能上更完善的控制程序。

(2) 请画出完成本实训项目控制功能的单流程顺序功能图程序。

第 7 章　功能指令及其应用

[学习导入]

请大家思考：在前面章节中我们已经学习了 27 条基本指令和 2 条步进指令。三菱 FX 系列 PLC 中的功能指令有哪些？利用这些功能指令可以完成什么样的控制功能呢？这些功能指令又是如何使用的？

可编程控制器除了基本逻辑指令和步进指令之外，还有很多的功能指令，也称为应用指令。功能指令主要用于数据的传送、运算、变换以及程序控制功能。功能指令功能强大，往往一条指令就可以实现多条基本逻辑指令才可以实现的功能，还有许多功能指令具有基本逻辑指令无法实现的功能。功能指令相当于基本指令中的各种特殊输出指令，用法很相似，在梯形图中也是用方括号[ ]表达。基本逻辑指令中的各种输出指令所执行的功能比较单一，而功能指令类似一个子程序，可以完成一系列完整的控制过程。功能指令主要用于数据处理，因此，除了可以使用 X、Y、M、S、T、C 等软元件外，更多使用的是各种数据寄存器 D、V、Z。

FX 系列 PLC 的功能指令可分为程序流程控制、传送与比较、四则逻辑运算、循环移位、数据处理、高速处理、外部设备 I/O，外围设备 SER、时钟运算、触点比较和方便指令等几类。

7.1　功能指令的表示

7.1.1　功能指令的表示形式

功能指令都遵循一定的规则，其通常的表示形式也是一致的。一般功能指令都按功能编号(FNC00～FNC□□)编排，便于使用手持编程器编程；每条功能指令都有一个指令助记符。有的功能指令只需指定助记符，但更多的功能指令在指定助记符的同时还需要制定操作元件，操作元件由 1～4 个操作数组成，其表示形式如图 7-1 所示。

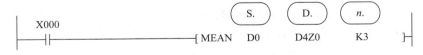

图 7-1　功能指令的表示形式

图 7-1 所示的是一条求平均值的功能指令，D0 为源操作数的首元件，K3 为源操作数的个数(3 个，即 D0、D1、D2)，D4Z0 为目标地址，用来存放运算的结果。图 7-1 中[S.]、[D.]、[n.]所表示的意义如下：

[S.]叫做源操作数，其内容不随指令执行而变化，在可利用变址修改软元件的情况下，用加"."符号的[S.]表示，源的数量多时，用[S1.]、[S2.]等表示。

[D.]叫做目标操作数，其内容随指令执行而改变，如果需要变址操作时，用加"."的符号[D.]表示，目标的数量多时，用[D1.]、[D2.]等表示。

[n.]称为其他操作数，常用来表示常数或者作为源操作数或目标操作数的补充说明。可用十进制的 K、十六进制的 H 和数据寄存器 D 表示。在需要表示多个这类操作数时，可用[n1]、[n2]等表示，若具有变址功能，则用加"."的符号[n.]表示。

功能指令的功能号和指令助记符占 1 个程序步，操作数占 2 个或 4 个程序步(16 位操作时占 2 个程序步，32 位操作时占 4 个程序步)。

这里要注意的是某些功能指令在整个程序中只能出现一次，即使使用跳转指令使其分别处于两段不可能同时执行的程序中也不允许，但可利用变址寄存器多次改变其操作数。

7.1.2 数据长度和指令类型

1. 数据长度

功能指令可处理 16 位数据和 32 位数据，其数据长度说明如图 7-2 所示。

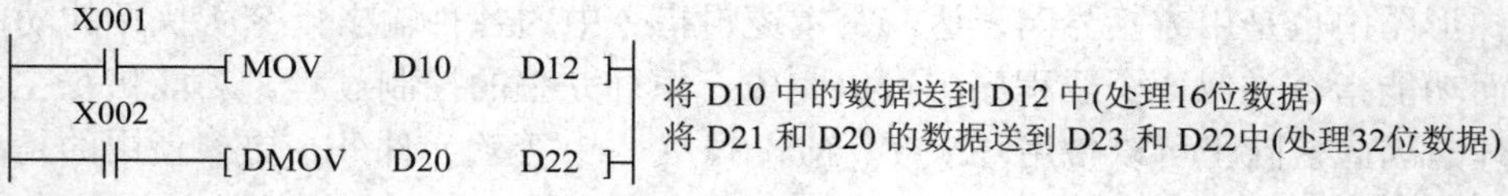

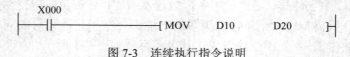

图 7-2　数据长度说明

功能指令中用符号(D)表示处理 32 位数据，如(D)MOV、FNC(D)12 指令。

处理 32 位数据时，用元件号相邻的两元件组成元件对。元件对的首地址用奇数、偶数均可，但建议元件对的首地址统一用偶数编号，以免在编程时出错。

要说明的是 32 位高速计数器 C235～C254 只用一个元件就是 32 位，不能用作 16 位指令的操作数使用。

2. 指令类型

FX 系列 PLC 的功能指令有连续执行指令和脉冲执行指令两种。

连续执行指令说明如图 7-3 所示。

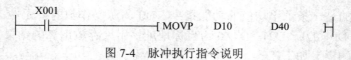

图 7-3　连续执行指令说明

当 X0 为 ON 时，图 7-3 所示的指令在每个扫描周期都被重复执行一次。某些指令(如 XCH、INC、DEC 等)在按连续执行方式使用时要特别注意。

脉冲执行指令说明如图 7-4 所示。

图 7-4　脉冲执行指令说明

图 7-4 中，助记符后附的符号(P)表示脉冲执行。符号(P)和符号(D)可同时使用，如 (D)MOV(P)。该脉冲执行指令仅在 X1 由 OFF 变为 ON 时有效。在不需要每个扫描周期都执行时，用脉冲执行方式可缩短程序处理时间。

对于连续执行和脉冲执行两条指令，当 X1 和 X2 为 OFF 状态时，两条指令都不执行，目标元件的内容保持不变，除非另行指定或有其他指令使目标元件内容发生改变。

7.1.3 操作数

操作数按组成形式可分为位(Bit)元件、字(Word)元件、常数(Constant)K/H 或指针(Pointer)P 等几类。

1. 位元件和字元件

只处理 ON/OFF 状态的元件称为位元件，如 X、Y、M 和 S。

处理数据的元件称为字元件，如 T、C 和 D 等。但由位元件也可构成字符串进行数据处理。

2. 位元件的组合

位元件组合就是多个位元件的组合使用，4 个位元件为一个基本组合单元，表现形式为 KnM□、KnS□、KnY□。其中的 n 表示组数，16 位操作时 n 为 1～4，32 位数操作时 n 为 1～8；M□、S□、Y□表示位元件组合中的首元件。例如，K2M0 表示由 M0～M7 组成的 8 位数据；K4M10 表示由 M25 到 M10 组成的 16 位数据，M10 是最低位，M25 是最高位。

将一个位数较多的数据传送到位数较少的目标元件时，只传送相应的低位数据。如一个 16 位的数据传送到目标元件 K2M0(8 位)时，只传送相应的低 8 位数据，较高位的数据不传送。32 位数据传送也一样。在做 16 位操作时，参与操作的源操作数由 K1～K4 指定，若仅由 K1～K3 指定，则目标操作数中不足部分的高位均做 0 处理，这意味着只能处理正数(符号位为 0)。在做 32 位数操作时也一样。程序和数据传送的过程如图 7-5 所示。

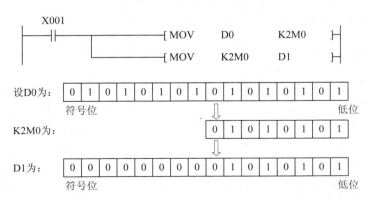

图 7-5 程序和数据传送的过程

因此，字元件 D、T、C 向位元件组合的字元件传送数据时，若位元件组合成的字元件小于 16 位(32 位指令的小于 32 位)，只传送相应的低位数据，其他高位数据被忽略。

位元件组合成的字元件向字元件 D、T、C 传送数据时，若位元件组合不足 16 位(32 位指令的不足 32 位)时，高位不足部分补 0，因此，源数据为负数时，数据传送后负数将变为正数。

3. 变址寄存器 V、Z

变址寄存器 V、Z 在传送、比较指令中用来修改操作对象的元件号，其操作方式与普通数据寄存器一样，其功能说明如图 7-6 所示。

对于 32 位指令，V 作高 16 位，Z 为低 16 位。32 位指令中用到变址寄存器时只需指定 Z，这时 Z 就代表了 V 和 Z。在 32 位指令中，V 和 Z 自动组对使用。

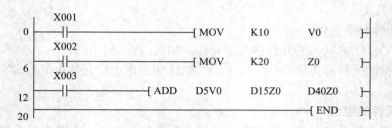

图 7-6 变址寄存器功能说明

在图 7-6 中 K10 送到 V0，K20 送到 Z0，所以 V0、Z0 的内容分别为 10、20。当执行 $(D5V0)+(D15Z0)\rightarrow(D40Z0)$，即执行 $(D15)+(D35)\rightarrow(D60)$。若改变 Z0、V0 的值，则可完成不同数据寄存器的求和运算，这样可以使用变址寄存器使编程简化。

7.2　功能指令的介绍

FX 系列 PLC 的功能指令分为程序流程控制、传送与比较、四则逻辑运算、循环与移位、数据处理、高速处理、外部设备 I/O 和触点比较等，见表 7-1 所示。

表 7-1　功能指令一览表

分类	FNC NO.	指令助记符	功　能	分类	FNC NO.	指令助记符	功　能
程序流程	00	CJ	条件跳转	传送与比较	10	CMP	比较
	01	CALL	子程序调用		11	ZCP	区间比较
	02	SRET	子程序返回		12	MOV	传送
	03	IRET	中断返回		13	SMOV	位传送
	04	EI	中断允许		14	CML	取反传送
	05	DI	中断禁止		15	BMOV	成批传送
	06	FEND	主程序结束		16	FMOV	多点传送
	07	WDT	监控定时器		17	XCH	交换
	08	FOR	循环范围开始		18	BCD	BCD 转换
	09	NEXT	循环范围结束		19	BIN	BIN 转换

续表

分类	FNC NO.	指令助记符	功 能	分类	FNC NO.	指令助记符	功 能
四则逻辑运算	20	ADD	BIN 加法	高速处理	50	REF	输入输出刷新
	21	SUB	BIN 减法		51	REFF	滤波器调整
	22	MUL	BIN 乘法		52	MTR	矩阵输入
	23	DIV	BIN 除法		53	HSCS	比较置位（高速计数器）
	24	INC	BIN 加一		54	HSCR	比较复位（高速计数器）
	25	DEC	BIN 减一		55	HSZ	区间比较（高速计数器）
	26	WAND	逻辑字与		56	SPD	脉冲密度
	27	WOR	逻辑字或		57	PLSY	脉冲输出
	28	WXOR	逻辑字异或		58	PWM	脉宽调制
	29	NEG	补码		59	PLSR	带加减速的脉冲输出
循环移位	30	ROR	循环右移	方便指令	60	IST	初始化状态
	31	ROL	循环左移		61	SER	数据查找
	32	RCR	带进位循环右移		62	ABSD	凸轮控制(绝对方式)
	33	RCL	带进位循环左移		63	INCD	凸轮控制(增量方式)
	34	SFTR	位右移		64	TTMR	示教定时器
	35	SFTL	位左移		65	STMR	特殊定时器
	36	WSFR	字右移		66	ALT	交替输出
	37	WSFL	字左移		67	RAMP	斜坡信号
	38	SFWR	移位写入		68	ROTC	旋转工作台控制
	39	SFRO	移位读出		69	SORT	数据排列
数据处理	40	ZRST	区间复位	外围设备 I/O	70	TKY	十键输入
	41	DEOO	译码		71	HKY	16 键输入
	42	ENOO	编码		72	DSW	数字开关
	43	SUM	ON 位数		73	SEGD	7 段译码
	44	BON	ON 位判定		74	SEGL	7 段码分时显示
	45	MEAN	平均值		75	ARWS	方向开关
	46	ANS	信号报警器置位		76	ASC	ASCII 码转换
	47	ANR	信号报警器复位		77	PR	ASCII 码打印输出
	48	SQR	BIN 开方		78	FROM	BFM 读取
	49	FLT	BIN 整数→二进制浮点数转换		79	TO	BFM 写入

分类	FNC NO.	指令助记符	功　能	分类	FNC NO.	指令助记符	功　能
外围设备 SER	80	RS	串行数据传送	时钟运算	160	TCMP	时钟数据比较
	81	FRUN	八进制位传送		161	TZCP	时钟数据区间比较
	82	ASCI	HEX→ASCII 转换		162	TADD	时钟数据加法
	83	HEX	ASCII→HEX 转换		163	TSUB	时钟数据减法
	84	CCD	校验码		166	TRD	时钟数据读出
	85	VRRD	电位器值读出		167	TWR	时钟数据写入
	86	VRSC	电位器刻度		169	HOUR	计时器
	87			外围设备	170	GRY	格雷码变换
	88	PID	PID 运算		171	GBIN	格雷码逆变换
	89				176	RD3A	模拟量模块读出
浮点数	110	ECMP	二进制浮点数比较		177	WR3A	模拟量模块写入
	111	EZCP	二进制浮点数区间比较	触电比较	224	LD=	(S1) = (S2)
	112	EBCD	二进制浮点数→十进制浮点数转化		225	LD>	(S1) > (S2)
	113	EBIN	十进制浮点数→二进制浮点数		226	LD<	(S1) < (S2)
	114	EADD	二进制浮点数加法		228	LD<>	(S1)≠(S2)
	115	ESUB	二进制浮点数减法		229	LD≤	(S1)≤(S2)
	116	EMUL	二进制浮点数乘法		230	LD≥	(S1)≥(S2)
	123	EDIV	二进制浮点数除法		232	AND=	(S1) = (S2)
	127	ESQR	二进制浮点数开方		233	AND>	(S1) >(S2)
	129	INT	二进制浮点数→BIN 整数转换		234	AND<	(S1) <(S2)
	130	SIN	浮点数 SIN 运算		236	AND<>	(S1)≠(S2)
	131	COS	浮点数 COS 运算		237	AND≤	(S1)≤(S2)
	132	TAN	浮点数 TAN 运算		238	AND≥	(S1)≥(S2)
	147	SWAP	高低字节交换		240	OR=	(S1)= (S2)
定位	155	ABS	ABS 当前值读取		241	OR>	(S1)>(S2)
	156	ZRN	原点回归		242	OR<	(S1)<(S2)
	157	PLSY	可变速脉冲输出		244	OR<>	(S1)≠(S2)
	158	DRVI	相对位置控制		245	OR≤	(S1)≤(S2)
	159	DRVA	绝对位置控制		246	OR≥	(S1)≥(S2)

7.2.1　程序流程控制指令

程序流程控制指令共有 10 条。分别是 CJ(条件跳转)、CALL(子程序调用)、SRET(子程序返回)、IRET(中断返回)、EI(中断允许)、DI(中断禁止)、FFND(主程序结束)、WDT(监控定时器)、FOR(循环范围开始)和 NEXT(循环范围结束)等指令。

1. 条件跳转指令

条件跳转指令的助记符、指令代码、操作数、程序步如表 7-2 所示。

表 7-2　条件跳转指令

指令名称	助记符	指令代码	操作数 D	程序步
条件跳转	CJ	FNC00	P0~P63	CJ 和 CJ(P)···3 步 标号 P···1 步

CJ 和 CJ(P)指令用于跳过顺序程序中的某一部分，以缩短循环扫描周期，并使双线圈或多线圈输出成为可能。

(1) 减少扫描时间。条件跳转指令可以缩短程序的扫描周期，其实例如图 7-7 所示，如果 X0 为 ON，则从第 0 步跳到第 22 步(指针 P1 后的一步)，即第 4 步至 21 步被跳过，使扫描周期缩短。如 X0 为 OFF 时，则程序不执行跳转，按步序依次执行。当执行到第 22 步时，则程序直接跳到第 29 步(指针 P2 的后一步)。

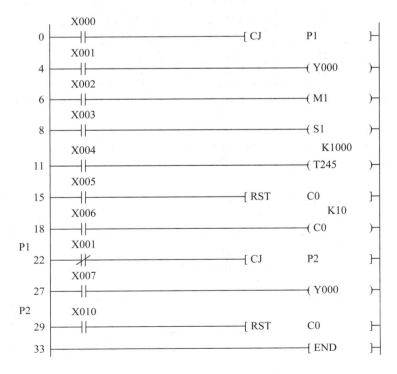

图 7-7　条件跳转指令实例

(2) 双线圈或多线圈成为可能。条件跳转指令解决了基本指令编程时不能使用双线圈的问题，使双线圈或多线圈成为可能(如图 7-7 中的 Y0)，但双线圈只存在于不会被同时执行的不同指针的程序段。在主程序内、同一指针程序段内(包括子程序内)、可能同时执行的两个不同指针程序段内不应该有双线圈的存在。

在程序中允许多条跳转指令使用相同标号的指针。一个标号只能出现一次，若出现多于一次则会出错。在跳转指令前的执行条件若用 M8000 时，则这时就称为无条件跳转，因为 PLC 运行时 M8000 总为 ON。跳转指令可以跳转到主程序的任何地方，或 FEND 指令后的任何地方，既可以向前跳转，也可以向后跳转。

例题 7-1 条件跳转指令应用实例。

(1) 控制要求。某台设备具有手动/自动两种操作方式。SA3 是操作方式选择开关，当 SA3 处于断开状态时，为手动操作方式；当 SA3 处于接通状态时，为自动操作方式，不同操作方式进程如下：

手动操作方式——按下启动按钮 SB2，电机运转；按停止按钮 SB1，电动机停止。

自动操作方式——按下启动按钮 SB2，电机连续运转 1 min 后，自动停机；按停止按钮 SB1，电机立即停止。

(2) I/O 地址分配。I/O 地址分配如表 7-3 所示。

表 7-3 电机启停控制 I/O 地址分配表

设 备	地 址	功能说明
SB1	X1	停止按钮(常开)
SB2	X2	启动按钮(常开)
SA3	X3	模式选择开关
FR	X0	热继电器(常闭)
KM	Y0	接触器

(3) 控制程序。根据控制要求，实现上述控制任务的梯形图程序如图 7-8 所示。

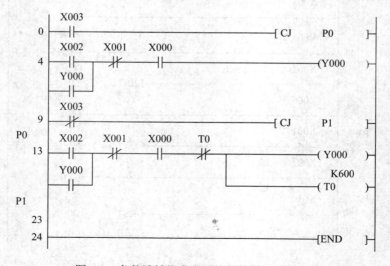

图 7-8 条件跳转指令应用控制的梯形图程序

2. 子程序调用指令和子程序返回指令

这两条指令的助记符、指令代码、操作数和程序步如表 7-4 所示。

表 7-4　子程序调用和返回指令

指令名称	助记符	指令代码	操作数 D	程序步
子程序调用	CALL	FNC01	指针 P0～P62 嵌套 5 级	3 步+1 步 (指令+标号)
子程序返回	SRET	FNC02	无	1 步

CALL 指令为 16 位指令，占三个程序步，可连续执行和脉冲执行。SRET 为不需要触点驱动的单独指令。

图 7-9 是子程序调用程序，如果 X1 由 OFF 变为 ON，CALL　P11 则只执行一次，在执行 P11 的子程序时，如果 CALL　P12 指令有效，则执行 P12 子程序，由 SRET 指令返回 P11 子程序，再由 P11 的 SRET 指令返回到主程序。

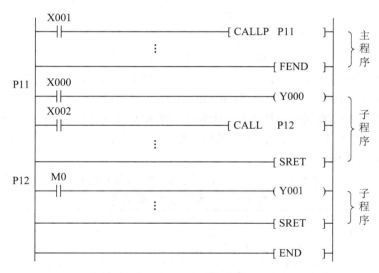

图 7-9　子程序调用程序

3. 中断指令

中断指令有三条。这三条指令的名称、助记符、指令代码和程序步如表 7-5 所示。

表 7-5　中　断　指　令

指令名称	助记符	指令代码	操作数 D	程序步
中断返回指令	IRET	FNC 03	无	1 步
允许中断指令	EI	FNC 04	无	1 步
禁止中断指令	DI	FNC 05	无	1 步

　　PLC 一般处在禁止中断状态。允许中断指令 EI 与禁止中断指令 DI 之间的程序段为允许中断区间。当程序处理到该区间并且出现中断信号时，停止执行主程序，去执行相应的中断子程序(位于中断指针标号与 IRET 指令之间的程序，且放在 FEND 之后)。处理到中断返回指令 IRET 时返回断点，继续执行主程序。中断指令的使用说明如图 7-10 所示。当程序处理到允许中断区间时，X0 或 X1 为 ON 状态，则转而处理相应的中断子程序(1)或(2)。

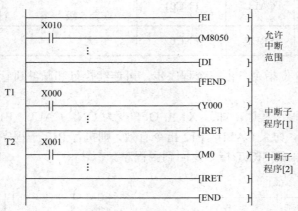

图 7-10　中断指令的使用说明

　　有关的特殊辅助继电器置 1 时，相应的中断子程序不能执行。一个中断程序执行时，其他中断被禁止。但是在中断程序中编入 EI 和 DI 指令时，可实现 2 级中断嵌套。多个中断信号产生的顺序，中断指针号较低的有优先权。中断信号的脉宽必须超过 200 μs。如果中断信号产生在禁止中断区间(DI 到 EI 范围)，这个中断信号被存储，并在 EI 指令之后被执行。

4．主程序结束指令

　　主程序结束指令的名称、助记符、指令代码、操作数和程序如表 7-6 所示。

表 7-6　主程序的结束指令

指令名称	助记符	指令代码	操作数 D	程序步
主程序结束指令	FEND	FNC06	无	1 步

　　FEND 指令表示主程序结束。程序执行到 FEND 时，进行输出处理、输入处理、监视定时器刷新，完成以后返回第 0 步。

　　(1)　FEND 指令通常与 CJ—P—FEND，CALL—P—SRET 和 I—IRET 结构一起使用，(P 表示程序指针标号，I 表示中断指针标号)；CALL 指令的指针及子程序，中断指针及中断子程序都要写在 FEND 指令之后，中断子程序必须以 IRET 指令结束。

　　(2)　若 FEND 指令在 CALL 或 CALL(P)指令执行之后，SRET 指令执行之前出现，则程序出错。

　　(3)　子程序及中断子程序必须写在 FEND 指令与 END 指令之间。

5．循环指令

　　循环指令的名称、助记符、指令代码、操作数和程序步如表 7-7 所示。

表 7-7 循 环 指 令

指令名称	助记符	指令代码	操作数 S	程序步
循环开始指令	FOR	FNC08	K、H、KnX、KnY、KnM、KnS、T、C、D、V、Z	3 步
循环结束指令	NEXT	FNC09	无	1 步

FOR、NEXT 为循环开始和循环结束指令。在程序运行时，位于 FOR-NEXT 间的程序重复执行 n 次(由操作数指定)后再执行 NEXT 指令后的程序，循环次数 n 的范围为 1～32 767。FX 系列 PLC 循环指令最多允许 5 级嵌套。

NEXT 指令与 FOR 指令总是成对使用的；而且 NEXT 指令在后，FOR 指令在前，否则要出错。如果 NEXT 指令的数目与 FOR 指令数目不符合，也要出错。

例题 7-2 应用循环指令 FOR、NEXT。

控制要求：求 0+1+2+3+…+100 的和，并将和存入 D0。

应用循环指令实现上述求和功能，其梯形图程序如图 7-11 所示，D1 作为循环增量。

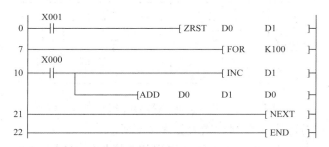

图 7-11 应用循环指令求和的梯形图程序

7.2.2 传送与比较指令

1. 传送指令

传送指令的名称、助记符、指令代码、操作数和程序步如表 7-8 所示。

表 7-8 传 送 指 令

指令名称	助记符	指令代码	操作数		程序步
			S	D	
传送指令	MOV	FNC12	K、H、KnX、KnY、KnM、KnS、T、C、D、V、Z	KnX、KnY、KnM、KnS、T、C、D、V、Z	MOV、MOV(P)……5 步 (D)MOV、(D)MOV(P) …9 步

传送指令 MOV 是将源数据传送到指定的目标。MOV 指令的使用说明如图 7-12 所示。

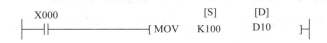

图 7-12 传送指令的使用说明

当 X0 = ON 时，源操作数[S]中数据 K100 传送到目标操作元件 D10 中。当指令执行时，常数 K100 自动转换成二进制数。

当 X0 = OFF，指令不执行，数据保持不变。

例题 7-3 MOV 指令应用实例。

控制要求：用 MOV 指令实现三相异步电动机 Y-△降压启动的控制，其 PLC 的外部接线图如图 7-13 所示。

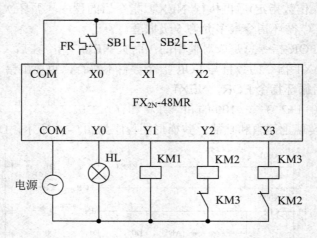

图 7-13　电动机 Y-△降压启动的 PLC 外部接线图

PLC 的 I/O 地址分配表和数据传送表如表 7-9 所示。

表 7-9　Y-△降压启动过程和传送控制数据传送表

操作元件	状态	输入地址	输出端口/负载				传送数据
			Y3/KM3	Y2/KM2	Y1/KM1	Y0/HL	
SB2	Y 形启动 T0 延时 10 s	X2	0	1	1	0	K6
	T0 延时到 T1 延时 0.5 s		0	0	1	0	K2
	T1 延时到 △形运转		1	0	1	0	K10
SB1	停止	X1	0	0	0	0	K0
FR	过载保护 (常闭触点)	X0	0	0	0	1	K1

根据 I/O 地址分配和控制要求，实现电动机 Y-△降压启动的控制程序如 7-14 所示。

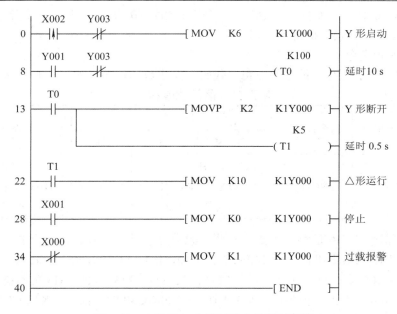

图 7-14 电动机 Y-△降压启动的控制程序

2. 比较指令

比较指令的名称、助记符、指令代码、操作数和程序步如表 7-10 所示。

表 7-10 比 较 指 令

指令名称	助记符	指令代码	操作数			程序步
			S1	S2	D	
比较指令	CMP	FNC10	K、H、KnX、KnY、KnM、KnS、T、C、D、V、Z		Y、M、S	CMP、CMPP···7 步 DCMP、DCMPP···13 步

比较指令 CMP 是将源操作数[S1]和[S2]的数据进行比较，结果送到目标操作数[D]中。比较指令 CMP 的使用说明如图 7-15 所示。

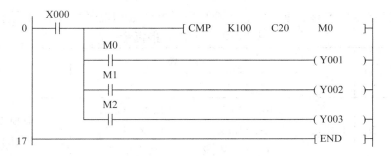

图 7-15 比较指令 CMP 的使用说明

这是一条三个操作数(两个源操作数、一个目标操作数)的指令。程序中的 M0、M1、M2 根据比较的结果动作。K100>C20 的当前值时，M0 接通；K100=C20 的当前值时，M1

接通；K100<C20 的当前值时，M2 接通。当执行条件 X0 为 OFF 时，比较指令 CMP 不执行，M0、M1、M2 的状态保持不变。

3．区间比较指令

区间比较指令的名称、助记符、指令代码、操作数和程序步如表 7-11 所示。

表 7-11　区间比较指令

指令名称	助记符	指令代码	操作数				程序步
			S1	S2	S3	D	
区间比较指令	ZCP	FNC11	K、H、KnX、KnY、KnM、KnS、T、C、D、V、Z			Y、M、S	ZCP、ZCP(P)…9 步 (D)ZCP、(D)ZCP(P) …17 步

区间比较指令 ZCP 是将一个数据与两个源数据值进行比较。该指令的使用说明如图 7-16 所示。源[S1]的数据不得大于[S2]的值。例如，[S1] = K100，[S2] = K90，ZCP 指令执行时就把[S2] = 100 来执行。源数据的比较是代数比较。M3、M4、M5 的状态取决于比较的结果。当 K100>C30 的当前值时，M3 接通；K100≤C30 的当前值≤K120 时，M4 接通；K120<C30 的当前值，M5 接通。

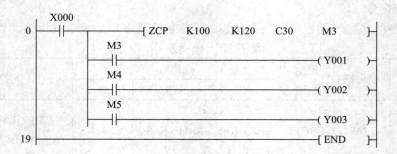

图 7-16　区间比较指令 ZCP 的使用说明

当 X0 = OFF 时，不执行 ZPC 指令，M3、M4、M5 保持不变。

4．BCD 变换指令

BCD 变换指令的名称、助记符、指令代码、操作数和程序如表 7-12 所示。

表 7-12　BCD 变换指令

指令名称	助记符	指令代码	操作数		程序步
			S	D	
BCD 变换指令	BCD	FNC18	KnX、KnY、KnM、KnS、T、C、D、V、Z	KnX、KnY、KnM、KnS、T、C、D、V、Z	BCD BCD (P)…5 步 (D)BCD (D)BCD(P)…9 步

BCD 变换指令是将源元件中的二进制数转换成 BCD 码送到目标元件中。BCD 变换指令的使用说明如图 7-17 所示。

图 7-17　BCD 变换指令的使用说明

当 X0＝ON 时，源元件 D12 中的二进制数转换成 BCD 码送到 Y0～Y7 的目标元件中去。

如果 BCD、BCD(P)指令执行的变换(16 位操作)结果超出 0～9999 的范围就会出错。

如果(D)BCD、(D)BCD(P)指令执行的变换结果(32 位操作)超出 0～99999999 的范围就会出错。

BCD 变换指令可用于将 PLC 中的二进制数据变换成 BCD 码输出以驱动七段显示。

5．BIN 变换指令

BIN 变换指令的名称、助记符、指令代码、操作数和程序步如表 7-13 所示。

表 7-13　BIN 变换指令

指令名称	助记符	指令代码	操作数		程序步
			S	D	
BIN 变换指令	BIN	FNC19	KnX、KnY、KnM、KnS、T、C、D、V、Z	KnY、KnM、KnS、T、C、D、V、Z	BIN、BIN(P)…5 步 DBIN、DBINP…9 步

BIN 变换指令是将源元件中的 BCD 数据转换成二进制数据送到目标元件中。BIN 变换指令的使用说明如图 7-18 所示。

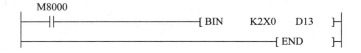

图 7-18　BIN 变换指令的使用说明

当 M8000＝ON 时，BIN 指令执行，将通过 X7～X0 输入的数据转换成二进制数送到 D13 目标元件中。BIN 指令常用于将 BCD 数字开关串的设定值输入 PLC 中。

常数 K 不能作为本指令的操作元件，因为在任何处理之前它都会被转换成二进制数。

7.2.3　四则逻辑运算指令

算术运算与逻辑运算共有 10 条指令。

1．BIN 加法指令

加法指令的名称、助记符、指令代码、操作数的操作步如表 7-14 所示。

表 7-14　加法指令

指令名称	助记符	指令代码	操作数			程序步
			S1	S2	D	
加法指令	ADD	FNC20	K、H、KnX、KnY、KnM、KnS、T、C、D、V、Z		KnY、KnM、KnS、T、C、D、V、Z	ADD、ADD(P)…7 步 (D)ADD、(D)ADD(P) …13 步

加法指令的使用说明如图 7-19 所示。

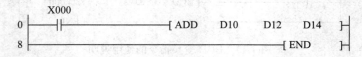

图 7-19　加法指令 ADD 的使用说明

(1) ADD 指令是将两个源元件 D10、D12 中的二进制数相加，结果送到指定的目标元件 D14 中去。

(2) 每个数据的最高位作为符号位(0 为正，1 为负)，运算是二进制代数，如 5+(−8) = −3。

(3) 源和目标可以用相同的元件号。若源和目标元件号相同而采用连续执行的 ADD、(D)ADD 指令时，加法的结果在每个扫描周期都会改变。

(4) ADD 指令有 4 个标志，即 M8020 为零标志，M8021 为借位标志，M8022 为进位标志，M8023 为浮点操作标志。

如果运算结果为 0，则零标志 M8020 置 ON；如果运算结果超过 32767(16 位运算)或者说 2147483647(32 位运算)，则进位标志 M8022 置 ON；如果运算结果小于−32767(16 位运算)或者说−2147483647(32 位运算)，则借位标志 M8021 置 ON。

2. BIN 减法指令

减法指令的名称、助记符、指令代码、操作数和程序步如表 7-15 所示。

表 7-15　减 法 指 令

指令名称	助记符	指令代码	操作数			程序步
			S1	S2	D	
减法指令	SUB	FNC21	K、H、KnX、KnY、KnM、KnS、T、C、D、V、Z		KnY、KnM、KnS、T、C、D、V、Z	SUB、SUB(P)…7 步 (D)SUB、(D)SUB(P)…13 步

减法指令是有两个源操作数的指令，SUB 指令的使用说明如图 7-20 所示。当 X0=ON 时，SUB 指令执行，将[S1]指定的源元件中的数减去[S2]指定的源元件中的数，结果送到[D]指定的目标元件中去。即(D10)—(D12)→(D14)。

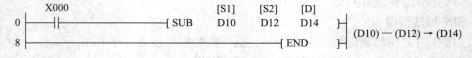

图 7-20　减法指令 SUB 的使用说明

减法运算中每个标志的功能、32 位运算的元件指定方法、连续执行和脉冲执行的区别等均与加法中的说明相同。

3. BIN 乘法指令

乘法指令的名称、助记符、指令代码、操作数和程序步如表 7-16 所示。

表 7-16　乘 法 指 令

指令 名称	助记符	指令 代码	操作数			程序步
			S1	S2	D	
乘法 指令	MUL	FNC22	K、H、 KnX、KnY、KnM、KnS、 T、C、D、V、Z		KnY、KnM、KnS、 T、C、D、V、Z (Z 只用 16 位)	MUL、MUL(P)···7 步 (D)MUL、(D)MUL(P) ···13 步

乘法指令是把两个源操作数 S1、S2 相乘，结果存放到目标元件 D 中。下面分 16 位和 32 位说明其用法。

1) 16 位运算

16 位乘法运算如图 7-21 所示。

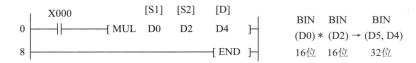

图 7-21　16 位乘法运算实例

两个源元件(数据寄存器)里的数的乘积以 32 位形式送到指定目标(数据寄存器)。低 16 位在指定目标元件，高 16 位在下一个目标元件。

若 D0 = 8，D2 = 9，则上例中(D5, D4) = 72。

最高位是符号位(0 为正，1 为负)。

V 不能用于[D]中。对于位元件可用 K1～K8 来指定位数。例如，用 K4 指定位数，只能得到乘积的低 16 位。

2) 32 位运算

32 位乘法运算如图 7-22 所示。

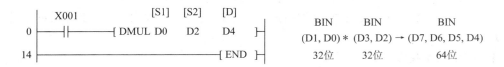

图 7-22　32 位乘法运算实例

在 32 位运算中，如果用位元件作目标，则乘积只能得到低 32 位，高 32 位丢失。在这种情况下应先将数据移入字符元件再进行计算。用字符元件时，不可能监视这 64 位数据。在这种情况下，通过监视高 32 位和低 32 位并用下式获得 64 位的运算结果：

$$64 \text{ 位结果} = (\text{高 32 位}) \times 2 + (\text{低 32 位})$$

最高位是符号位。V 和 Z 不能用于[D]目标元件。

4. BIN 除法指令

除法指令的名称、助记符、指令代码、操作数和程序步如表 7-17 所示。

除法指令是把源操作数 S1 除以 S2，结果存放到目标元件 D 中。下面分 16 位和 32 位说明其用法。

表 7-17　除　法　指　令

指令名称	助记符	指令代码	操作数			程序步
			S1	S2	D	
除法指令	DIV	FNC23	K、H KnX、KnY、KnM、 KnS、 T、C、D、V、Z		KnY、KnM、KnS、 T、C、D、V、Z (Z 可用 16 位运算)	DIV、DIV(P)···7 步 (D)DIV、(D)DIV(P) ···13 步

1) 16 位运算

16 位除法运算如图 7-23 所示。

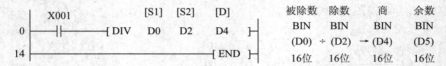

图 7-23　16 位除法运算实例

用[S1]指定被除数，[S2]指定除数，商送到目标[D]，余数在[D]的下一个目标元件中。V 不能用于[D]中。

2) 32 位运算

32 位除法运算如图 7-24 所示。

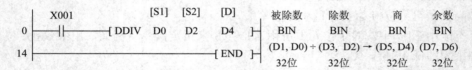

图 7-24　32 位除法运算实例

[S1]指定的元件及下一个元件存储的二进制为被除数，[S2]指定的元件及下一个元件存储的二进制是除数，商和余数放在[D]指定的 4 个连续目标元件中。V 和 Z 不能用于目标元件[D]中。

5. BIN 加 1 指令

加 1 指令的名称、助记符、指令代码、操作数和程序步如表 7-18 所示。

表 7-18　加　1　指　令

指令名称	助记符	指令代码	操作数	程序步
			D	
加 1 指令	INC	FNC24	KnY、KnM、KnS、 T、C、D、V、Z	INC、INC(P)···3 步 (D)INC、(D)INC(P) ···5 步

加 1 指令的使用说明如下。当 X0 由 OFF→ON 变化时，由[D]指定的元件 D10 中的二进制数自动增加 1。

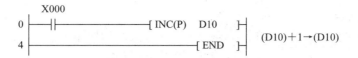

图 7-25 加 1 运算实例

若用连续指令时，每个扫描周期加 1。

当进行 16 位运算时，到+32767 再加 1 就变为−32768，但标志不置位。同样，在 32 位运算时，+2147483647 再加 1 就变为−2147483648 时，标志位不置位。

6. BIN 减 1 指令

减 1 指令的名称、助记符、指令代码、操作数和程序步如表 7-19 所示。

表 7-19 减 1 指令

指令名称	助记符	指令代码	操作数 D	程序步
减 1 指令	DEC	FNC25	KnY、KnM、KnS、 T、C、D、V、Z	DEC、DEC(P)···3 步 (D)DEC、(D)DEC(P) ···5 步

减 1 指令在 X1 由 OFF→ON 变化时，将[D]指定的元件 D10 中的二进制数自动减 1。若用连续指令，则每个扫描周期减 1。

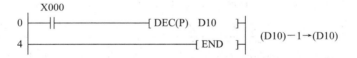

图 7-26 减 1 运算实例

当进行 16 位运算时，−32768 再减 1 就变为+32767，但标志不置位。32 位运算时，−2147483648 再减 1 就变为+2147483647，标志也不置位。

7. 逻辑与指令

逻辑与指令的名称、助记符、指令代码、操作数和程序如表 7-20 所示。

表 7-20 逻 辑 与 指 令

指令 名称	助记符	指令 代码	操 作 数			程序步
			S1	S2	D	
逻辑与 指令	WAND	FNC26	K、H、 KnX、KnY、KnM、 KnS、 T、C、D、V、Z		KnY、KnM、 KnS、 T、C、D、V、Z	WAND、WAND(P)···7 步 (D)WAND、(D)WAND(P) ···13 步

逻辑与运算是在条件满足后把两个源操作数按位执行逻辑与运算，结果存放到目标元

件中。

8. 逻辑或指令

逻辑或指令的名称、助记符、指令代码、操作数和程序步如表 7-21 所示。

表 7-21 逻 辑 或 指 令

指令名称	助记符	指令代码	操 作 数			程序步
			S1	S2	D	
逻辑或指令	WOR	FNC27	K、H、KnX、KnY、KnM、KnS、T、C、D、V、Z		KnY、KnM、KnS、T、C、D、V、Z	WOR、WOR(P)…7 步 (D)WOR、(D)WOR(P)…13 步

逻辑或运算是在条件满足后把两个源操作数执行逻辑或运算,结果存放到目标元件中。

9. 逻辑异或指令

逻辑异或指令的名称、助记符、指令代码、操作数和程序步如表 7-22 所示。

表 7-22 逻 辑 异 或 指 令

指令名称	助记符	指令代码	操 作 数			程序步
			S1	S2	D	
逻辑异或指令	WXOR	FNC28	K、H、KnX、KnY、KnM、KnS、T、C、D、V、Z		KnY、KnM、KnS、T、C、D、V、Z	WXOR、WXOR(P)…7 步 (D)WXOR、(D)WXOR(P)…13 步

异或运算是在条件满足后把两个源操作数执行逻辑异或运算,结果存放到目标元件中。

7.2.4 循环与移位指令

循环与移位指令是使字数据和位组合的字数据向指定方向循环与移位的指令,如表 7-23 所示。

表 7-23 循环与移位指令

FNC NO.	指令助记符	指令功能	FNC NO.	指令助记符	指令功能
30	ROR	右循环移位	35	SFTL	位左移
31	ROL	左循环移位	36	WSFR	字右移
32	RCR	带进位右循环移位	37	WSFL	字左移
33	RCL	带进位左循环移位	38	SFWR	移位写入
34	SFTR	位右移	39	SFRD	移位读出

1. 位右移指令

位右移指令的名称、助记符、指令代码、操作数和程序步如表 7-24 所示。

表 7-24　位 右 移 指 令

指令名称	助记符	指令代码	操作数				程序步
			S	D	$n1$	$n2$	
位右移指令	SFTR	FNC34	X、Y、M、S	Y、M、S	K、H FX_{0S}：$n2 \leqslant n1 \leqslant 512$		SFTR SFER(P) …9 步

位右移指令 SFTR 的使用说明如图 7-27 所示。

X000
[S] [D] [n1] [n2]
0
SFTRP M0 M10 K8 K2
10
END
M11, M10→溢出
M13, M12→M11, M10
M15, M14→M13, M12
M17, M16→M15, M14
M1, M0→M17, M16

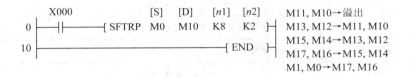

图 7-27　位右移指令

当 X0 由 OFF→ON 时，位右移指令 SFTR，使位元件中的状态值右移。$n1$ 指定位元件的长度，$n2$ 指定移位的位数。

2. 位左移指令

位左移指令的名称、助记符、指令代码、操作数和程序步如表 7-25 所示。

表 7-25　位 左 移 指 令

指令名称	助记符	指令代码	操作数				程序步
			S	D	$n1$	$n2$	
位左移指令	SFTL	FNC35	X、Y、M、S	Y、M、S	K、H FX：$n2 \leqslant n1 \leqslant 1024$ FX_0、FX_{0N}、$n2 \leqslant n1 \leqslant 512$		SETL SFEL(P) …9 步

位左移指令 SFTL 的使用说明如图 7-28 所示。

当 X0 由 OFF→ON 时，位左移指令 SFTL 使位元件中的状态值左移。$n1$ 指定位元件的长度，n2 指定移位位数。

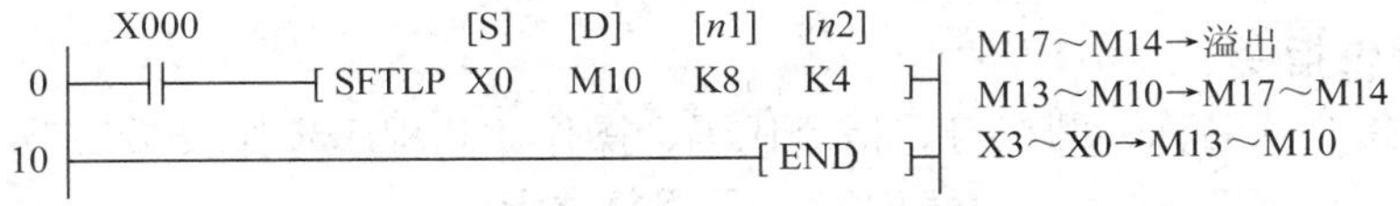

X000
[S] [D] [n1] [n2]
0
SFTLP X0 M10 K8 K4
10
END
M17～M14→溢出
M13～M10→M17～M14
X3～X0→M13～M10

图 7-28　位左移指令

例题 7-4　移位指令应用实例。

(1) 控制要求：某台设备有 8 台电动机，为了避免电动机同时启动对电源的影响，利用移位指令实现间隔 10 s 的顺序启动控制。按下停止按钮时，同时停止工作。

(2) I/O 地址分配：控制线路需要 2 个输入端口，8 个输出端口。I/O 端口地址分配如表 7-26 所示。

表 7-26　电机顺序控制系统 I/O 地址分配表

设　备	地　址	功能说明
SB1	X0	启动按钮(常开)
SB2	X1	停止按钮(常开)
KM1	Y0	接触器
KM2	Y1	接触器
KM3	Y2	接触器
KM4	Y3	接触器
KM5	Y4	接触器
KM6	Y5	接触器
KM7	Y6	接触器
KM8	Y7	接触器

(3) 梯形图程序。根据 I/O 地址分配和控制要求，梯形图程序如图 7-29 所示。

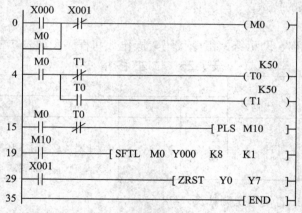

图 7-29　8 台电机顺序启动控制梯形图程序

7.2.5　数据处理指令

1. 区间复位指令

区间复位指令的名称、助记符、指令代码、操作数和程序步如表 7-27 所示。

表 7-27　区间复位指令

指令名称	助记符	指令代码	操作数		程序步
			D 1	D 2	
区间复位指令	ZRST	FNC40	Y、M、S、T、C、D (D 1≤D 2)		ZRST ZRST(P)… 5 步

区间复位指令 ZRST 的使用说明如图 7-30 所示。当 X0 由 OFF→ON 时，区间复位指令 ZRST 执行。位元件 M0～M99 成批复位和字元件 C0～C5 成批复位。

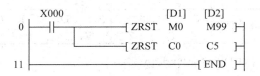

图 7-30　区间复位指令 ZRST 的使用说明

目标操作数[D1]、[D2]指定的元件应为同类元件。[D1]指定的元件号应小于或等于[D2]指定的元件号。若[D1]号大于[D2]号，则只有[D1]指定的元件被复位。

区间复位指令 ZRST 可作 16 位指令处理，[D1]、[D2]也可同时指定 32 位计数器。

2. 译码指令

译码指令的名称、助记符、指令代码、操作数和程序步如表 7-28 所示。

表 7-28　译 码 指 令

指令名称	助记符	指令代码	操作数			程序步
			S	D	n	
译码指令	DECO	FNC41	K、H、X、Y、M、T、S、C、D、V、Z	Y、M、S、T、C、D	K、H $n=1～8$	DECO DECOP…7 步

译码指令 DECO 有脉冲和连续两种形式，有 16 位运算和 32 位运算。DECO 译码指令的使用说明如图 7-31 所示。

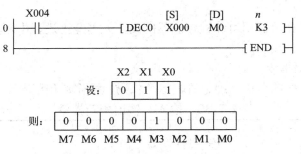

图 7-31　译码指令 DECO 的使用说明

在图 7-31 中，X4=ON，DECO 指令执行，X4＝OFF 时，指令不执行。执行时，因为源是"1+2"＝3，所以 M0 左边第三个元件 M3 被置 1。若源全部为 0，M0 置 1。

当[D]指定的目标元件是 T、C、D 等字元件时，应使 $n≤4$，目标元件的每一位都受控。当[D]指定的目标元件是 Y、M、S 等位元件时，应使 $n≤8$。当 $n＝0$ 时，不进行处理。当[D]指定的元件是位元件且 $n＝8$ 时，则目标元件点数 $2^8＝256$ 点。所以在使用时注意不要重复使用这些元件。

3. 编码指令

编码指令的名称、助记符、指令代码、操作数和程序步如表 7-29 所示。

表7-29 编 码 指 令

指令名称	助记符	指令代码	操 作 数			程序步
			S	D	n	
编码指令	ENCO	FNC42	X、Y、M、T、S、C、D、V、Z	T、C、D、V、Z	K、H n=1~8	ENCO ENCOP···7步

编码指令 ENCO 的使用说明如图 7-32 所示。

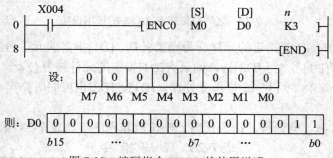

图 7-32 编码指令 ENCO 的使用说明

X4 = ON，ENCO 指令执行。将 M0～M7 的 8 个点所表示的 BIN 码存入 D0 中，当 M3 为 ON 时，如图 7-32 所示，D0 中的 $b0$、$b1$ 位为 ON，D0 的值为 3。

n 为指定目标中编码后的位数，$n = 0$，不作处理。如果源[S]为位元件，则 n 小于等于 8；如果[S]为字元件，则 n 小于等于 4；如果[S]有多个位为 1，则只有高位有效，忽略低位；如果[S]全为 0，则运算出错。

7.2.6 高速处理指令

高速处理指令能充分利用可编程控制器的高速处理能力进行中断处理，达到利用最新的输入输出信息进行控制。

1. 输入输出刷新指令

输入输出刷新指令的名称、助记符、指令代码、操作数和程序步如表 7-30 所示。

表7-30 输入、输出刷新指令

指令名称	助记符	指令代码	操作数		程序步
			D	n	
输入输出刷新指令	REF	FNC50	X、Y	K、H	REF、REF(P)···5步

FX 系列 PLC 是用 I/O 批处理的方法，即输入数据是在程序处理之前成批读入到输入映像寄存器的，而输出数据是在 END 结束指令执行后由输出映像寄存器通过输出锁存器传送到输出端子的。刷新(Refresh)指令 REF 用于在某段程序处理开始时读入最新的输入信息或者用于在某一操作结束之后立即将该操作结果输出。

1) 输入刷新

刷新指令用于输入时的使用说明如图 7-33 所示。

当 X0 由 OFF→ON，输入 X10～X17 一共 8 点被刷新。该指令有 10 ms 的滤波器响应延迟时间，也就是说，若在 REF 刷新指令执行之前 X10～X17 已变为 ON 约 10 ms 了，而当执行 REF 指令时，X10～X17 的输入映像寄存器才会变为 ON。

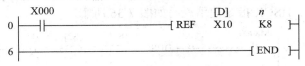

图 7-33　输入刷新指令的使用说明

2) 输出刷新

刷新指令用于输出时的使用说明如图 7-34 所示。

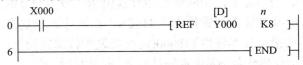

图 7-34　输出刷新指令的使用说明

当 X0 由 OFF→ON 时，刷新指令 REF 执行，对 Y0～Y7 的 8 点输出刷新，与输出 Y0～Y7 对应的输出锁存器的数据立即传到输出端子，在输出响应延迟时间后输出接点动作。

要说明的是，刷新指令[D]所指定的首元件号必须是 10 的倍数。如 X0，X10，X20，…；Y0，Y10，Y20，…；而被刷新的点数 n 必须是 8 的倍数，如 8，16，24 等，否则会出错。

2. 比较置位(高速计数器)指令

高速计数器置位指令的名称、助记符、指令代码、操作数和程序步如表 7-31 所示。

表 7-31　高速计数器置位指令

指令名称	助记符	指令代码	操作数			程序步
			S1	S2	D	
比较置位(高速计数器)指令	HSCS	FNC53	K、H、KnX、KnY、KnM、KnS、T、C、D、V、Z	C (C=235～255)	Y、M、S	(D)HSCS …13 步

高速计数器置位指令 HSCS 是把指定计数器的当前值与源数据[S1]相比较，若相等，把目标元件[D]置 ON。HSCS 指令使用说明如图 7-35 所示。

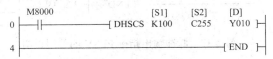

图 7-35　HSCS 的使用说明

当 C255 的当前值由 99 变为 100 或由 101 变为 100 时，Y10 立即置 1。

3. 比较复位(高速计数器)指令

高速计数器复位指令的名称、助记符、指令代码、操作数和程序步如表 7-32 所示。

表 7-32　高速计数器复位指令

指令名称	助记符	指令代码	操作数			程序步
			S1	S2	D	
比较复位(高速计数器)指令	HSCR	FNC54	K、H、KnX、KnY、KnM、KnS、T、C、D、V、Z	C (C=235～255)	Y、M、S (与 S2 相同 C)	(D)HSCR …13 步

高速计数器复位指令 HSCR 是把指定计数器的当前值与源数[S1]相比较,若相等,把目标元件[D]置 OFF。HSCR 指令使用说明如图 7-36 所示。

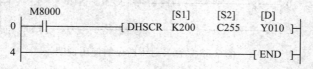

图 7-36　HSCR 的使用说明

在图 7-36 中 C255 的当前值由 199 变为 200 或由 201 变为 200 时,Y10 立即复位。

以上两条指令,即高速计数器置位指令 HSCS、高速计数器复位指令 HSCR 的梯形图格式类似,它们的驱动接点推荐使用 M8000(运行接通的特殊辅助继电器)。

HSCS 和 HSCR 指令操作数[S2]指定的计数器是高速计数器。高速计数器以中断方式对相应输入脉冲的个数计数。当计数器当前值达到预置值时,计数器的输出接点立即动作。利用该指令可以使置位和输出以中断方式立即执行,不受扫描周期影响。

4. 脉冲输出指令

脉冲输出指令的名称、助记符、指令代码、操作码和程序步如表 7-33 所示。

表 7-33　脉冲输出指令

指令名称	助记符	指令代码	操 作 数			程序步
			S1	S2	D	
脉冲输出指令	PLSY	FNC57	K、H、KnX、KnY、KnM、KnS、T、C、D、V、Z		Y	PLSY …7 步 (D)PLSY …13 步

脉冲输出指令 PLSY 产生指定数量的脉冲,PLSY 指令的使用说明如图 7-37 所示。

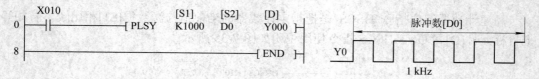

图 7-37　脉冲输出指令 PLSY 的使用说明

[S1]指定脉冲频率(1~2000)Hz。

[S2]指定脉冲的个数,脉冲数范围:16 位指令为 1~32 767;32 位指令为 1~2 147 483 647。若指定脉冲数为"0",则产生无穷多个脉冲。

[D]指定脉冲输出元件号。脉冲占空比 50%,脉冲以中断方式输出。

脉冲输出指令适合用于晶体管输出的 PLC,在一个扫描周期中使用一次。对于继电器输出,频繁的脉冲会缩短使用寿命,由于机械触点的影响,还会使输出脉冲的波形畸变。为保证晶体管输出脉冲的质量,负载电流必须大于 200 mA,还需外加一上拉电阻。

若脉冲指令用双字节形式 DPLSY,则脉冲数由[D1、D0]来指定。

在指定脉冲输出完成后,完成标志位 M8029 置 1。当 PLSY 指令从 ON 变为 OFF 时,M8029 复位。

在指令执行过程中,X10 变为 OFF,则脉冲输出停止,X10 再次变为 ON 时,脉冲再次输出，脉冲数从头开始计算。在输出脉冲串期间 X10 变为 OFF，则 Y0 也变为 OFF。

7.2.7 方便指令

方便指令是利用最简单的顺控程序进行复杂控制的一类指令。下面就介绍其中的交替输出指令 ALT。

交替输出指令的名称、助记符、指信纸代码、操作数和程序步如表 7-34 所示。

表 7-34 交替输出指令

指令名称	助记符	指令代码	操作数 D	程序步
交替输出指令	ALT(P)	FNC66	Y、M、S	3 步

交替输出指令的使用说明如图 7-38 所示。

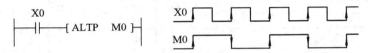

图 7-38 交替输出指令 ALT 的使用说明

如图 7-38 所示，在 X0 的上升沿，M0 的状态发生翻转，由 0 变为 1，或由 1 变为 0。这个方便指令的功能相当于前面讲过的单按钮启动停止电路。

7.2.8 外部设备 I/O 指令

外部设备 I/O 是可编程控制器的输入输出与外部设备进行数据交换的指令，外部设备 I/O 指令如表 7-35 所示。

表 7-35 外部设备 I/O 指令

FNC NO.	指令助记符	指令功能	FNC NO.	指令助记符	指令功能
70	TKY	10 键输入	75	ARWS	方向开关
71	HKY	16 键输入	76	ASC	ASC 码转换
72	DSW	数字开关	77	PR	ASC 打印
73	SEGD	七段译码	78	FROM	BFM 读出
74	SEGL	带锁存的七段译码显示	79	TO	BFM 写入

本节仅介绍 SEGD、FROM、TO 指令。

1. 七段译码指令 SEGD

七段译码指令的名称、助记符、指令代码、操作数和程序步如表 7-36 所示。

表 7-36 七段译码指令

指令名称	助记符	指令代码	操 作 数		程序步
			S	D	
七段译码指令	SEGD	FNC73	K、H、KnX、KnY、KnM、KnS、T、C、D、V、Z	KnY、KnM、KnS、T、C、D、V、Z	5 步

SEGD 指令的使用说明如下：

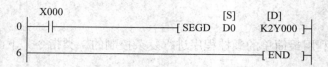

图 7-39　七段译码指令 SEGD 的使用说明

当 X0 为 ON 时，将[S]的低 4 位指定的 0 至 F(十六进制)的数据译成七段码，显示的数据存入[D]的低八位，[D]的高八位不变；当 X0 为 OFF 后，[D]输出不变。七段译码功能如表 7-37 所示。

表 7-37　七段码译码表

源		七段组合数字	目标输出							
十六进制数	位组合格式		L7	L6	L5	L4	L3	L2	L1	L0
0	0000		0	0	1	1	1	1	1	1
1	0001		0	0	0	0	0	1	1	0
2	0010		0	1	0	1	1	0	1	1
3	0011		0	1	0	0	1	1	1	1
4	0100		0	1	1	0	0	1	1	0
5	0101		0	1	1	0	1	1	0	1
6	0110		0	1	1	1	1	1	0	1
7	0111		0	0	1	0	0	1	1	1
8	1000		0	1	1	1	1	1	1	1
9	1001		0	1	1	0	1	1	1	1
A	1010		0	1	1	1	0	1	1	1
B	1011		0	1	1	1	1	1	0	0
C	1100		0	0	1	1	1	0	0	1
D	1101		0	1	0	1	1	1	1	0
E	1110		0	1	1	1	1	0	0	1
F	1111		0	1	1	1	0	0	0	1

2. BFM 读出指令 FROM

BFM 读出指令的名称、助记符、指令代码、操作数和程序步如表 7-38 所示。

表 7-38　BFM 读出指令

指令名称	助记符	指令代码	适合软元件								程序步
BFM 读出指令	FROM	FNC78	K、H	KnY	KnM	KnS	T	C	D	V、Z	16 位 9 步
			m1 m2 n			D.					32 位 17 步

FROM 指令是将特殊模块中缓冲寄存器(BFM)的内容读到可编程控制器的指令，其使用说明如下：

当 X0 为 ON 时，将#1 模块的#29 缓冲寄存器(BFM)的内容读出传送到可编程控制器的 D20 中。图 7-40 中的 m1 表示模块号，m2 表示模块的缓冲寄存器(BFM)号，n 表示传送数据的个数。

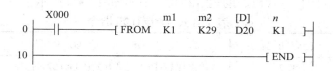

图 7-40　BFM 读出指令 FROM 的使用说明

3. BFM 写入指令 TO

BFM 写入指令的名称、助记符、指令代码、操作数和程序步如表 7-39 所示。

表 7-39　BFM 写入指令

指令名称	助记符	指令代码	适合软元件								程序步
BFM 写入指令	TO	FNC79	K、H	KnX	KnY	KnM	KnS	T	C	D	V、Z	16 位 9 步
			m1 m2 n				S.					32 位 17 步

TO 指令是将可编程控制器的数据写入特殊模块的缓冲寄存器(BFM)的指令，其使用说明如下：

当 X0 为 ON 时，将 PLC 数据寄存器 D1、D0 的内容写到#1 模块的#13、#12 缓冲寄存器(BFM)。图 7-41 中 m1 表示模块号，m2 表示特殊模块的缓冲寄存器的 BFM 编号，n 表示传送数据的个数。

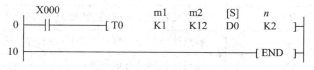

图 7-41　BFM 写入指令 TO 的使用说明

FROM、TO 指令中的 m1、m2、n 的意义如下。

(1) m1 特殊模块编号。特殊模块编号是连接在可编程控制器上的特殊模块的号码，模块号是从最靠近基本单元的那个开始，按从#0 到#7 的顺序连接，其范围为 0～7，用模块号可以指定 FROM、TO 指令对哪个模块进行读写。

(2) m2 缓冲寄存器(BFM)编号。在特殊模块内设有 16 位 RAM，这些 RAM 就叫做缓冲寄存器(BFM)，缓冲寄存器号为#0～#32767，其内容根据模块的不同来决定。对于 32 位操作，指定的 BFM 为低 16 位，其下一个编号的 BFM 为高 16 位。

(3) n 传送数据个数。用 n 指定传输数据的个数，16 位操作时 n＝2 和 32 位操作时 n＝1 的含义相同。在特殊辅助继电器 M8164(FROM/TO 指令传送数据个数可变模式)为 ON 时，特殊数据寄存器 D8164(FROM/TO 指令传送数据个数指定寄存器)的内容作为传送数据个数 n 进行处理。

7.2.9 触点比较指令

触点比较指令是使用 LD、AND、OR 指令与关系运算符组合而成的，通过对两个数值的关系运算来实现触点通和断的指令。触点比较指令的目标元件为字元件，分为 16 位或者 32 位。

触点比较指令的指令代码、助记符和功能说明如表 7-40 所示。

表 7-40　触点比较指令

指令代码	指令助记符	功　能　说　明
224	LD=	触点比较指令运算开始(S1)=(S2)时导通
225	LD>	触点比较指令运算开始(S1)>(S2)时导通
226	LD<	触点比较指令运算开始(S1)<(S2)时导通
228	LD<>	触点比较指令运算开始(S1)≠(S2)时导通
229	LD≤	触点比较指令运算开始(S1)≤(S2)时导通
230	LD≥	触点比较指令运算开始(S1)≥(S2)时导通
232	AND=	触点比较指令串联连接(S1)=(S2)时导通
233	AND>	触点比较指令串联连接(S1)>(S2)时导通
234	AND<	触点比较指令串联连接(S1)<(S2)时导通
236	AND<>	触点比较指令串联连接(S1)≠(S2)时导通
237	AND≤	触点比较指令串联连接(S1)≤(S2)时导通
238	AND≥	触点比较指令串联连接(S1)≥(S2)时导通
240	OR=	触点比较指令并联连接(S1)=(S2)时导通
241	OR>	触点比较指令并联连接(S1)>(S2)时导通
242	OR<	触点比较指令并联连接(S1)<(S2)时导通
244	OR<>	触点比较指令并联连接(S1)≠(S2)时导通
245	OR≤	触点比较指令并联连接(S1)≤(S2)时导通
246	OR≥	触点比较指令并联连接(S1)≥(S2)时导通

触点比较指令的使用说明如图 7-42 所示。

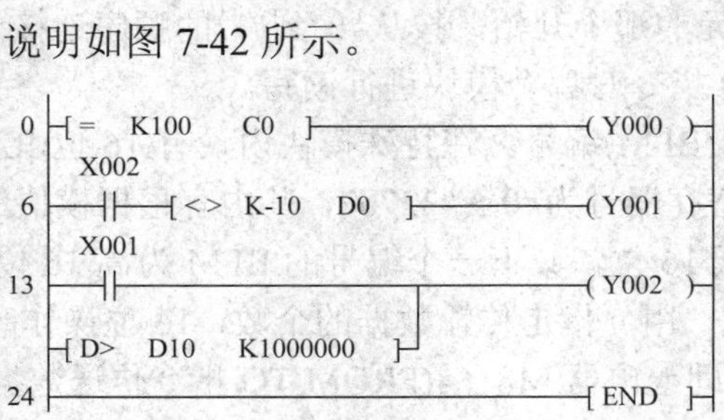

图 7-42　触点比较指令 LD、AND、OR 的使用说明

在图 7-42 中，当 C0 的当前值等于 100 时，Y0 为 ON；当 X2 = 1，并且 D0 的值不等于 −10 时，Y1 为 ON；当 X1 = 1，或者 D10 的值大于 1000000 时，Y2 为 ON。

这里需要说明的是，FX_{0S} PLC 没有触点比较指令，但是其以上级别型号都具有触点比较指令。

7.3　功能指令的综合应用

1. 任务描述

设计小车定点呼叫系统的 PLC 控制系统。某自动生产线上运料小车的定点呼叫系统如图 7-43 所示，运料小车由一台三相异步电动机拖动，在生产线上有 8 个编码为 1～8 的站点供小车停靠，在每一个停靠站安装一个行程开关以检测小车是否到达该站点。设有 8 个呼叫按钮分别与 8 个停靠站点相对应。

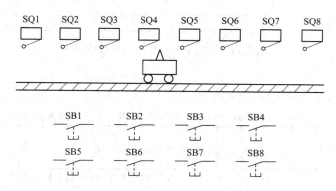

图 7-43　运料小车的定点呼叫系统

2. 控制要求

用功能指令设计一个 8 站小车定点呼叫的控制系统，其控制要求如下：

(1) 小车所停位置号小于呼叫号时，小车右行至呼叫号处停车。

(2) 小车所停位置号大于呼叫号时，小车左行至呼叫号处停车。

(3) 小车所停位置号等于呼叫号时，小车原地不动。

(4) 小车运行时呼叫无效。

(5) 具有左行、右行运行指示。

(6) 具有小车行走位置的七段数码管显示。

3. 系统程序

1) I/O 分配

X0：1 号位呼叫 SB1；X1：2 号位呼叫 SB2；X2：3 号位呼叫 SB3；X3：4 号位呼叫 SB4；X4：5 号位呼叫 SB5；X5：6 号位呼叫 SB6；X6：7 号位呼叫 SB7；X7：8 号位呼叫 SB8；X10：SQ1；X11：SQ2；X12：SQ3；X13：SQ4；X14：SQ5；X15：SQ6；X16：SQ7；X17：SQ8。

Y0：正转 KM1；Y1：反转 KM2；Y4：左行指示；Y5：右行指示；Y10～Y16：数码管 a、b、c、d、e、f、g。

2) 程序设计

根据 I/O 地址分配和控制要求，梯形图程序如图 7-44 所示。

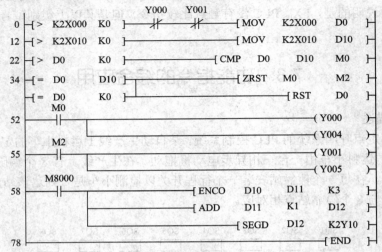

图 7-44 运料小车系统控制梯形图程序

4. 系统接线

运料小车系统接线图如图 7-45 所示。

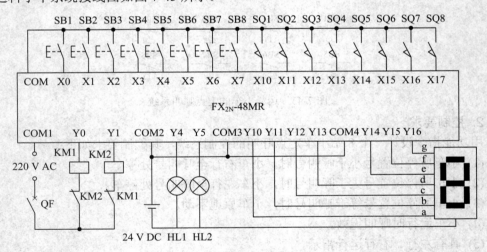

图 7-45 运料小车系统接线图

5. 系统调试

(1) 输入程序。

(2) 静态调试：正确连接好输入线路，执行程序，观察输出指示灯动作情况是否正确，如不正确则检查程序，直到正确为止。

(3) 动态调试：正确连接好输出线路，观察接触器动作情况、方向指示情况、数码管显示情况，如不正确，则检查输出线路连接和 I/O 端口。

6. 思考问题

(1) 简述程序的工作原理。

(2) 梯形图第一个逻辑行中为什么加 Y0、Y1 的常闭触点？

(3) 设计一个 12 站的小车定点呼叫控制系统，控制要求与本实训相应。

(4) 如果小车在行走过程中有其他呼叫按钮按下，则根据呼叫按钮被按下的顺序分别记录下来，等小车完成本次服务后再根据记录下来的呼叫顺序分别行走至各自呼叫的位置进行服务。其他控制要求不变，如何设计控制程序？

习　　题

7-1　功能指令有哪些要素？叙述它们的使用意义。

7-2　MOV 指令能不能向 T、C 的当前值寄存器传送数据？

7-3　CJ 指令和 CALL 指令有什么区别？

7-4　高速计数器有什么用途，如何设定计数的方向？

7-5　利用比较指令，设计一个控制系统，对某车间的成品和次品进行技术统计。当产品数达到 1000 件，若次品数大于 50 件，则报警并显示灯亮，同时生产产品的机床电机停止运行。

7-6　用 PLC 对自动售汽水机进行控制，工作要求：

(1) 此售汽水机可投入 1 元、2 元硬币，投币口为 LS1、LS2。

(2) 当投入的硬币总值大于等于 6 元时，汽水指示灯 L1 亮，此时按下汽水按钮 SB，则汽水口 L2 出汽水，12 s 后自动停止。

(3) 不找钱，不结余，下一位投币又重新开始。

请：分配 PLC 的 I/O 地址，画出 PLC 的 I/O 外接线图；设计 PLC 的控制程序。

拓　展　题

7-1　设计一个适时报警时钟，要求精确到秒(注意 PLC 运行时应不受停电的影响)。

7-2　设计一个密码(6 位)开机的程序(X0～X11 表示 0～9 的输入)，密码正确按开机键即开机，密码不正确有 3 次重复输入的机会，如 3 次均不正确则立即报警。

7-3　用功能指令实现一个恒温控制系统的控制程序。该系统采用电加热，温度控制在 40℃～80℃。用温度传感器检测温度并输入超过 80℃及低于 40℃两个开关信号来控制电加热电源是否启停。

实训项目 7-1　功能指令实现数码管循环点亮

1. 实验目的

(1) 掌握 MOV、CMP、INC、DEC、SEGD 指令的使用；

(2) 掌握功能指令编程的基本思路和方法；

(3) 能运用功能指令设计控制程序。

2．实训器材

(1) 可编程控制器(FX$_{2N}$-48MR)1 台；

(2) 按钮 1 个，选择开关 1 个；

(3) 七段数码管 1 只；

(4) 计算机 1 台(已安装编程软件)；

(5) 连接导线若干。

3．实训要求

用功能指令设计一个数码管循环点亮的控制系统，其控制要求如下：

(1) 手动时，每按一次按钮数码管显示数值加 1，由 0～9 依次点亮，并实现循环；

(2) 自动时，每隔 1 s 数码管显示数值加 1，由 0～9 依次点亮，并实现循环。

4．系统程序设计

(1) I/O 地址分配如下。

X0：手动按钮；X1：手动/自动选择开关；Y0～Y6：数码管 a、b、c、d、e、f、g。

(2) 梯形图程序。根据系统的控制要求及 I/O 分配，其梯形图程序如图 7-46 所示。

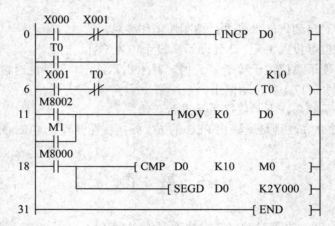

图 7-46　数码管循环点亮控制梯形图程序

5．系统接线图

系统接线图如图 7-47 所示。

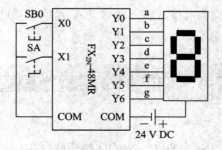

图 7-47　数码管循环点亮系统接线图

6．系统调试

(1) 按图输入梯形图程序。

(2) 静态调试。下载程序并执行，在手动模式下不按手动按钮，PLC 输出 Y0、Y1、Y2、Y3、Y4、Y5 的指示灯亮(数字"0"的七段编码)，按一次手动按钮，Y1、Y2 指示灯亮，……，直到数字"9"的输出指示正确并可以循环。将选择开关闭合，进入自动模式，输出自动切换，输出与手动输出相同。如不正确，需检查程序。

(3) 动态调试。按接线图连接好线路，并接通电源，观察数码管输出是否正确，如不正确，则需要检查线路的连接及 I/O 接口。

7．实训报告

1) 实训总结

(1) 理解图 7-46 的控制程序，指出该程序的不足和巧妙之处。

(2) 与前面章节完成的数码管循环点亮实训项目相比，说明其优劣。

2) 实训思考

(1) 设计一个显示顺序从 9～0 的控制系统，其他要求与本实训相同。

(2) 请用编码与七段译码指令设计一个 8 层电梯的楼层数码管显示系统。

实训 7-2　功能指令实现交通灯的控制

1．实训目的

(1) 掌握区间比较指令 ZCP 和交替指令 ALT 的用法。

(2) 进一步理解和体会功能指令编程的基本思想和方法。

2．实训器材

(1) 可编程控制器(FX$_{3GA}$-24MT)1 台。

(2) 交通灯模拟显示模块 1 块。

(3) 按钮 2 个，选择开关 1 个。

(4) 计算机 1 台(已安装编程软件)。

(5) 连接导线若干。

3．实训要求

用功能指令设计一个十字路口交通灯的控制系统，其控制要求如图 7-48 所示。

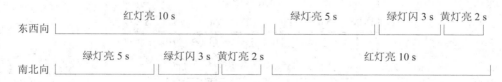

图 7-48　交通灯系统工作时序图

4．控制程序设计和分析

(1) I/O 地址分配。交通灯控制系统 I/O 地址分配表，如表 7-41 所示。

表 7-41 交通灯控制系统 I/O 地址分配表

序号	地址	功　能
1	Y0	东西向绿灯(HL1)
2	Y1	东西向黄灯(HL2)
3	Y2	东西向红灯(HL3)
4	Y4	南北向绿灯(HL4)
5	Y5	南北向黄灯(HL5)
6	Y6	南北向红灯(HL6)

(2) 梯形图程序。

根据系统的控制要求及 I/O 分配,其梯形图程序如图 7-49 所示。以下程序主要利用区间比较指令 ZCP 和交替输出指令 ALT 进行时间控制,梯形图中只用了一个定时器 T。

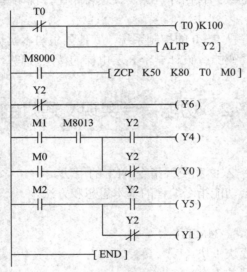

图 7-49　交通灯系统控制梯形图程序

5. 系统接线图

系统接线图如图 7-50 所示。

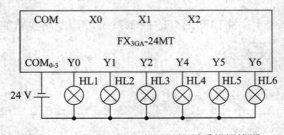

图 7-50　基于 PLC 的交通灯控制系统接线图

6. 系统调试

(1) 程序输入。

(2) 静态调试。按系统接线图正确连接好输入设备,进行 PLC 的模拟静态调试,观察

PLC 的输出指示灯是否按要求指示，否则，检查并修改程序，直至指示正确。

(3) 动态调试。按接线图正确连接好输出设备，进行系统的动态调试，观察交通灯能否按要求工作，否则，检查线路或修改程序，直至交通灯按控制要求动作。

7. 实训报告要求

1) 实训总结

分析程序的工作原理。

2) 实训思考

(1) 分析程序的不足，并予以改进。

(2) 程序中各语句的位置能否改变？并说明原因。

(3) 设计一个具有红灯等待时间显示的交通灯控制程序。

第 8 章 电气控制与 PLC 应用案例

电子产品总装生产线在电子产品制造企业应用非常广泛，了解生产线典型单元的工作过程和控制流程对从事生产线相关设备的维护保养和维修工作是非常必要的。本章就以总装生产线中使用较多的提升机和移行机为例进行介绍。

8.1 总装生产线中的典型结构单元

8.1.1 提升机工作过程和技术要求

提升机用于在空间不同标高的生产线之间传递生产部件，保证物流畅通。某提升机结构示意图如图 8-1 所示。

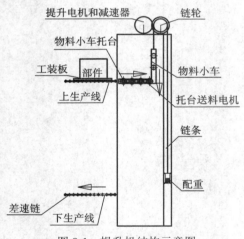

图 8-1 提升机结构示意图

提升机工作演示

1．提升机工作过程
(1) 提升机物料小车在上层生产线等高位置等待运送部件。
(2) 工装板载着部件由上层生产线进入提升机物料小车托台。
(3) 提升机物料小车运送部件到下层生产线等高位置。
(4) 物料小车送出部件到下层生产线。
(5) 物料小车回到上层生产线等高位置等待运送部件。

2．技术要求及原始数据
(1) 提升机供电为三相 380 V 供电，频率为 50 Hz，三相五线制供电。

(2) 提升机运送部件重量为 40 kg。

(3) 提升机物料小车的最大提升速度为 0.5 m/s。

(4) 为了使物料小车托台与上、下生产线稳定对接，提升电机建议选用 YDEJ 型三相异步变极双速电磁制动电机。

(5) 物料小车托台与上、下生产线等高时高度误差≤±5 mm。

(6) 在提升机的入口设置气动挡销，在提升机的出口设置有部件检测，当有部件进入提升机或提升机出口有部件时，气动挡销顶起，阻挡后续部件进入提升机。

(7) 设计时要考虑系统安全，当出、入口有物体时，提升机小车不移动。

(8) 设计完成后，提升机能无人照料自动运行，控制系统具有故障自动停运和报警能力。

(9) 在电气设计时，充分考虑电气保护和连锁，保证提升机的运行安全。

(10) 电气控制方式采用 PLC 控制，PLC 选用三菱 FX$_{2N}$ 系列。

8.1.2　移行机工作过程和技术要求

移行机用于在两条平行的生产线之间传递部件。如将产品部件从老化 A 线传递到老化 B 线进行带电老化。某双气缸顶升式移行机的结构示意图如图 8-2 所示。

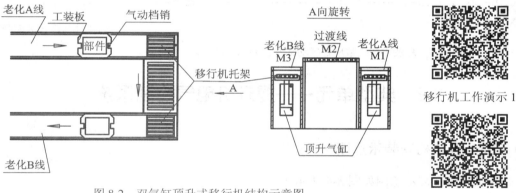

图 8-2　双气缸顶升式移行机结构示意图

1．移行机的工作过程

(1) 老化 A 线检测到有产品部件要移送，发出移行指令，入口处气动挡销落下。

(2) 控制系统确认有部件进入移行机，顶起气动挡销，阻止后续部件进入移行机托架 A。

(3) 当确认部件被完全送进移行机托架 A，并且老化 B 线有空位，移行机顶起两端托架开始移行部件。

(4) 确认部件被移送至移行机托架 B 并移送到位，移送停止，落下移行机两端托架。

(5) 确认部件送出到位，等待下一个移行指令。

2．技术要求及原始数据

(1) 移行机由三相 380 V 供电，频率为 50 Hz，三相五线制供电线路。

(2) 移行机运送部件重量为 40 kg。

(3) 移行机最大运送速度为 0.2 m/s。

(4) 在移行机的入口设置气动挡销，出口设置有部件检测，当有部件进入移行机时，气动挡销顶起，阻挡后续部件进入移行机；当移行机出口处有空位时，移行机开始运送部件。

(5) 设计时要考虑系统安全，当出、入口有物体时，移行机不起动。

(6) 设计完成后，移行机能无人照料自动运行，控制系统具有故障自动停运和报警能力。

(7) 在电气设计时，充分考虑电气保护和连锁，保证移行机的运行安全。

(8) 电气控制方式采用 PLC 控制，PLC 选用三菱 FX$_{2N}$ 系列。

8.1.3　总装生产线各常见气动元件控制原理图

　　总装生产线的气动控制一般包括工位阻挡气缸控制、顶升回转台气动控制、移行机双顶升气缸气动控制、各提升机和移行机入口处的阻挡气缸控制等。各部件气动控制原理图如图 8-3 所示。

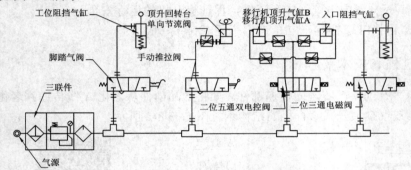

总装生产线中常用气动元件回路仿真动画

图 8-3　总装生产线常用各气动部件控制原理图

8.2　典型单元——提升机电气控制系统

8.2.1　提升机结构安装示意图

　　提升机结构安装示意图如图 8-4 所示。

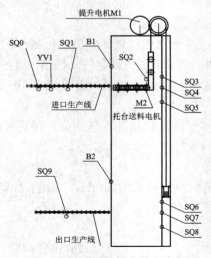

图 8-4　提升机结构安装示意图

8.2.2　提升机工作流程图设计

提升机工作流程图设计如图 8-5 所示。

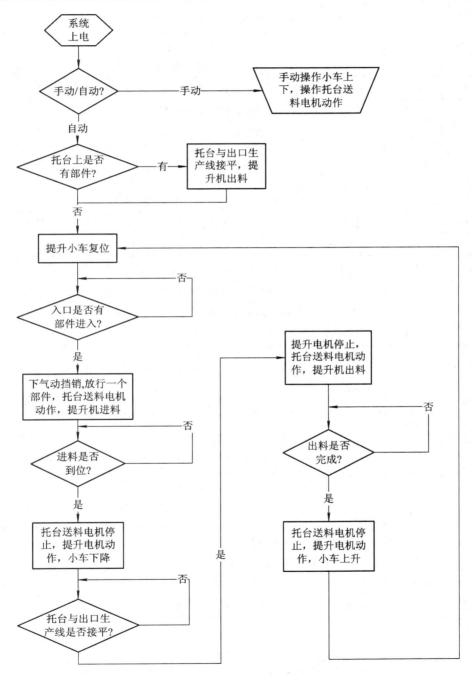

图 8-5　提升机工作流程图

8.2.3 提升机控制流程图设计

1. 提升机各控制电器功能说明

提升机各控制电器功能说明见表 8-1。

表 8-1　提升机各控制电器功能说明

序号	名称	内　容
1	SQ0	ON 时控制入口气动挡销落下,放行部件进入提升机
2	SQ1	ON 时控制入口气动挡销顶升,阻挡后续部件进入,同时托台进料
3	SQ2	托台部件检测信号,ON 时表示托台有部件
4	SQ3	小车上升极限位置信号,ON 时表示小车超行程,故障报警
5	SQ4	小车上升托台平进口线位置信号,ON 时表示进口位置到
6	SQ5	小车上升变速位置信号,ON 时小车由快速变慢速
7	SQ6	小车下降变速位置信号,ON 时小车由快速变慢速
8	SQ7	小车下降托台平出口线位置信号,ON 时表示出口位置到
9	SQ8	托台下降极限位置信号,ON 时表示托台超行程,故障报警
10	SQ9	出口线空位检测,ON 时表示出口线没有空出一个部件位置
11	B1	进口位置安全检测,ON 时表示进口有物体,不能下降小车
12	B2	出口位置安全检测,ON 时表示出口有物体,不能提升小车
13	SA1	手动/自动选择开关,1 手动;0 自动
14	SB1	手动提升小车
15	SB2	手动下降小车
16	SB3	手动进部件
17	SB4	手动出部件
18	FR1	提升电机 M1 故障
19	FR2	提升电机 M1 故障
20	FR3	托台送料电机 M2 故障
21	KM1	提升电机快速下降,KM1=1,KM5=1
22	KM2	提升电机快速上升,KM2=1,KM5=1
23	KM3	提升电机慢速下降,KM3=1,KM5=0
24	KM4	提升电机慢速上升,KM4=1,KM5=0
25	KM5	提升电机快、慢速控制接触器，KM5=1 快速;0 慢速
26	KM6	托台送料电机进部件,KM6=1
27	KM7	托台送料电机出部件,KM7=1
28	YV1	控制入口气动挡销用电磁阀,YV1=1 挡销落下;0 挡销顶起
29	STATE	PLC 内部变量,提升机上升和下降状态,下降 STATE=1,上升 STATE=0

2. 提升机控制流程图设计

提升机故障处理流程设计如图 8-6(a)所示，控制流程图设计如图 8-6(b)所示。

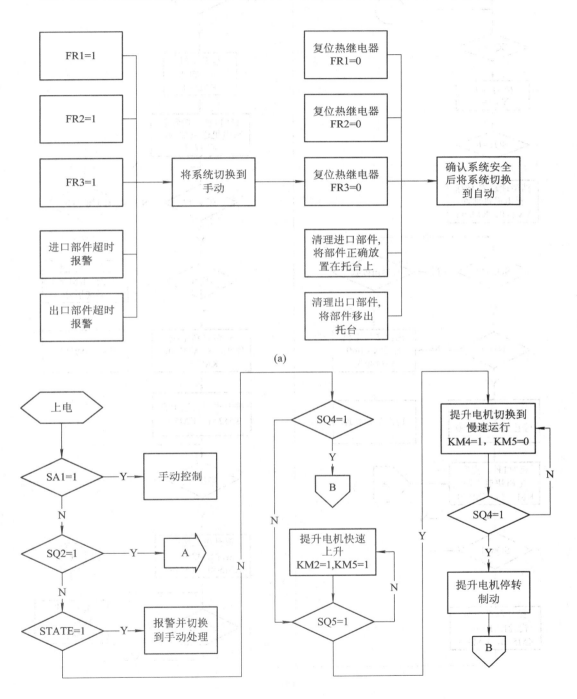

图 8-6 提升机控制流程图(1)

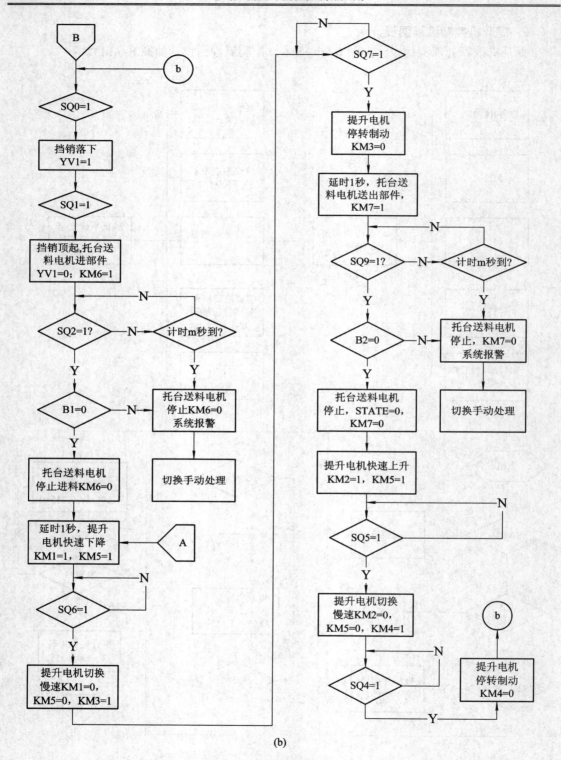

(b)

图 8-6　提升机控制流程图(2)

8.2.4 提升机电器清单

提升机电气控制设计所使用的主要电器清单如表 8-2 所示。

表 8-2 提升机控制用电器清单

序号	代 号	名 称	型 号、规 格	数量	备 注
1	SB1-SB4	按钮	PBC-A(绿色)	4	杭州三利
2	SQ0-SQ9	行程开关	TZ9108	10	天得
3	SA1	转换开关		1	杭州三利
4	KM1-KM7	交流接触器	3TB4022 220V～	7	苏州西门子
5	PLC	可编程控制器	FX2N-48MR	1	三菱电机
6	B1、B2	光电开关	BEN10M-TFR	2	AUTONICS
7	M1	双速刹车电机	YDEJ100L-8/6		皖南电机
8	M2	减速小电机	90W 3～380V 1:25	1	
9	FR1-FR3	热继电器	JR36-20 3.5A	3	正泰
10	YV1	二位三通电磁阀	3V1-06 220V～	1	AIRTAC
11	HL1	报警灯	LTE-1101J 220V～	1	
12	HA1	蜂鸣器		1	

8.2.5 提升机参考主电路图

提升机设计参考主电路图如图 8-7 所示。

8.3 典型单元——移行机电气控制系统

8.3.1 移行机工作流程图

移行机工作流程图设计如图 8-8 所示。

8.3.2 移行机结构安装示意图

移行机结构安装示意图如图 8-9 所示。

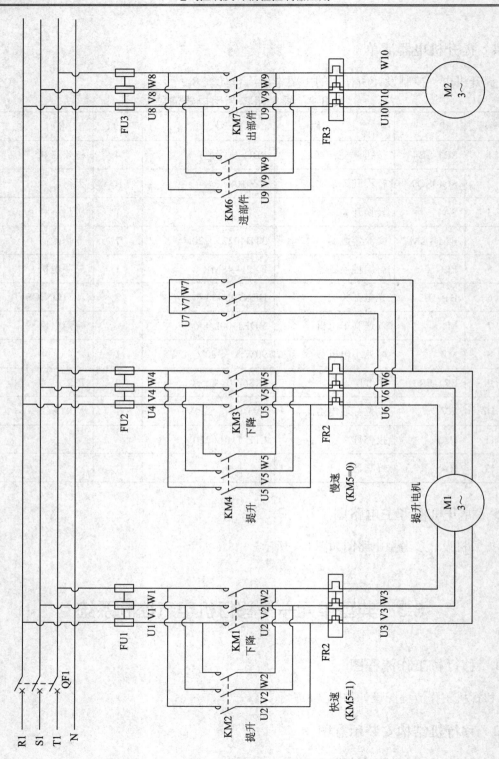

图 8-7 提升机参考主电路图

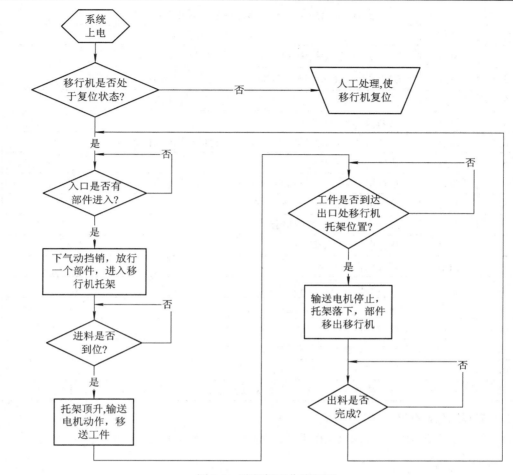

图 8-8　移行机工作流程图

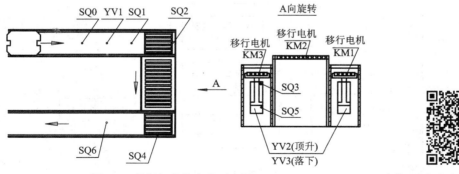

图 8-9　移行机结构安装示意图

双气缸顶升式移行机——底部观察

8.3.3　移行机控制流程图设计

1. 移行机各控制电器功能说明

移行机各控制电器功能说明如表 8-3 所示。

表 8-3 移行机各控制电器功能说明

序号	名称	内　容
1	SQ0	ON 时入口气动挡销 YV1 落下,放行部件进入移行机
2	SQ1	ON 时入口气动挡销 YV1 顶升,阻挡后续部件继续进入移行机
3	SQ2	移行机托架顶升控制信号,ON 时表示移行机托架可以顶升
4	SQ3	托架顶升到位信号
5	SQ4	部件移送到达出口处移行机托架位置信号,控制托架复位
6	SQ5	托架复位到位信号
7	SQ6	移行机出口线空位检测,ON 时表示出口线没有空出一个部件位置
8	FR1	移行电机 M1 故障报警
9	FR2	过渡线电机 M2 故障报警
10	FR3	移行电机 M3 故障报警
11	KM1	移行电机 M1 控制接触器
12	KM2	过渡线电机 M2 控制接触器
13	KM3	移行电机 M3 控制接触器
14	YV1	控制入口处气动挡销动作的电磁阀
15	YV2	控制移行机托架顶升的电磁阀线圈
16	YV3	控制移行机托架落下的电磁阀线圈
17	STATE	PLC 内部变量,移行机上有无部件的状态,有部件 STATE=1,无 STATE=0

2. 移行机控制流程图设计

移行机控制流程图设计如图 8-10 所示，故障处理流程如图 8-11 所示。

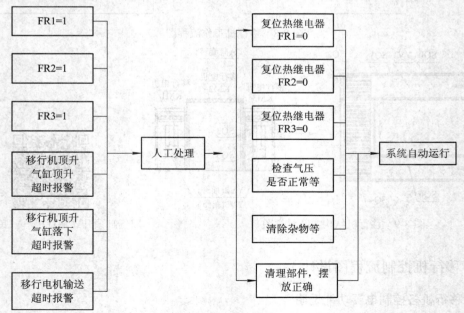

图 8-10 移行机控制流程图

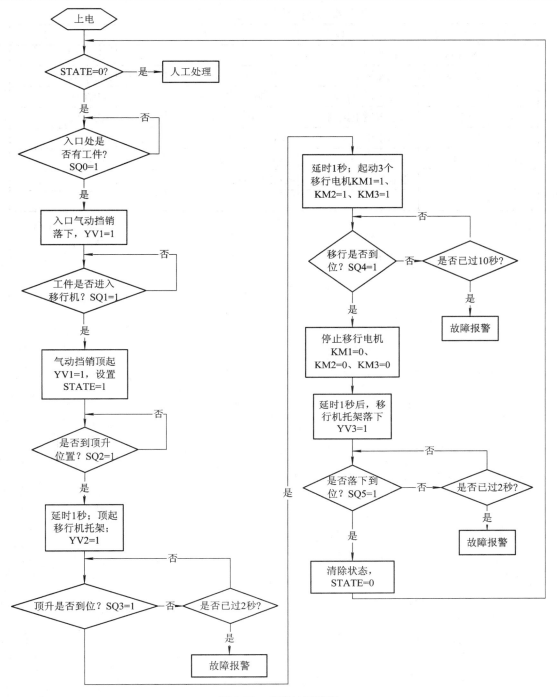

图 8-11 故障处理流程

8.3.4 移行机控制电器清单

移行机电气控制所使用的主要电器清单如表 8-4 所示。

表 8-4　移行机控制用电器清单

序号	代　号	名　称	型 号、规 格	数量	备　注
1	SQ0-SQ9	行程开关	TZ9108	7	天得
2	KM1-KM3	交流接触器	3TB4022　220V～	3	苏州西门子
3	YV1	二位三通电磁阀	3V1-06　　220V～	1	AIRTAC
4	YV2，YV3	二位五通电磁阀	4V220-08　220V～	1	AIRTAC
5	M1-M3	减速小电机	90W 3～380V　1:25	3	
6	FR1-FR3	热继电器	JR36-20　3.5A	3	正泰
7	HL1	报警灯	LTE-1101J 220V～	1	
8	HA1	蜂鸣器		1	

附录 A　关键词语中英文对照表

文中关键词语中英文对照表(按在文中出现的先后顺序排列)

序　号	中　文	英　文
1	概略图	Overview diagram
2	中性线	Neutral wire
3	保护线	Protective wire
4	保护中性线	PEN wire
5	低压电器	Low-voltage apparatus
6	配电电器	Distributing apparatus
7	控制电器	Control apparatus
8	自动控制电器	Automatic control apparatus
9	人力控制电器	Manual control apparatus
10	电磁系统	Electromagnetic system
11	线圈	Coil
12	铁芯	Core
13	短路环	Short-circuit ring
14	触点系统	Contact system
15	灭弧系统	Arc control system
16	接触器	Contactor
17	交流接触器	Alternating current contactor
18	直流接触器	direct current contactor
19	主触点	Main contact
20	辅助触点	Auxiliary contact
21	继电器	Relay
22	电压继电器	Voltage relay
23	电流继电器	Current relay
24	中间继电路	Auxiliary relay
25	时间继电器	Time-delay relay
26	热继电器	Thermal relay
27	速度继电器	Speed relay
28	压力继电器	Pressure relay
29	温度继电器	Temperature relay
30	液位继电器	Liquid level relay
31	固态继电器	Solid-state relay
32	隔离开关	Switch-dis connector

续表一

序 号	中 文	英 文
33	低压断路器	Circuit-breaker
34	熔断器	Fuse
35	按钮	Push-button
36	转换开关	Selector switch
37	行程开关	Trip switch
38	接近开关	Proximity switch
39	光电开关	Photoelectric switch
40	指示灯	Indicator lamp
41	蜂鸣器	Acoustical indicator
42	电磁阀	Electromagnetically operated valve
43	电磁铁	Electromagnet
44	电磁制动器	Electromagnetically operated brake
45	电磁离合器	Electromagnetically operated clutch
46	简图	Diagram
47	图形符号	Graphical symbol
48	交流 AC	Alternating current
49	电路图	Circuit diagram
50	布置图	Arrangement drawing
51	接线图	Connection diagram
52	程序图	Process chart
53	时序图	Sequence Diagram
54	自锁	Auto locking
55	电动机	Motor
56	电流表	Ammeter
57	电压表	Voltmeter
58	(脉冲)计数器	(Pulse) Counter
59	压力传感器	Pressure sensor
60	位置传感器	Position sensor
61	接近传感器	Proximity-sensor
62	温度传感器	Temperature sensor
63	控制电路电源用变压器	Transformer for control Circuit supply
64	电压互感器	Voltage transformer
65	照明灯	Lamp for lighting
66	变频器	Frequency changer

续表二

序号	中文	英文
67	插头	Plug
68	插座	Socket
69	端子板	Terminal board
70	顺序功能图 SFC	Sequential Function Chart
71	执行机构	Actuator
72	凸轮	Cam
73	限位开关	Limit switch
74	钻床	Drill machine
75	钻头	Bit
76	机械手	Manipulator
77	汽缸	Cylinder
78	单作用汽缸	Single acting cylinder
79	双作用汽缸	Double acting cylinder
80	传感器	Sensor
81	控制器	Controller
82	操作数	Operand
83	位	Bit
84	字	Word
85	常数	Constant
86	指针	Pointer
87	脉宽调制	Pulse-width modulation(PWM)
88	译码器、解码器	Decoder
89	编码器	Encoder
90	缓冲寄存器	Buffer register

附录 B 低压电器产品型号编制方法

(摘自 JB/T 2930—2007)

类别代号及名称		H 空气式开关、隔离器、隔离开关及熔断器组合电器	R 熔断器	D 断路器	K 控制器
第一位组别代号及名称	Z	组合开关	自复	塑料外壳式	
	Y	其他	其他	其他	其他
	X	旋转式开关	熔断信号器		
	W			万能式	
	U				
	T		有填料封闭管式		凸轮
	S	转换隔离器	半导体元件保护(快速)	快速	
	R	熔断器式开关			
	Q				
	P				平面
	N				
	M		密闭管式	灭磁	
	L	隔离开关	螺旋式		
	K			真空	
	J				
	H	开关熔断器组(负荷开关)	汇流排式		
	G	熔断器式隔离器			鼓形
	F				
	E				
	D	隔离器			
	C				
	B				控制与保护开关电器
	A				
第二组别代号及名称	H				
	Z				直流
	X			限流	
	T			可通信	通信
	S		半导体元件保护(快速)		
	R				
	L			漏电	
	J				交流
	G				
	D				

续表一

类别代号及名称		C	Q	J	L	Z	T
		接触器	启动器	控制继电器	主令电器	电阻器变阻器	自动转换开关电器
第一位组别代号及名称	Z	直流	综合	中间			塑壳断路器式
	Y	其他	其他	其他	超速开关		
	X		星三角		行程开关	电阻器	
	W		无触点	温度	万能转换开关	液体启动	万能断路器式
	U		油液		旋钮		
	T			通用	足踏开关		
	S	时间	手动	时间	主令开关		
	R		软	热		非线性电力	
	Q					启动	
	P	中频		频率		频敏	一体式
	N						
	M	灭磁					
	L			电流		励磁	
	K	真空			主令控制器		
	J	交流	减压		接近开关		接触器式
	H						
	G	高压					
	F						
	E	固态					
	D			漏电			
	C		电磁式	可编程		悬臂式	
	B						
	A		按钮式		按钮		
第二组别代号及名称	H	混合式(无弧)					
	Z						智能型
	X						
	T						可通信
	S						
	R						
	L						
	J	交流					
	G	高压					
	D						

续表二

类别代号及名称		B	M	P	A	F
		总线电器	电磁铁	组合电器	其他	辅助电器
第一位组别代号及名称	Z		制动	终端		
	Y		液压		模数化电压表	
	X				电子消弧器	
	W		启动			
	U					
	T	接口			插头	
	S					
	R					
	Q		牵引			
	P					
	N					
	M					
	L				电铃	
	K					
	J				交流接触器节电器	接线端子排
	H				接线盒	
	G				电涌保护器(过电压保护器)	
	F					导线分流器
	E					
	D				信号灯	
	C				插座	
	B				保护器	
	A					
第二组别代号及名称	H					
	Z		直流		直流	
	X					
	T		推动器		可通信	
	S					
	R				热	
	L				漏电	
	J		交流		交流	
	G					
	D				多功能电子式	

注：1. 本表系按目前已有的低压电器产品编的，随着新产品的开发，表内所列汉语拼音大写字母将相应增加。

2. 表中第二位组别代号一般不使用，仅在第一组别代号不能充分表达时才使用。

附录 C 电气设备常用文字符号

表 1 电气设备常用基本文字符号
(摘自 GB 7159—87 电气技术中的文字符号制定通则)

设备、装置和元器件种类	举 例	基本文字符号
	中文名称	双字母
其他元器件	照明灯	EL
保护器件	具有延时动作的限流保护器件	FR
	熔断器	FU
信号器件	声响指示器	HA
	指示灯	HL
继电器 接触器	交流继电器	KA
	接触器	KM
	延时有或无继电器	KT
电动机	电动机	
	同步电动机	MS
	可做发电机或电动机用的电机	MG
	力矩电动机	MT
测量设备 试验设备	电流表	PA
	(脉冲)计数器	PC
	电压表	PV
电力电路的开关器件	断路器	QF
	隔离开关	QS
控制、记忆、信号电路的 开关器件选择器	选择开关	SA
	按钮开关	SB
	压力传感器	SP
	位置传感器(包括接近传感器)	SQ
	温度传感器	ST
变压器	控制电路电源用变压器	TC
	电压互感器	TV
调制器变换器	变频器	
插头 插座 端子	插头	XP
	插座	XS
	端子板	XT
电气操作的机械器件	电磁铁	YA
	电磁制动器	YB
	电磁离合器	YC
	电磁阀	YV

表2 常用辅助文字符号
(摘自 GB 7159—87 电气技术中的文字符号制定通则)

序号	文字符号	名 称	英文名称
1	A	电流	Current
2	AC	交流	Alternating Current
3	BK	黑	Black
4	BL	蓝	Blue
5	BW	向后	Backward
6	CW	顺时针	Clockwise
7	CCW	逆时针	Counter Clockwise
8	DC	直流	Direct Current
9	OFF	断开	Open，Off
10	ON	闭合	Close，On
11	OUT	输出	Output
12	P	保护	Protection
13	PE	保护接地	Protective Earthing
14	PEN	保护接地与中性线共用	Protective Earthing Neutral
15	RD	红	Red
16	RUN	运转	Run
17	ST	启动	Start
18	WH	白	White
19	YE	黄	Yellow

参 考 文 献

[1]　阮友德. 电气控制与 PLC 实训教程. 北京：人民邮电出版社，2006.

[2]　廖常初. FX 系列 PLC 编程及应用. 北京：机械工业出版社，2006.

[3]　王阿根. 电气可编程控制原理与应用. 北京：清华大学出版社，2007.

[4]　FX0S、FX1S、FX1N、FX2N、FX2NC 编程手册. 上海：三菱电机自动化有限公司，2007.

[5]　张凯. 可编程控制器教程. 南京：东南大学出版社，2004.

[6]　陈瑞阳. 工业自动化技术. 北京：机械工业出版社，2011.

[7]　汤自春. PLC 原理及应用技术. 北京：高等教育出版社，2006.

[8]　童克波. PLC 综合应用技术. 大连：大连理工大学出版社，2010.

[9]　李稳贤，田华. 可编程控制器应用技术(三菱). 北京：冶金工业出版社，2008.

[10]　龚仲华. 三菱 FX 系列 PLC. 北京：人民邮电出版社，2010.

[11]　王晓军. 可编程控制器原理及应用. 北京：化学工业出版社，2007.

[12]　肖明耀. 三菱 FX 系列 PLC 应用技能实训. 北京：中国电力出版社，2010.